ANSYS 仿真分析系列丛书

ANSYS Workbench 工程数值分析技术与应用实例

王 睿 胡凡金 等 编著

中国铁道出版社

2015年·北京

内容简介

Workbench 是 ANSYS 的集成多学科数值分析平台,可求解多学科的工程问题以及各种复杂的耦合场问题。本书共 15 章,系统介绍了 Workbench 的功能与技术特点、几何建模组件 DM 及 SCDM、网格划分、结构静力分析、固体热传递分析、结构模态分析、一般结构动力学分析、流场分析、流动传热分析、流-固耦合分析、流-热-固耦合分析、参数分析与设计优化等内容。在各章中均提供了大量的分析实例,包含详细的建模、分析及后处理过程,便于对照自学。本书适合于工科相关专业研究生及高年级本科生学习数值分析、有限元方法或 CFD 技术时参考,也可供相关专业的技术人员学习和应用 ANSYS Workbench 分析技术时参考。

图书在版编目(CIP)数据

ANSYS Workbench 工程数值分析技术与应用实例/王睿
等编著. —北京:中国铁道出版社,2015.11
(ANSYS 仿真分析系列丛书)
ISBN 978-7-113-20991-9

Ⅰ.①A… Ⅱ.①王… Ⅲ.①有限元分析－应用软件
Ⅳ.①O241.82-39

中国版本图书馆 CIP 数据核字(2015)第 228388 号

ANSYS 仿真分析系列丛书

书　名:ANSYS Workbench 工程数值分析技术与应用实例
作　者:王　睿　胡凡金　等

策　划:陈小刚	
责任编辑:张　瑜	编辑部电话:010-51873017
封面设计:崔　欣	
责任校对:王　杰	
责任印制:郭向伟	

出版发行:中国铁道出版社(100054,北京市西城区右安门西街 8 号)
网　　址:http://www.tdpress.com
印　　刷:北京铭成印刷有限公司
版　　次:2015 年 11 月第 1 版　2015 年 11 月第 1 次印刷
开　　本:787 mm×1 092 mm　1/16　印张:23.75　字数:596 千
书　　号:ISBN 978-7-113-20991-9
定　　价:56.00 元

版权所有　侵权必究

凡购买铁道版图书,如有印制质量问题,请与本社读者服务部联系调换。电话:(010)51873174(发行部)
打击盗版举报电话:市电(010)51873659,路电(021)73659,传真(010)63549480

前　言

　　Workbench 是 ANSYS 的多学科集成协同数值仿真平台，可以求解多学科的工程问题以及各种复杂的耦合场问题。本书系统介绍了 Workbench 的功能与技术特点、几何建模及模型处理专用组件 DM 及 SCDM、网格划分方法、结构静力分析、固体热传递分析、结构模态分析、一般结构动力学分析、流场分析、流动传热分析、流-固耦合分析、流-热-固耦合分析、参数分析与设计优化等内容。在各章中均提供了大量的分析实例，包含详细的建模、分析及后处理过程，便于对照自学。

　　本书各章的具体内容安排如下：第 1 章介绍 ANSYS Workbench 的基础知识，内容包括 Workbench 的功能和技术特点、分析流程与数据管理、参数与设计点管理、Engineering Data 的使用、多学科数值仿真的理论背景等；第 2 章介绍 Workbench 的几何建模工具 DM 的使用，包括界面操作、几何建模方法、参数化建模；第 3 章介绍高级建模及几何处理工具 SCDM 的具体使用，包括操作界面、模型的创建与编辑以及与有限元分析相关的几何处理功能；第 4 章介绍 ANSYS Mesh 网格划分的方法，包括多学科适应性及操作界面、结构网格划分以及流体网格划分；第 5 章介绍 Mechanical 结构分析的方法，包括前处理、加载及后处理的操作方法及要点；第 6 章为结构静力分析例题；第 7 章为固体热传递分析例题；第 8 章为结构模态分析例题，包括模态分析及预应力模态分析；第 9 章为一般结构动力分析例题，包括谐响应分析以及瞬态分析，每一种分析类型又包括完全法及模态叠加法；第 10 章介绍 ANSYS Fluent 的 CFD 分析方法以及 CFD 后处理方法；第 11 章为 Fluent 流动及传热分析例题；第 12 章介绍了基于 System Coupling 组件的流固耦合分析方法，给出一个流-固耦合分析例题；第 13 章为流-热-固耦合分析例题；第 14 章为共轭换热及热应力分析例题；第 15 章结合案例介绍了 Workbench 及 DX 的参数分析及优化设计方法，例题中分别通过响应面优化方法和直接优化方法进行了分析。

　　本书适合于工科相关专业研究生及高年级本科生学习数值分析、有限元方法或 CFD 技术时参考，也可供相关专业的技术人员学习和应用 ANSYS Workbench 分析技术时参考。

　　本书由王睿、胡凡金等编著，参与本书例题测试和文字处理工作的还有王海彦、刘永刚、石彬彬、王文强、李冬、夏峰等,是大家的共同努力才使本书得以顺利编写完成。此外,还要感谢中国铁道出版社的编辑老师对本书的支持和帮助。

由于 Workbench 技术体系庞大,涉及众多的学科,加上成书仓促以及作者认识水平的局限,本书中的不当和错误之处在所难免,恳请读者批评指正。与本书相关的技术问题咨询或讨论,欢迎发邮件至邮箱:consult_wb@126.com。

作者

2015 年 3 月

目　　录

第1章　ANSYS Workbench 的基础知识 ……………………………………………… 1
1.1　Workbench 的主要功能和集成程序模块 ………………………………………… 1
1.2　ANSYS Workbench 操作界面 ……………………………………………………… 2
1.3　Project Schematic 项目流程管理 ………………………………………………… 11
1.4　Workbench 参数以及设计点管理 ………………………………………………… 16
1.5　Engineering Data 的使用 …………………………………………………………… 19
1.6　Workbench 仿真分析的理论背景 ………………………………………………… 25

第2章　几何建模及修复工具 DesignModeler(DM) ………………………………… 28
2.1　认识 DM 建模环境 ………………………………………………………………… 28
2.2　模型创建及导入 …………………………………………………………………… 36
2.3　参数驱动建模 ……………………………………………………………………… 62

第3章　高级几何处理工具 ANSYS SCDM 简介 …………………………………… 64
3.1　认识 ANSYS SCDM 建模环境 …………………………………………………… 64
3.2　模型创建及编辑 …………………………………………………………………… 68
3.3　模型测量、修复与准备 …………………………………………………………… 87

第4章　ANSYS Mesh 网格划分方法 ………………………………………………… 101
4.1　ANSYS Mesh 概述 ………………………………………………………………… 101
4.2　Mechanical 结构分析的网格划分 ………………………………………………… 105
4.3　Fluent CFD 分析网格划分 ………………………………………………………… 110

第5章　Mechanical 组件及其操作方法 ……………………………………………… 124
5.1　与 Mechanical 有关的 Workbench 分析系统 …………………………………… 124
5.2　Mechanical 的界面及操作原理 …………………………………………………… 125
5.3　Mechanical 界面中的结构分析方法简介 ………………………………………… 127

第6章　静力结构有限元分析 ………………………………………………………… 152
6.1　问题描述 …………………………………………………………………………… 152
6.2　基于 DM 组件建立几何模型 ……………………………………………………… 152
6.3　Mechanical 中完成后续流程 ……………………………………………………… 154

第 7 章 固体热传递分析 ··· 159

7.1 问题描述 ··· 159
7.2 基于 DM 建立几何模型 ··· 159
7.3 Mechanical 中完成后续流程 ··· 162

第 8 章 结构模态分析 ··· 168

8.1 问题描述 ··· 168
8.2 基于 SCDM 创建几何模型 ··· 168
8.3 搭建项目分析流程 ··· 171
8.4 划分网格 ··· 172
8.5 模态分析 ··· 173
8.6 预应力模态分析 ··· 174

第 9 章 一般结构动力学分析 ··· 178

9.1 双层钢平台谐响应分析 ··· 178
9.2 双层钢平台瞬态结构分析 ··· 191

第 10 章 ANSYS Fluent 的基本使用 ··· 201

10.1 Fluent 的操作界面简介 ··· 201
10.2 Fluent 分析选项设置及求解 ··· 205
10.3 Fluent 流体分析后处理 ··· 219

第 11 章 Fluent 流动与换热分析 ··· 237

11.1 三通管内流体流动和热传递的数值模拟 ··· 237
11.2 立方体内辐射和自然对流换热的数值模拟 ··· 265

第 12 章 流-固耦合分析 ··· 288

12.1 System Coupling 简介 ··· 288
12.2 立柱摆动流-固耦合分析例题 ··· 289

第 13 章 流-热-固耦合分析案例 ··· 313

13.1 问题描述 ··· 313
13.2 热-流耦合分析 ··· 313
13.3 热-固耦合分析 ··· 335

第 14 章 共轭换热-热应力耦合分析例题 ··· 338

14.1 问题描述 ··· 338
14.2 创建分析系统 ··· 338

14.3 几何处理及网格划分 ································· 338
14.4 共轭传热分析 ····································· 341
14.5 结果查看 ·· 347
14.6 热应力分析 ······································ 348

第15章 参数探索与优化设计案例 ···························· 350

15.1 概　述 ·· 350
15.2 创建静力分析系统及材料 ····························· 350
15.3 建立参数化的几何模型 ······························· 351
15.4 划分网格 ·· 358
15.5 静力分析设置、求解及后处理 ·························· 360
15.6 响应面法优化分析 ·································· 362
15.7 直接优化法优化分析 ································ 370

第1章 ANSYS Workbench 的基础知识

ANSYS Workbench 是 ANSYS 开发的协同仿真平台,此平台集成有各种与仿真分析任务相关的工程数据库、建模工具、网格工具、求解器以及后处理器等组件程序,同时提供参数管理和设计优化功能,还能够实现与 CAD 系统的参数共享及双向参数传递,可实现各种复杂工程仿真任务。本章主要介绍 Workbench 应用的基础知识,内容包括 Workbench 的主要功能和集成程序模块、Workbench 的操作界面与基本使用、Workbench 的 Project Schematic 项目流程创建与管理、Workbench 的参数以及设计点管理、Engineering Data 模块的使用、Workbench 仿真分析的理论背景。

1.1 Workbench 的主要功能和集成程序模块

1. Workbench 的主要功能

Workbench 平台的功能主要体现在三个方面:仿真项目的流程管理、仿真过程及数据的集成、仿真参数的管理。

(1) 仿真项目的流程管理

Workbench 通过 Project Schematic 实现对分析项目流程的搭建和组织管理,一个分析流程可以包含若干个程序组件或分析系统。在 Project Schematic 中,仿真分析流程中包含的各组件都依赖于其上游组件,只有上游组件的任务完成后,当前组件才可以开始工作。Workbench 通过直观的指示图标来区分不同组件的工作状态,用户可以通过这些提示信息来了解分析项目的当前进度情况。

(2) 仿真数据的管理

在 Workbench 中,集成的大部分程序模块都是数据集成而不是界面的集成。在一个分析项目中,所有相关集成模块形成的数据和形成的文件被 Workbench 进行统一的管理。不同模块所形成的数据可以在仿真流程的不同分析组件或分析系统中间进行共享以及传递。以热-固分析为例,热传递和固体应力分析的有限元分析模型可以是共用的,这是一个典型的数据共享;而热传递分析得到的温度场数据则传递到固体应力分析中作为载荷来施加,这是一个典型的数据传递。

(3) 仿真参数的管理和优化设计

Workbench 的另一个重要作用是对各集成数据程序模块所形成的参数进行统一的管理,这些参数可以是来自于 CAD 系统的设计参数,也可以是在分析过程中提取和形成的计算输出参数。在 Workbench 中还包含一个参数和设计点(不同参数的一个组合方案)的管理界面,此界面能够对所有的参数及设计点实施有效的管理,基于这一管理界面的设计点列表及图示功能,可以实现方案的直观比较。此外,基于 ANSYS Workbench 集成的 Design Exploration

模块可以实现基于参数的优化设计。

2. Workbench 中集成的常用模块

Workbench 平台中包含或集成的常用 ANSYS 程序模块见表 1-1。通过组合这些模块的功能，Workbench 可以处理各种结构静动力分析、固体热传递分析、流动及流体传热分析、流-固耦合振动分析、流-固耦合传热分析、热-固耦合分析、流-固-热耦合分析等实际工程问题。在这些模块中，Project Schematic、Engineering Data 和 Design Exploration 这三个为 Workbench 本地的模块，其余的模块均为集成的数据应用程序，在运行时会在独立于 Workbench 的窗口和界面下工作，Workbench 只负责管理它们所形成的数据和参数。

表 1-1 Workbench 集成常用模块及其作用描述

程序模块名称	作用描述
ANSYS DM	实体建模、几何模型的编辑修复、概念建模
ANSYS SCDM	直接几何建模、高级几何模型编辑与修复、概念建模
ANSYS Mesh	网格划分
ANSYS Mechanical	通用结构分析与固体热传递分析
ANSYS Mechanical APDL	通用结构分析与固体热传递分析（传统环境）
ANSYS Fluent	通用 CFD 分析
ANSYS CFX	通用 CFD 分析
ANSYS CFD Post	CFD 后处理器
System Coupling	系统耦合界面
ANSYS ICEM CFD	高级网格划分
Design Exploration	Workbench 的本地参数优化模块
Engineering Data	Workbench 的本地工程数据模块
Project Schematic	Workbench 的本地项目流程管理模块

基于集成的上述模块，Workbench 环境下目前可以开展包括各种单学科分析以及多学科（多物理场）耦合分析任务。单学科分析包括结构力学分析、固体热传递分析、流动（包括换热）分析、电磁场分析等。本书主要介绍基于 ANSYS Mechanical 求解器的力学和传热分析、基于 ANSYS Fluent 求解器的流动及换热分析以及基于 ANSYS Mechanical 和 ANSYS Fluent 的耦合分析问题。

1.2　ANSYS Workbench 操作界面

启动 ANSYS Workbench 后，可以看到其基本的界面布局，如图 1-1 所示，主要由主菜单（Main Menu）、工具栏（Tool Bar）、工具箱（Toolbox）、项目图解（Project Schematic）等部分组成。

1. 菜单栏

菜单栏由 File、View、Tools、Units、Extensions 以及 Help 等菜单构成，以下将就其中一些主要菜单进行简要介绍。

（1）File 菜单

File 菜单用于文件操作，常用菜单包括：

第 1 章　ANSYS Workbench 的基础知识

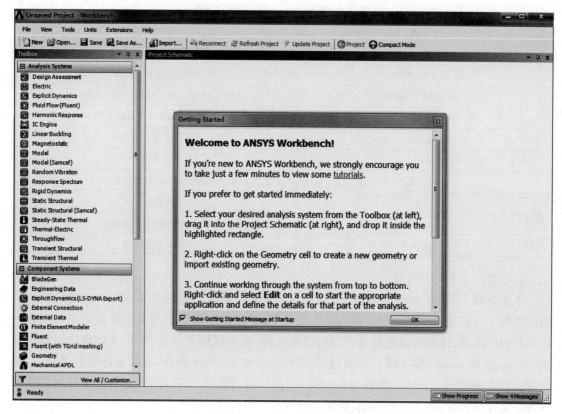

图 1-1　Workbench 的界面布局

1) 新建、打开及保存项目

在 File 菜单中,用户可以创建新的项目文件(File＞New)、打开已有项目文件(File＞Open)、保存项目文件(File＞Save、File＞Save as)。

2) 导入文件

File＞Import 菜单用于导入文件,可以供导入的文件类型如图 1-2 所示。本书涉及到的 Workbench 常见文件类型见表 1-2。

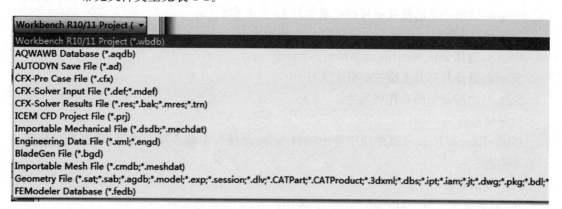

图 1-2　File＞Import 菜单可以导入的文件类型

表 1-2　Workbench 常见文件类型

文件名	文件类型
.wbpj	ANSYS Workbench 项目文件
.db	Mechanical APDL
.cas,.dat,.msh	Fluent 的 case、data 及 mesh 文件
.agdb	DesignModeler 的几何文件
.scdoc	SCDM 的几何文件
.cmdb	Meshing 数据库文件
.mechdb	Mechanical 数据库文件
.eddb	工程数据文件
.dxdb	DesignXplorer 文件
.wbpz	项目档案文件

3) 创建档案文件并恢复

下面介绍一下 Archive 以及 Restore Archive 两个操作。通过 File＞Archive 操作，用户可以将整个分析项目文件"打包"存入一个文件中，并且程序提供了相关选项让用户可以自行选择打包的内容，比如可以选择是否保留结果文件、是否保留外部文件等，文件格式可以设定为.wbpz 或者.zip 压缩文件。而通过 File＞Restore Archive 操作，在设定好保存路径后，用户可以将先前通过 Archive 操作保存的文件打开；也可以将.zip 文件（支持以重命名方式将.wbpz 文件格式改为.zip）解压缩，然后再打开。

4) 记录日志并播放

① 基于下列步骤可以记录一个 Workbench 的日志，这个日志随后可以被播放。

Step 1：打开 Workbench；

Step 2：选择 File＞Scripting＞Record Journal 菜单；

Step 3：指定日志文件（journal）的名称和位置，并点击 Save；

Step 4：通过 Workbench 界面进行操作；

Step 5：选择 File＞Scripting＞Stop Recording Journal 停止录制；

Step 6：弹出一个消息提示将停止录制日志，点击 OK。

② 按下列步骤可以播放一个录制的 Workbench 日志：

Step 1：选择 File＞Scripting＞Run Script File；

Step 2：选择并打开要播放的日志文件；

Step 3：之前录制的操作将发生。

5) 导出报告

File＞Export Report 菜单用于导出项目报告，此报告中包含项目内容、状态及参数和设计点等信息。

(2) View 菜单

View 菜单用于 Workbench 界面工作视图控制，主要功能包括：

1) 复位视图及窗口布局

可以通过菜单 View＞Reset Workspace 操作快速地将现在的工作空间复位至默认状态；

通过菜单 View>Reset Windows Layout 恢复初始窗口布局。

2)切换工作视图到紧凑模式

通过菜单 View>Compact Mode 可以将 Workbench 工作视图以紧凑方式显示，仅显示标题栏，鼠标指向标题栏时仅显示 Project Schematic；在紧凑模式下，选择 Workbench 右侧倒三角按钮，在其中选择 Restore Full Mode 即可恢复到完整模式。

3)显示文件列表

通过菜单 View>Files，可在 Workbench 窗口下侧显示项目中所有的文件列表，包括文件的类型、大小、所属组件、修改时间、存放路径等信息，如图 1-3 所示。

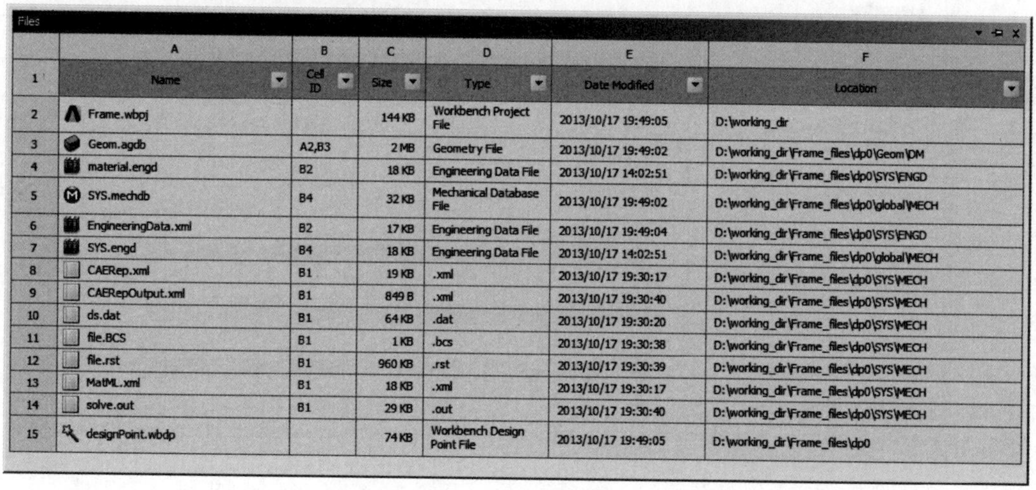
Files

	A	B	C	D	E	F
1	Name	Cell ID	Size	Type	Date Modified	Location
2	Frame.wbpj		144 KB	Workbench Project File	2013/10/17 19:49:05	D:\working_dir
3	Geom.agdb	A2,B3	2 MB	Geometry File	2013/10/17 19:49:02	D:\working_dir\Frame_files\dp0\Geom\DM
4	material.engd	B2	18 KB	Engineering Data File	2013/10/17 14:02:51	D:\working_dir\Frame_files\dp0\SYS\ENGD
5	SYS.mechdb	B4	32 KB	Mechanical Database File	2013/10/17 19:49:02	D:\working_dir\Frame_files\dp0\global\MECH
6	EngineeringData.xml	B2	17 KB	Engineering Data File	2013/10/17 19:49:04	D:\working_dir\Frame_files\dp0\SYS\ENGD
7	SYS.engd	B4	18 KB	Engineering Data File	2013/10/17 14:02:51	D:\working_dir\Frame_files\dp0\global\MECH
8	CAERep.xml	B1	19 KB	.xml	2013/10/17 19:30:17	D:\working_dir\Frame_files\dp0\SYS\MECH
9	CAERepOutput.xml	B1	849 B	.xml	2013/10/17 19:30:40	D:\working_dir\Frame_files\dp0\SYS\MECH
10	ds.dat	B1	64 KB	.dat	2013/10/17 19:30:20	D:\working_dir\Frame_files\dp0\SYS\MECH
11	file.BCS	B1	1 KB	.bcs	2013/10/17 19:30:38	D:\working_dir\Frame_files\dp0\SYS\MECH
12	file.rst	B1	960 KB	.rst	2013/10/17 19:30:39	D:\working_dir\Frame_files\dp0\SYS\MECH
13	MatML.xml	B1	18 KB	.xml	2013/10/17 19:30:17	D:\working_dir\Frame_files\dp0\SYS\MECH
14	solve.out	B1	29 KB	.out	2013/10/17 19:30:40	D:\working_dir\Frame_files\dp0\SYS\MECH
15	designPoint.wbdp		74 KB	Workbench Design Point File	2013/10/17 19:49:05	D:\working_dir\Frame_files\dp0

图 1-3　Files 详细列表

4)显示属性栏

通过菜单 View>Properties 可以显示属性视图，鼠标点选某一个组件时，右侧显示与之相关的 Properties。

5)显示消息栏和进度栏

通过菜单 View>Messages 以及 View>Progress 可以在 Workbench 窗口底部显示消息栏以及任务进度条。

(3)Tools 菜单

Tools 菜单中的选项可用于刷新或更新分析项目、许可证管理、启动远程求解管理器界面等，主要功能包括：

1)刷新项目

通过 Tools>Refresh Project 菜单可以对项目进行刷新操作。

2)更新项目

通过 Tools>Update Project 菜单可以对项目进行更新操作。

3)Workbench Options 设置

Tools>Options 菜单用于打开 Workbench 的常用选项设置面板，如图 1-4 所示。此面板中可以对 Workbench 及其集成的大部分相关组件进行缺省的选项设置。图中的 Appearance 选项，常用于改变 Workbench 各集成组件(如 DM、Mechanical 等)的显示区域背景色；部分其他选项,在介绍相关的 Workbench 组件程序时会有所涉及。由于 Workbench 的选项非常多,本书不可能面面俱到,详细的信息请参考 Workbench 的软件操作手册。

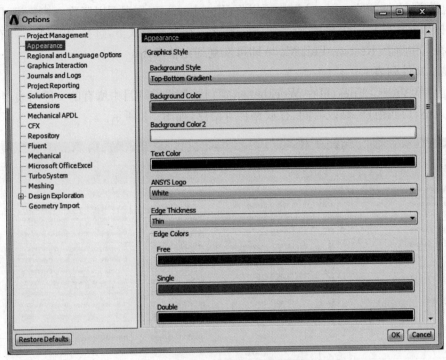

图 1-4　Workbench 选项设置面板

(4)Units 菜单

Units 菜单中的选项主要用于快速切换当前采用的单位系统,也可以通过 Units>Unit Systems 菜单打开 Unit Systems 对话框,修改已有单位系统或创建新的单位系统,如图 1-5 所示。

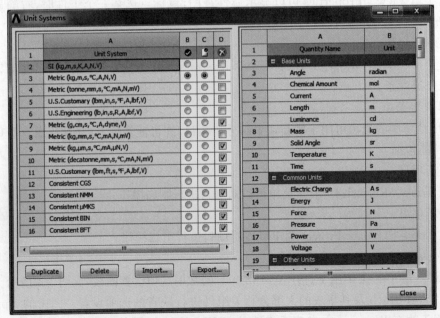

图 1-5　单位系统

(5) Extensions 菜单

Extensions 菜单用于管理或安装 ANSYS Workbench Customization Toolkit 所开发的扩展程序。

(6) Help 菜单

Help 菜单用于打开在线帮助或 ANSYS Customer Portal 站点。

2. 工具栏

工具栏中集成了一些最为常用的文件及项目操作工具按钮，如图 1-6 所示。用户通过单击某个按钮即可完成相应的操作。

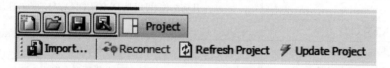

图 1-6　Workbench 工具栏

3. 工具箱（Toolbox）

Workbench 的 Toolbox 中列出了可以添加至项目图解（Project Schematic）区域中的所有系统，用户可以利用鼠标拖动所需的系统至项目图解窗口，从而创建一个新的分析流程。Toolbox 工具箱由如下几个部分组成：

(1) Analysis Systems

Analysis Systems 是 Workbench 预先定义的一系列标准分析系统，其中常用分析系统及其所属学科和作用见表 1-3。

表 1-3　Workbench 的常用分析系统

分析系统名称	所属求解器及学科类型	分析系统的作用
Fluid Flow(CFX)	CFX 流体分析	通用流体分析系统
Fluid Flow(Fluent)	Fluent 流体分析	通用流体分析系统
Static Structural	Mechanical 结构分析	静力结构分析系统
Linear Buckling	Mechanical 结构分析	特征值屈曲分析系统
Modal	Mechanical 结构分析	结构模态分析系统
Harmonic Response	Mechanical 结构分析	结构谐振分析系统
Transient Structural	Mechanical 结构分析	结构瞬态动力分析系统
Response Spectrum	Mechanical 结构分析	响应谱分析系统
Random Vibration	Mechanical 结构分析	随机振动分析系统
Rigid Dynamics	Mechanical 结构分析	刚体动力分析系统
Steady-State Thermal	Mechanical 热传递分析	稳态热传递分析系统
Transient Thermal	Mechanical 热传递分析	瞬态热传递分析系统

(2) Component Systems

这部分为组件系统，为 Workbench 所集成的组件程序，通过这些组件也可以组成上述分析系统。常见的组件系统及其作用见表 1-4。

表 1-4 Workbench 常见的组件系统

组件名称	组件的作用
Engineering Data	工程数据组件
External Data	外部数据组件,可用于耦合分析数据传递
External Model	外部模型组件,可用于导入既有的 CDB 文件
Finite Element Modeler	有限元模型转换器,可导入其他软件格式的模型
CFX	通用 CFD 分析组件
Fluent	通用 CFD 分析组件
Geometry	几何组件,可以是 DM、SCDM 或导入的外部几何
ICEM CFD	高级网格划分组件
Mechanical APDL	结构分析传统界面
Mechanical Model	结构分析模型组件
Mesh	网格划分组件
Results	后处理组件
System Coupling	系统耦合分析组件

上述大部分组件的具体使用方法将在本书后续章节陆续进行介绍。

(3) Custom Systems

这是一些预定义的耦合系统及用户定制的系统。用户可以把 Project Schematic 已经搭建好的流程添加到用户定制的系统列表,这样后续分析就能使用了。其操作过程如图 1-7 所示,具体操作步骤如下:

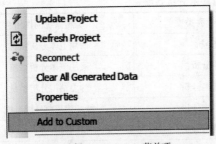 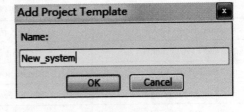

(a)选择 Add to Custom 菜单项　　　　　　　(b)输入模板系统的名称

图 1-7　自定义分析流程

1)在 Project Schematic 界面的任意空白地方按下鼠标右键,在右键菜单中选择 Add to Custom 菜单项;

2)在弹出的 Add Project Template 中输入模板系统的名称,在图中为 New_system,按 OK 按钮,在 Workbench 左侧 Toolbox 的 Custom Systems 中出现一个名为 New_system 的用户系统,如图 1-8 所示。

(4) Design Exploration

这部分为优化工具箱,包括了与设计优化和可靠度分析相关的 Direct Optimization、Parameters Correlation(参数相关性)、Response Surface(响应面)、Response Surface Optimization(响应面优化)以及 Six Sigma Analysis(6-sigma 分析)等组件。使用优化工具箱

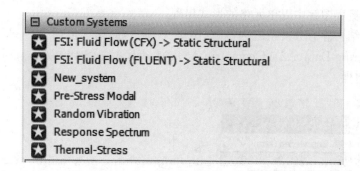

图 1-8 用户流程添加到 Custom Systems 列表

的前提是必须有参数,有了参数后在 Project Schematic 中会出现一个 Parameter Set 条,随后用户即可将此处的优化工具添加到参数条的下方。与优化相关的问题,将在本书后续章节中详细介绍。

(5)工具箱的选择过滤

点击 Toolbox 工具箱底部的"View All / Customize",进入到 Toolbox Customization 页面,如图 1-9 所示。在其中,用户可以选择常用的分析系统、组件系统(勾选其前面的复选框)等在工具箱视图中显示,未勾选的组件或系统则被过滤掉不予显示。

		B	C	D	E
		Name	Physics	Solver Type	AnalysisType
2		Analysis Systems			
3	☑	Design Assessment	Customizable	Mechanical APDL	DesignAssessment
4	☑	Electric	Electric	Mechanical APDL	Steady-State Electric Condu
5	☑	Explicit Dynamics	Structural	AUTODYN	Explicit Dynamics
6	☑	Fluid Flow - Blow Molding (Polyflow)	Fluids	Polyflow	Any
7	☑	Fluid Flow - Extrusion (Polyflow)	Fluids	Polyflow	Any
8	☑	Fluid Flow (CFX)	Fluids	CFX	
9	☑	Fluid Flow (Fluent)	Fluids	FLUENT	Any
10	☑	Fluid Flow (Polyflow)	Fluids	Polyflow	Any
11	☑	Harmonic Response	Structural	Mechanical APDL	Harmonic Response
12	☑	Hydrodynamic Diffraction	Modal	AQWA	Hydrodynamic Diffraction
13	☑	Hydrodynamic Time Response	Transient	AQWA	Hydrodynamic Time Respon
14	☑	IC Engine	Any	FLUENT,	Any
15	☑	Linear Buckling	Structural	Mechanical APDL	Linear Buckling
16	☑	Linear Buckling (Samcef)	Structural	Samcef	Buckling
17	☑	Magnetostatic	Electromagnetic	Mechanical APDL	Magnetostatic
18	☑	Modal	Structural	Mechanical APDL	Modal
19	☑	Modal (Samcef)	Structural	Samcef	Modal

图 1-9 Toolbox Customization

4. 项目图解(Project Schematic)

项目图解区域用于显示分析项目流程,从中可以观察数据的流向以及查看分析进度等。从 Toolbox 中添加到 Project Schematic 的项目被称作系统,每个系统由多个组件组合而成,这些组件在项目流程图解中以单元格的形式出现。

以最常见的结构静力分析系统为例,如图 1-10 所示,此系统包括 A1~A7 共计七个单元格,包含 Engineering Data(A2)、Geometry(A3)、Model(A4)、Setup(A5)、Solution(A6)以及 Results(A7)等组件。

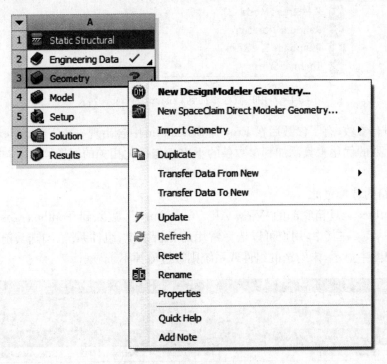

图 1-10　静力结构分析系统

右键单击系统的单元格会弹出相应的快捷菜单,通过这些快捷菜单,用户可以进行如下操作:

(1)打开与此单元格对应的程序模块;
(2)添加上游或下游分析系统;
(3)导入相关的文件;
(4)打开组件的 Properties 视图;
(5)进行单元格操作(如刷新、更新、重设等);
(6)添加注释。

每一个单元格都与对应的程序相关联。ANSYS Fluent 或 Mechanical application 等启动时会打开新的窗口,称为数据整合应用;而诸如 Engineering Data 或 Parameters 等单元格只会切换至 Workbench 平台的另一个工作空间却不会打开新的窗口,被称为本地应用。当然,在某些情况下,一个系统的不同单元格会启动相同的应用,比如上述结构分析系统中通过 A4~A7 都可以打开 Mechanical application 程序。

在一个分析系统中,数据是从上游单元格传递至下游单元格的,ANSYS Workbench 在每个单元格右方给出了一个可视化的单元格状态图标,便于用户有针对性的作出快速响应。单元格的常见状态图标见表 1-5。

表 1-5 Workbench 单元格的状态图标及其含义

图标	代表的含义
?	无法执行,缺少上游数据
⟳	需要刷新,上游数据发生改变
?!	无法执行,需要修改本单元或上游单元的数据
⚡	需要更新,数据已改变、需要重新执行任务得到新的输出
✓	当前单元格数据更新已完成
⇓	发生输入变动,单元局部是更新的,但上游数据发生改变导致其可能发生改变

5. 状态信息栏

状态信息位于整个 Workbench 界面的最下方,用于对操作状态进行说明,如 busy、ready 等,还可通过右下方的 Show Progress 和 Show Messages 显示当前工作的进度和输出信息。

1.3 Project Schematic 项目流程管理

本节介绍基于 Project Schematic 的 Workbench 项目流程创建与管理。

1.3.1 分析系统的创建与操作

1. 分析系统的创建

ANSYS Workbench 提供了三种方法用于创建新的分析系统,分别为:

(1)鼠标双击

在工具箱中双击需要添加的系统,该系统将会在已有分析项目的下一行创建,这是最简单的分析系统创建方式。需要注意的是,该法只能创建孤立的系统,不能用于创建共享数据的多个系统。

(2)鼠标拖动

用户可以选中工具箱中的分析系统,按住鼠标左键将其拖至项目图解窗口中释放以创建新的分析系统;也可以根据分析需要,将新的系统拖放至已存在项目的上、下、左、右或某一单元格上。在拖放过程中,项目图解窗口中绿色线框区域代表可以拖放到的目标位置,当移动鼠标至其中一处时,线框由绿色变成红色且会出现拖放至此的文字说明,如图 1-11 所示。

(3)快捷菜单

在项目图解窗口空白位置处单击鼠标右键,在弹出的快捷菜单中选择 New Analysis Systems、New Component Systems 等,在其中选择需要的分析系统即可,如图 1-12 所示。

2. 分析系统的命名

Project Schematic 中包含的系统都有缺省的名称,用户可以为其命名,也可以对这些名称进行修改。

(1)指定系统的名称

当一个分析系统(Analysis Systems)或组件(Component Systems)被添加到 Project Schematic 中时,其最下方的名字区高亮度显示缺省的分析系统或组件系统名称,这时用户可以直接修改为想要的系统名称,如图 1-13 所示用系统名称区分工况。

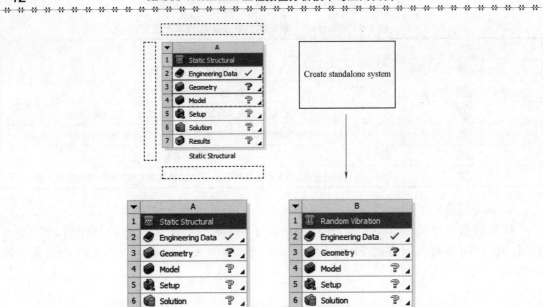

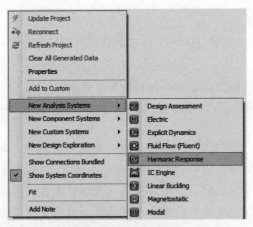

图 1-11　拖动方式创建分析系统

注：▭—绿色框；▭—红色框

图 1-12　快捷菜单方式创建分析系统

工况1

工况3

图 1-13　用分析系统名称来区分不同的工况

第 1 章 ANSYS Workbench 的基础知识

(2)修改系统的名称

用户也可以对已有的分析系统或组件系统的名称进行修改。具体方式是:选中目标系统的标题栏,右键菜单中选择 Rename,此时系统最下方的名称高亮度显示,用户在此修改为新的系统名称即可。如图 1-14 所示为修改的系统名称,用于区分不同的湍流模型。

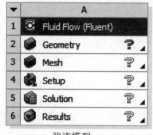
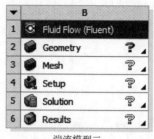
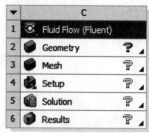

图 1-14　修改流体分析系统名称

3. 为分析系统或组件添加注释

在一个复杂的分析流程中,用户可以为其中的个别系统添加注释,把这些注释与系统名称结合起来,便于其他用户打开项目文件时弄清楚相关的分析项目信息。在一个分析系统的标题栏中按下鼠标右键,在右键菜单中选择 Add Notes,即弹出一个文本编辑框,用户可在其中填写注释。添加注释后的系统标题栏右上角会出现一个三角形,点此三角形即显示带有注释内容的文本编辑框,如图 1-15 所示。

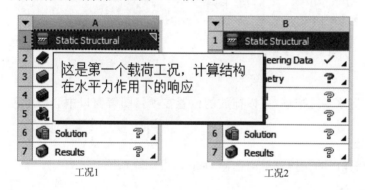
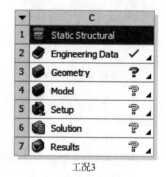

图 1-15　分析系统的注释

类似地,也可以为分析系统的每一个组件添加注释。具体方法是:在分析系统中选择要添加注释的组件,按下鼠标右键,在右键菜单中选择 Add Note,然后为组件添加注释。添加注释后的组件单元格右上角会出现一个三角形,点此三角形即显示带有注释的文本框。

4. 分析系统的复制

通过右键快捷菜单中的 Duplicate 操作,可以快速复制一个分析系统,复制结果取决于进行 Duplicate 操作时鼠标点击的位置。

鼠标右键单击系统表头单元格然后选择 Duplicate,会生成一个新的独立系统,但是原系统的结果却不会被复制。比如,在图 1-16 中右键单击 A1 单元格选择 Duplicate,会复制出一个新的系统 B。

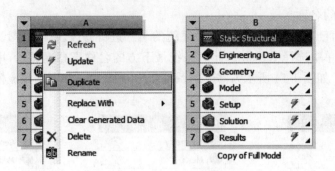

图 1-16 复制独立系统

当鼠标右键单击系统的某一单元格,然后选择 Duplicate 时,该单元格以上的内容将会被共享到新的系统中。比如,在图 1-17 中右键单击 A4 Model 单元格选择 Duplicate,生成的 B 系统会与 A 系统共享 Engineering Data 和 Geometry。

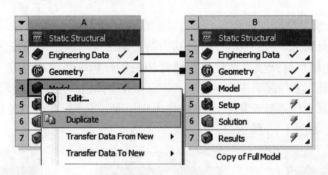

图 1-17 复制关联系统

5. 分析系统的移动

鼠标左键单击表头单元格可将该系统拖动,可以拖放的位置在项目图解窗口中会以绿色线框显示。

6. 分析系统的删除

鼠标右键单击表头单元格,在弹出的快捷菜单中选择 Delete,可删除系统。

7. 分析系统的替换

鼠标右键单击表头单元格,在弹出的快捷菜单中选择 Replace With...可替换当前操作系统。

1.3.2 分析流程的搭建

一系列分析系统可以组合形成复杂的项目分析流程,项目分析流程由一系列相互关联的系统或组件组成。在关联不同的分析系统或组件时一般可采用如下方式:

方式一:鼠标拖动法

当项目图解区域中已存在一个分析系统时,可以通过鼠标拖动法生成新的后续系统,新系统被拖放至已存在系统的某个单元格上时,新的分析系统与当前系统建立关联,形成具有数据(比如模型、网格等)共享及传递的分析流程。

方式二:右键菜单法

用户也可以在已存在系统单元格上单击鼠标右键,通过选择 Transfer Data from New…或 Transfer Data to New…创建上游或下游分析系统。

在图 1-18 所示的分析系统中,A2→B2、A3→B3、A4→B4 之间的连线端部为一个实心的方块,代表这些单元格之间的数据是共享的;A6→B5 之间的连线端部为实心的圆点,代表两者之间是数据传递关系。此系统的搭建次序为:

Step 1:左侧工具箱中选择 Geometry 组件,拖至右侧的 Project Schematic 视图区域;

Step 2:左侧工具箱中选择 Fluid Flow(Fluent)分析系统,拖至 Project Schematic 视图区域的 A2 单元格;

Step 3:左侧工具箱中选择 Static Structural 分析系统,拖至 Project Schematic 视图区域的 B5 单元格;

Step 4:左侧工具箱中选择 Modal 分析系统,拖至 Project Schematic 视图区域的 C6 单元格。

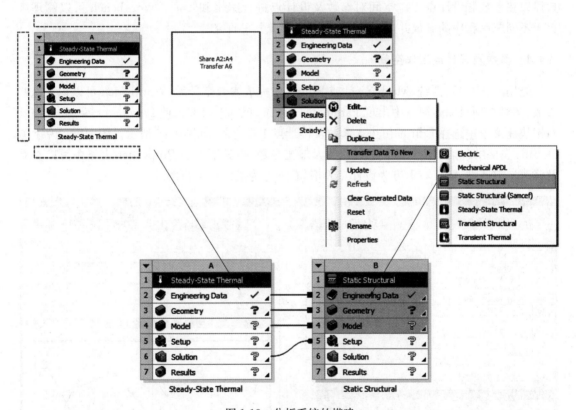

图 1-18　分析系统的搭建

ANSYS Workbench 项目分析的工作流程可以概括为从上到下、从左到右,也就是说上面单元格组件设置或操作完成后才能进行下面单元格的设置或操作,左侧分析系统或组件设置或操作完成后才能将数据传递至右侧的分析系统,右侧的系统或组件才能开始工作。比如,在图 1-19 中的 B Fluid Flow(Fluent)系统中,只有定义好了左边的 Geometry 组件 A,才能进行 Mesh 的设置,因为后者会用到前者的输入信息;而只有完成了 C Static Structural 的分析,才能将计算数据传递至 D Modal,进而完成预应力模态的计算。

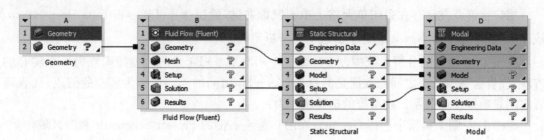

图 1-19　多系统分析项目

1.4　Workbench 参数以及设计点管理

参数（Parameters）和设计点（Design Points）是 ANSYS Workbench 的本地应用功能，用户可以在参数和设计点工作空间对参数及设计点进行编辑和管理。Workbench 可以管理来自于不同应用程序的参数并进行 what-if 型的初步方案研究。

1.4.1　参数及设计点工作空间

当用户在 CAD 系统、Mechanical 或 Fluent 中完成参数定义后，Workbench 可以识别这些参数，同时在项目图解窗口中出现 Parameter Set 条，鼠标左键双击此 Parameter Set 条或在其右键快捷菜单中选择 Edit 都可进入参数及设计点工作空间，如图 1-20 所示。图中窗口左上方 Outline 表格中包括了用户已创建的输入及输出参数，在其下方的 Properties 表格中可以查看及修改参数属性，窗口右上方为设计点表格，右下方为设计点平行图。

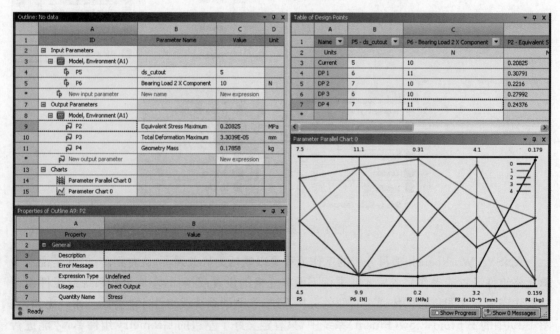

图 1-20　参数及设计点工作空间

1.4.2 参 数

Workbench 中的参数包含输入及输出参数，可以是数值型参数或非数值型参数。如果输入参数与应用程序中的模型特征相关联，在 Workbench 平台中改动输入参数会引起应用程序内部模型数据的变化。

输入参数通常被用来定义几何或作为分析系统的输入数据，可以是一个定值，也可以在某一范围内变化。这类参数包括 CAD 参数、DesignModeler 参数、分析输入参数等。CAD 及 DesignModeler 的输入参数可以是长度、半径等，分析输入参数可以是压力、材料属性、薄板厚度等。

输出参数通常是几何数据或分析的输出数据。这类参数包括体积、质量、频率、应力、速度、位移、热通量等。

在 Workbench 平台中，允许用户创建不与模型特征数据相关联的用户参数。这些参数可以是常数值（比如 12.5 cm、sin(π/2)），也可以是由其他参数组成的表达式的导出值（比如 P2＋3×P3）。

用户可以在 Properties 面板中的 Expression 一栏中输入参数表达式来定义导出参数，也可以直接在 Outline 面板 Value 一栏中输入表达式定义。不同于常值参数的是，导出参数一经添加，其值在 Outline 面板中只能读不能写，只能在该参数的 Properties 一栏中进行编辑。用户参数的表达式也可以是 Python 值“True”、“False”，或 Python 逻辑表达式，比如“P1＞P2”、“P1＝10 and P2＝10”。如图 1-21 所示为用户自定义的几个表达式参数，其中 P5 的表达式为 P1×2＋P2/3＋P3/4。

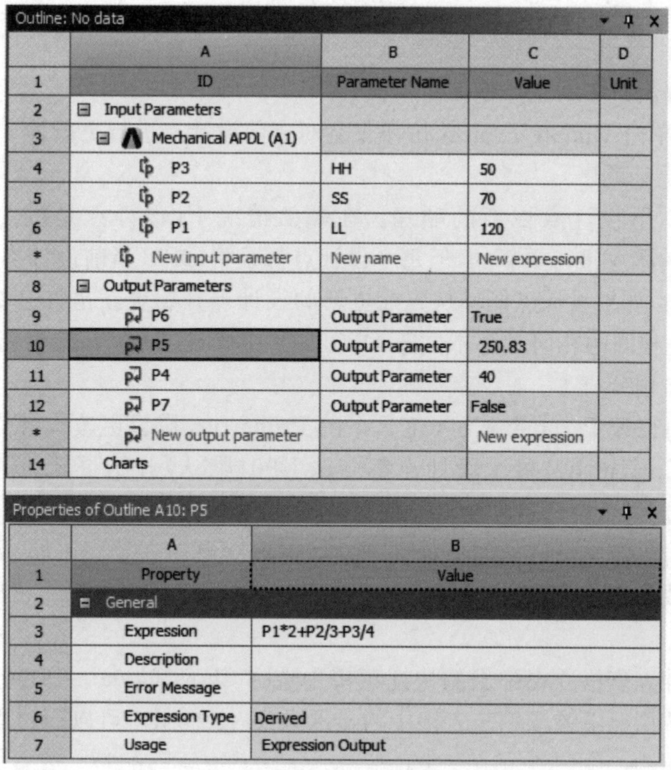
Outline: No data

	A	B	C	D
1	ID	Parameter Name	Value	Unit
2	Input Parameters			
3	Mechanical APDL (A1)			
4	P3	HH	50	
5	P2	SS	70	
6	P1	LL	120	
*	New input parameter	New name	New expression	
8	Output Parameters			
9	P6	Output Parameter	True	
10	P5	Output Parameter	250.83	
11	P4	Output Parameter	40	
12	P7	Output Parameter	False	
*	New output parameter		New expression	
14	Charts			

Properties of Outline A10: P5

	A	B
1	Property	Value
2	General	
3	Expression	P1*2+P2/3-P3/4
4	Description	
5	Error Message	
6	Expression Type	Derived
7	Usage	Expression Output

图 1-21 用户自定义参数

在参数表达式中支持一些常用的函数类型,如:abs、sqrt 、sinh 、cosh、tanh 、log10、loge 、sin、cos、tan 、asin 、acos、atan 、exp、max、min 等,还支持 pi、e 等常数。

1.4.3 设 计 点

1. 设计点的创建

一个设计点就是一组参数的可能组合所对应的设计方案,一个设计点包含一组输入和输出参数,设计点可以在参数和设计点工作空间中直接创建,并允许用户进行 what-if 方案研究。在项目图解窗口中的交互分析项目始终是当前设计点(DP0),它不能被重命名或删除。如果需要创建一个新的设计点,可以通过以下方法:

(1)复制已存在的设计点

在 Table of Design Points 中鼠标右键单击某个设计点,在弹出的快捷菜单中选择 Duplicate,然后按需对新的设计点参数进行修改即可。

(2)输入一个新的设计点

在 Table of Design Points 最底行(＊行)输入设计点参数即可。

2. 设计点的更新

为了计算输出参数,用户需要对新设计点或输入参数发生变化的设计点进行更新。设计点的更新主要有以下几种方式:

(1)更新选择的设计点

在 Table of Design Points 中,右键单击(或按 Ctrl 选择多个)需要更新的设计点,在弹出的快捷菜单中选择 Update Selected Design Points 即可。

(2)更新所有设计点

单击项目图解窗口中的工具栏按钮 Update All Design Points,所有设计点都会更新。需要注意的是,如果单击 Update Project 按钮仅会对当前设计点进行更新。

3. 设计点的更新顺序

这里简单说一下设计点更新的顺序。在默认情况下,设计点是按照它们在 Table of Design Points 中的顺序进行更新的,但每个设计点都是将 DP0(当前设计点)参数值作为初始值进行更新。显然,如果设计点能够从先前更新的设计点开始更新也许会更加高效。举个例子,DP2 与 DP1 有相同的几何且都不同于 DP0,如果 DP2 从 DP1 开始更新就会节省 DP2 更新时的几何和网格划分成本。

用户可以通过修改 Parameter Set 工具条的 Properties 设置更改设计点的更新方法。选择 Update from Current 时,每个设计点都会从 DP0(默认)开始更新;选择 Update Design Points in Order 时,每个设计点都会从先前更新设计点开始更新。

用户也可以自己定义设计点的更新顺序以使得更新更加高效。比如,如果几个设计点具有相同的几何参数值,为了只进行一次几何更新而获得更高的更新效率,可以将它们放在一起顺序更新。

右键单击设计点表格并在弹出的快捷菜单中选择 Show Update Order,可以查看设计点的更新顺序。默认情况下该顺序与表格中的显示顺序一致,用户可以通过以下几种方法进行更改:

(1)编辑 Update Order 一列中的更新顺序值;

第 1 章 ANSYS Workbench 的基础知识

（2）对表格一列或多列进行分类，然后右键单击表格并在弹出的快捷菜单中选择 Set Update Order by Row，完成对设计点更新顺序的更改，如图 1-22、图 1-23 及图 1-24 所示；

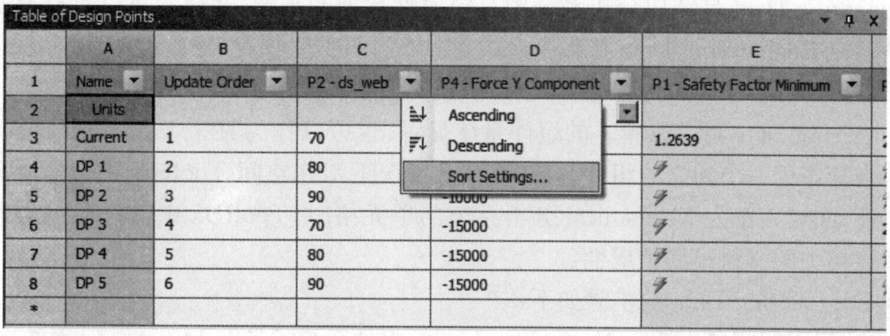

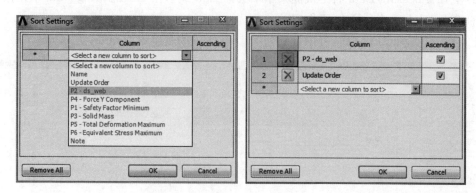

图 1-22　初始设计点表格

图 1-23　以 P2-ds_web 及 Update Order 对设计点进行分类

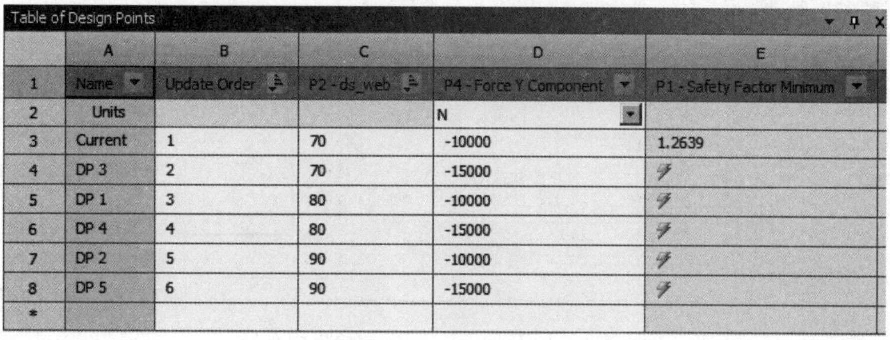

图 1-24　调整更新顺序后的设计点表格

（3）右键单击表格然后在弹出的快捷菜单中选择 Optimize Update Order。该项设置会对项目中参数的依赖性进行分析，并扫描所有设计点的参数值，最终确定最优的更新顺序。

1.5　Engineering Data 的使用

Engineering Data 是 Workbench 中的材料数据模块，主要用于为结构分析求解器提供材料数据。

1.5.1 Engineering Data 的操作界面

Engineering Data 是结构分析系统中材料属性数据的来源，通过它可以对材料属性进行全面控制。在 Engineering Data 工作平台中，用户可以创建、保存、更改材料，保存创建的材料库并用于以后的分析项目中，且材料库也可以被其他用户使用。

Engineering Data 可以以单一的组件系统显示，也可以作为某个 Mechanical 分析系统的单元格。当其作为一个独立的组件系统时，默认情况下工作空间 Toolbox 中包括所有的材料模型及属性；而当其作为 Mechanical 分析系统的单元格时，Toolbox 中仅仅显示与该分析系统物理环境相关的材料模型及属性。

访问 Engineering Data 的步骤如下：

(1) 在项目图解窗口中插入 Engineering Data 组件系统或某个 Mechanical 系统；
(2) 在 Engineering Data 右键快捷菜单中选择 Edit 或双击 Engineering Data 单元格；
(3) 进入 Engineering Data 工作空间。

进入 Engineering Data 后，可以看到如图 1-25 所示的基本界面布局。

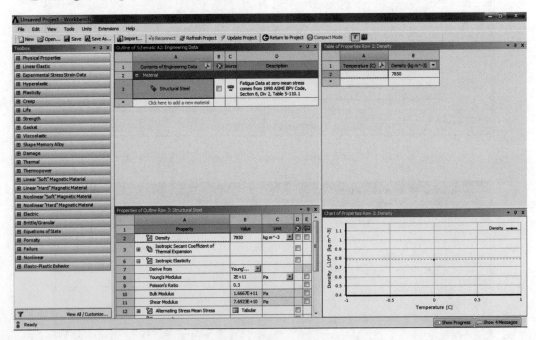

图 1-25　Engineering Data 初始界面布局

通过主菜单 File→Import Engineering Data 可以导入已存在的材料数据，File→Export Engineering Data 可以输出选中的材料数据。打开工具栏按钮 ，可以过滤掉 Toolbox 中与当前分析系统无关的材料模型及属性。Outline 面板中列出了已有的材料列表，在该面板中可以进行材料创建、材料删除、材料重命名、抑制材料、添加材料描述信息、导入外部材料及设定固体/流体部件的默认材料等操作。Properties 面板中列出了 Outline 面板中所选材料的详细材料属性，在该面板中可以进行以下几种操作：从 Toolbox 中添加额外材料属性、删除某项属性、修改属性值、抑制某项属性及材料属性参数化（单击在 列下的"□"）等。

1.5.2 定义材料及数据

在 Engineering Data 中,定义材料的方法有两种:调用材料库中的材料及数据、用户定义材料及数据。

1. 使用数据库中的材料及数据

单击工具条中的 Engineering Data Source 按钮▦,可以打开 Engineering Data Source 面板。面板中列出了一些程序自带的材料库,每个材料库中又包含若干种材料。利用程序已有材料库可以添加材料到当前分析项目中,基本步骤如下:

(1)选择材料库

单击 Engineering Data Sources 面板中的某个材料库(比如 General Materials),如图 1-26 所示。需要注意的是,如果在 ✎ 下的"□"勾选上了"√",该材料库内的材料可被编辑,此时保存材料的话,原材料将会被覆盖。

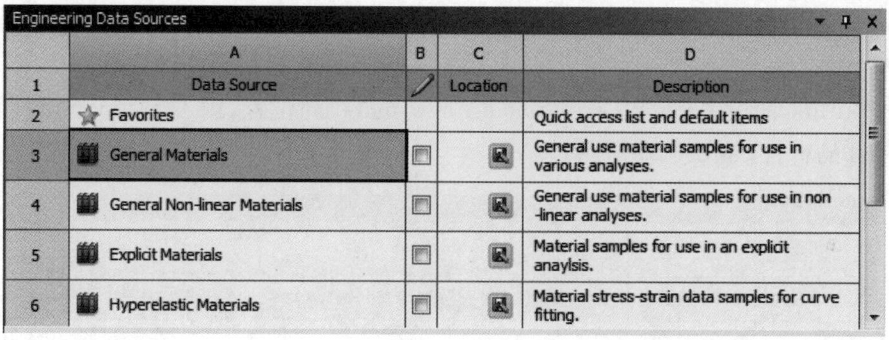

图 1-26 Engineering Data Sources 面板

(2)添加材料库中的材料

在 Outline 面板中单击目标材料右方的 ✚,此时会出现一个 ● 标识,表明该材料已被成功添加至 Engineering Data(比如 Cooper Alloy),如图 1-27 所示。

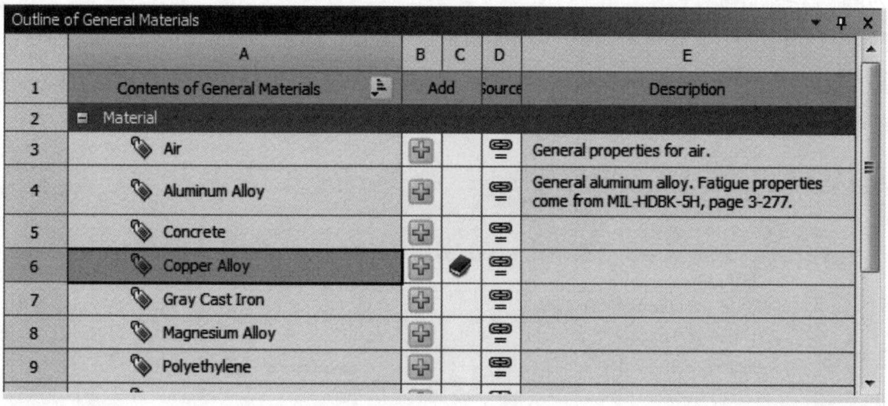

图 1-27 添加材料至 Engineering Data

(3)关闭材料库

单击 Engineering Data Source 按钮▦返回 Engineering Data,此时在 Outline 面板中列出

了新添加的 Cooper Alloy 材料，如图 1-28 所示。如有必要可以鼠标右键单击 Cooper Alloy 材料，在弹出的快捷菜单中选择 Default Solid Material For Model，将其作为默认材料。

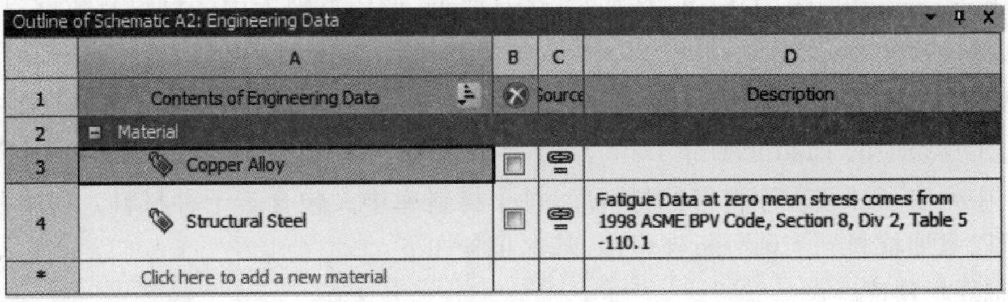

图 1-28　成功添加材料后的 Engineering Data

2. 自定义材料及数据

当材料库中未包含分析所用材料时，可以从材料库中先添加一个相近材料，然后在 Properties 面板中对相关参数进行更改，也可以直接创建用户自定义材料，基本步骤如下：

（1）输入新材料名称

单击 Outline 面板中 Click here to add a new material 位置，输入 my material，创建名为 my material 的材料，如图 1-29 所示。

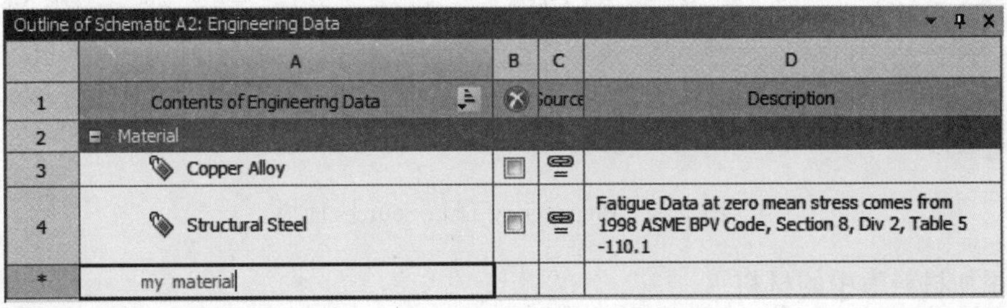

图 1-29　定义新材料名称 my material

（2）为新材料指定属性

在左侧 Toolbox 中双击 Density、Constant Damping Coefficient、Isotropic Elasticity 等项目（按需添加），此时 Properties 面板中列出了上述几项材料属性，黄色表示欠输入，如图 1-30 所示（B 栏序号 2、3、6、7 为黄色）。

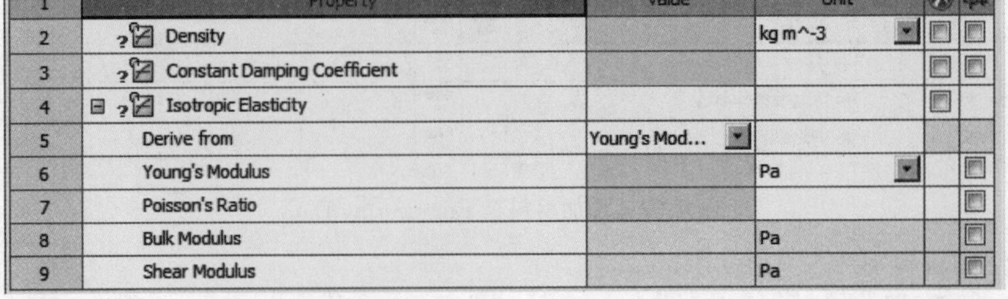

图 1-30　欠定义的 Properties 面板

第1章 ANSYS Workbench 的基础知识

另一种添加材料属性的方式为：从 Toolbox 中用鼠标左键拖动相关属性至 Properties 区域的 A1 Property 单元格中或上述定义的新材料名称上释放。

(3) 定义材料参数

输入材料的各属性值，完成材料属性定义，如图 1-31 所示。

	A	B	C	D	E
1	Property	Value	Unit		
2	Density	5900	kg m^-3		
3	Constant Damping Coefficient	6.3			
4	Isotropic Elasticity				
5	Derive from	Young's Mod...			
6	Young's Modulus	1.2E+11	Pa		
7	Poisson's Ratio	0.35			
8	Bulk Modulus	1.3333E+11	Pa		
9	Shear Modulus	4.4444E+10	Pa		

图 1-31　完成定义后的 Properties 面板

当材料属性单位不合适时，可以单击 Unit 列中的 ▼ 进行修改，也可通过主菜单中的 Units 进行修改。

(4) 保存材料

最后，用户定义的材料可以被保存并在新的分析系统中被导入，其方法如下：在 Outline 面板中用鼠标选中用户定义材料（如 my material），单击主菜单 File→Export Engineering Data…，在弹出的窗口中设定好目录，输入文件名 my material，单击保存，如图 1-32 所示。保存的材料可以通过 File→Import Engineering Data 操作导入新的分析系统中。

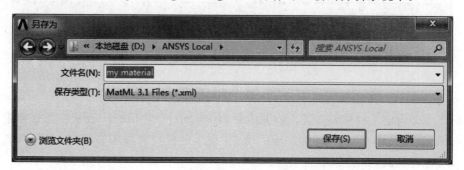

图 1-32　保存材料

1.5.3　自定义材料库

在 Engineering Data 中，用户除了可以自定义材料外，还可以创建属于自己的材料库。与使用程序自有材料库一样，用户可以从自有材料库中快速选择所需材料赋予模型，用于分析。创建自定义材料库的基本步骤如下：

1. 打开 Engineering Data Source 面板

单击工具条中的 Engineering Data Source 按钮，打开 Engineering Data Source 面板，在 Click here to add a new library 位置处输入 my material library，创建名为 my material library 的材料库，如图 1-33 所示。

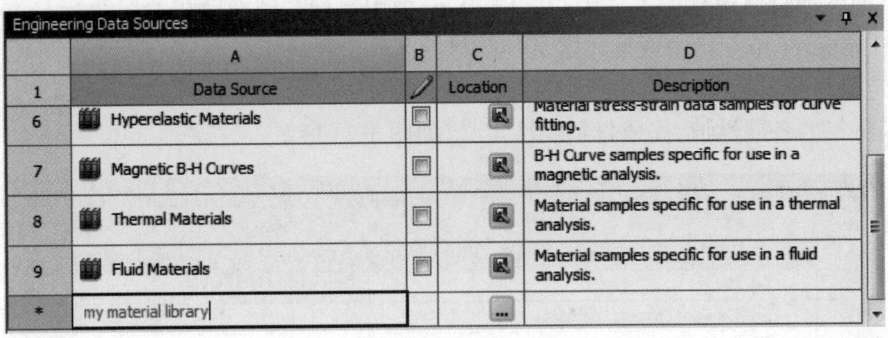

	A	B	C	D
1	Data Source		Location	Description
6	Hyperelastic Materials	☐		Material stress-strain data samples for curve fitting.
7	Magnetic B-H Curves	☐		B-H Curve samples specific for use in a magnetic analysis.
8	Thermal Materials	☐		Material samples specific for use in a thermal analysis.
9	Fluid Materials	☐		Material samples specific for use in a fluid analysis.
*	my material library			

图 1-33　创建材料库

2. 定义材料库名称

输入材料库名称后单击 Enter 键，在弹出的对话框中设定好保存路径，输入文件名 my material library，单击保存，此时该材料库为可编辑状态（材料库名称右侧 B 列 ✏ 中的"☐"勾选上了"√"），如图 1-34 所示。

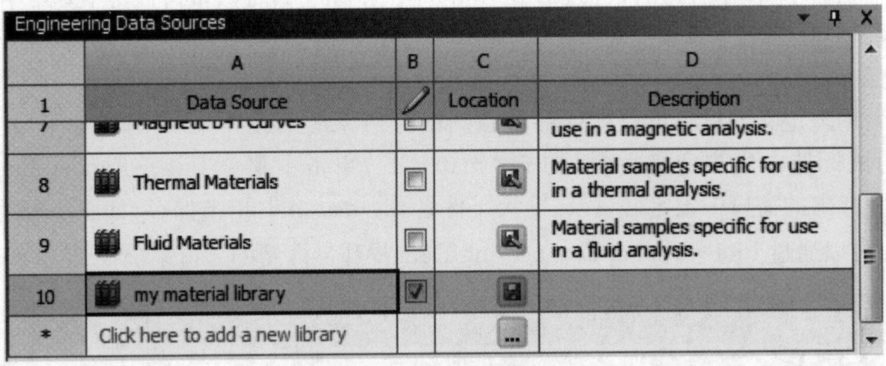

	A	B	C	D
1	Data Source		Location	Description
7	Magnetic B-H Curves			use in a magnetic analysis.
8	Thermal Materials	☐		Material samples specific for use in a thermal analysis.
9	Fluid Materials	☐		Material samples specific for use in a fluid analysis.
10	my material library	☑		
*	Click here to add a new library			

图 1-34　定义材料库名称

3. 为定义的材料库添加材料

参照 1.5.2 自定义材料的方法，在 Outline of my material library 面板中添加自定义材料（比如 material_1、material_2），添加完成后取消"√"，退出材料库编辑模式，在弹出的对话框中单击"是"保存更改，如图 1-35 所示。

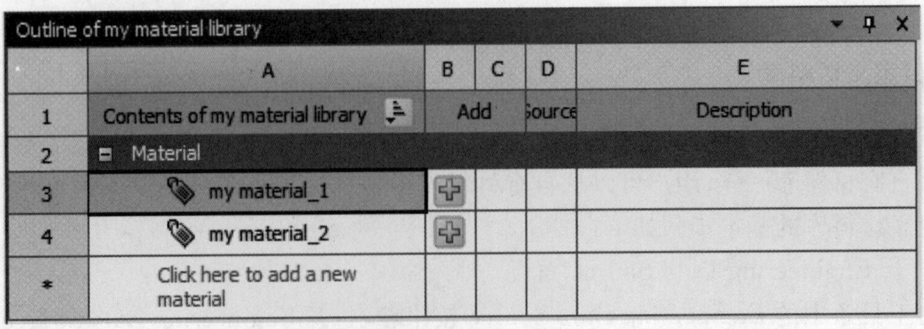

	A	B	C	D	E
1	Contents of my material library	Add	Source		Description
2	⊟ Material				
3	🏷 my material_1	➕			
4	🏷 my material_2	➕			
*	Click here to add a new material				

图 1-35　在材料库添加材料

至此,自定义材料库创建完毕,再次打开 Workbench 进入 Engineering Data 后该材料库即可看到。

1.6 Workbench 仿真分析的理论背景

本书后续章节主要围绕 Mechanical、Fluent 两个求解器及有关的耦合分析展开,在本章的最后简单介绍一下这两个求解器的相关理论背景。

1.6.1 Mechanical 求解器的理论背景

ANSYS Mechanical 是一个基于有限单元法的结构分析求解器,用于求解各类静力、动力结构分析问题以及固体的稳态、瞬态热传递问题。

1. 结构静力分析

结构静力分析的基本有限元求解方程如式(1-1):

$$[K]\{u\}=\{F\} \tag{1-1}$$

式中,$[K]$为结构的刚度矩阵;$\{u\}$为节点位移向量;$\{F\}$为节点荷载向量。

2. 结构动力分析

结构动力分析的基本有限元求解方程如式(1-2):

$$[M]\{\ddot{x}\}+[C]\{\dot{x}\}+[K]\{x\}=\{F(t)\} \tag{1-2}$$

式中,$[M]$、$[C]$、$[K]$分别为结构的质量矩阵、阻尼矩阵以及刚度矩阵;$\{\ddot{x}\}$、$\{\dot{x}\}$、$\{x\}$分别为节点加速度向量、节点速度向量、节点位移向量;$\{F(t)\}$为节点荷载向量。

对于模态分析而言,与外部激励无关,也一般不计入阻尼,得到频率特征方程如式(1-3):

$$([K]-\omega^2[M])\{\varphi\}=0 \tag{1-3}$$

式中,ω^2为频率特征值;$\{\varphi\}$为对应于特征值的特征向量(振形向量)。

对于考虑预应力刚度的模态分析,在刚度矩阵上加上应力刚度项,其频率特征方程如式(1-4):

$$([K]+[S]-\omega^2[M])\{\varphi\}=0 \tag{1-4}$$

式中,$[S]$为由于初应力引起的刚度。

对于外部激励为简谐荷载的特殊情况,假设其激励频率为 Ω,则其求解方程如式(1-5):

$$(-\Omega^2[M]+i\Omega[C]+[K])\{x_r+ix_i\}=\{F_r+iF_i\} \tag{1-5}$$

3. 热传递分析

对固体热传递问题,求解热传递方程,对流以及辐射被处理为边界条件。热传递分为稳态问题以及瞬态问题,稳态问题是计算系统达到热平衡状态下的温度场,而瞬态问题则计算系统在达到热平衡之前的温度变化情况。

(1)稳态热传递

固体稳态热传递有限元分析的基本求解方程如式(1-6):

$$[K(T)]\{T\}=\{P(T)\} \tag{1-6}$$

式中,$[K(T)]$为热传导矩阵;$\{T\}$为节点温度向量;$\{P(T)\}$为节点热流向量。

(2)瞬态热传递

固体瞬态热传递有限元分析的基本求解方程如式(1-7):

$$[C(T)]\{\dot{T}\}+[K(T)]\{T\}=\{P(T,t)\} \quad (1-7)$$

式中，$[C(T)]$ 为比热矩阵。

此方程组为一阶常微分方程组，计算中需要指定初始温度场条件，通常做法是先进行一次稳态热传递分析，并以稳态热传递分析的温度场分布作为瞬态分析的初始温度场。

1.6.2 Fluent 求解器的理论背景

ANSYS Fluent 是一个基于有限体积法的流体求解器，主要求解流动及传热的基本方程。

1. 流体分析的基本方程

流体运动微分方程，即 N-S 方程，如式(1-8)：

$$\rho \frac{\mathrm{d}u}{\mathrm{d}t} = -\frac{\partial p}{\partial x} + \mu\left(\frac{\partial^2 u}{\partial x^2} + \frac{\partial^2 u}{\partial y^2} + \frac{\partial^2 u}{\partial z^2}\right) + \rho f_x$$

$$\rho \frac{\mathrm{d}v}{\mathrm{d}t} = -\frac{\partial p}{\partial y} + \mu\left(\frac{\partial^2 v}{\partial x^2} + \frac{\partial^2 v}{\partial y^2} + \frac{\partial^2 v}{\partial z^2}\right) + \rho f_y \quad (1-8)$$

$$\rho \frac{\mathrm{d}w}{\mathrm{d}t} = -\frac{\partial p}{\partial z} + \mu\left(\frac{\partial^2 w}{\partial x^2} + \frac{\partial^2 w}{\partial y^2} + \frac{\partial^2 w}{\partial z^2}\right) + \rho f_z$$

根据质量守恒条件，流体在三维空间中流动的质量连续性方程如式(1-9)：

$$\frac{\partial \rho}{\partial t} + \frac{\partial(\rho u)}{\partial x} + \frac{\partial(\rho v)}{\partial y} + \frac{\partial(\rho w)}{\partial z} = 0 \quad (1-9)$$

可压缩流体的密度与温度、压力等相关，通常需在分析时引入状态方程、内能方程，同时考虑热力学第一定律，如式(1-10)～式(1-12)：

$$p = p(\rho, T) \quad (1-10)$$

$$e = e(\rho, T) \quad (1-11)$$

$$\rho \frac{\mathrm{d}e}{\mathrm{d}t} = -p\,\mathrm{div}u + \mathrm{div}(k\,\mathrm{grad}T) + \Phi + S_e \quad (1-12)$$

上述流动及换热问题，其基本未知量有压力、三个速度分量、密度、温度、内能共计 7 个，与之相对应也一共有 7 个方程，即：连续性方程、N-S 方程组、状态方程、内能方程、热力学第一定律。

2. 有限体积法简介

如果流体力学的各微分方程表示为如式(1-13)的统一形式：

$$\frac{\partial(\rho\phi)}{\partial t} + \mathrm{div}(\rho\phi u) = \mathrm{div}(\Gamma\,\mathrm{grad}\phi) + S_\phi \quad (1-13)$$

其物理意义为：物理量 ϕ 随时间的变化率＋ϕ 由于对流引起的净减少率＝ϕ 由于扩散引起的净增加率＋ϕ 由内源引起的净产生率。

Fluent 软件采用有限体积法把求解域离散为一系列控制体积后，在每个控制体积上对微分方程进行积分，对流项和扩散项转换为面积分，则微分方程转化为式(1-14)：

$$\frac{\partial}{\partial t}\int_V \rho\phi \mathrm{d}V + \int_A \vec{n}\cdot(\rho\phi u)\mathrm{d}A = \int_A \vec{n}\cdot(\Gamma\,\mathrm{grad}\phi)\mathrm{d}A + \int_V S_\phi \mathrm{d}V \quad (1-14)$$

对定常问题，时间相关项为 0，式(1-14)可简化为式(1-15)：

$$\int_A \vec{n}\cdot(\rho\phi u)\mathrm{d}A = \int_A \vec{n}\cdot(\Gamma\,\mathrm{grad}\phi)\mathrm{d}A + \int_V S_\phi \mathrm{d}V \quad (1-15)$$

对非定常问题,还需对时间从 t 时刻到 $t+\Delta t$ 时刻进行积分,控制方程如式(1-16):

$$\int_{\Delta t}\frac{\partial}{\partial t}\int_V \rho\phi \mathrm{d}V + \int_{\Delta t}\int_A \vec{n}\cdot(\rho\phi u)\mathrm{d}A = \int_{\Delta t}\int_A \vec{n}\cdot(\Gamma\,\mathrm{grad}\phi)\mathrm{d}A + \int_{\Delta t}\int_V S_\phi \mathrm{d}V \quad (1\text{-}16)$$

以上在控制体及其各表面上的积分,经过近似并对源项作线性化处理,可以表示为控制体积中心处的点及其各相邻的网格点位置处的变量值的一组代数方程,其一般形式如式(1-17):

$$\alpha_P\phi_P = \alpha_W\phi_W + \alpha_E\phi_E + \alpha_S\phi_S + \alpha_N\phi_N + \alpha_B\phi_B + \alpha_T\phi_T + b \quad (1\text{-}17)$$

其中,P 点为积分控制体积中心点。对于三维问题,W、E、S、N、B、T 依次为与 P 点相邻的左、右、前、后、下、上等 6 个点;对二维问题,只有 W、E、S、N 四个相邻点;对一维问题,仅有 W、E 两个相邻点。

以上即为求解流动及换热问题的有限体积法的数值计算方程。

第 2 章　几何建模及修复工具 DesignModeler(DM)

ANSYS DesignModeler(简称 DM)是一个基于 ANSYS Workbench 平台的数据整合应用程序。首先，DM 是一种基于特征的参数化建模系统，可以像传统 CAD 软件一样创建基于 2D 草图的 3D 几何模型；其次，DM 提供了强大的模型修改及修复功能，以用于不同仿真环境的前处理工作；最后，DM 还可以与 ANSYS Workbench 各模块直接结合，具备优秀的数据传输能力。

2.1　认识 DM 建模环境

本节将对 DM 建模环境进行介绍，主要有 DM 启动方法、图形用户界面及各组成部件的功能简介等内容。

2.1.1　启动 DM

作为 ANSYS Workbench 的集成组件之一，DM 不允许被单独启动。启动 Workbench 平台后，用户可以通过以下两种方式启动 DM 应用程序：

1. 通过组件系统启动 DM

创建包含 Geometry 的组件系统(比如 Geometry、Mesh)，在生成的组件系统中双击 Geometry 单元格即可启动 DM，如图 2-1 所示。

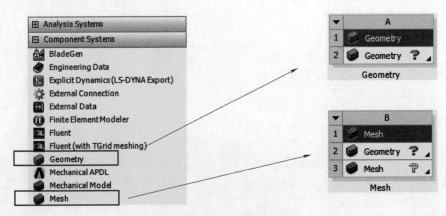

图 2-1　通过组件系统启动 DM

2. 通过分析系统启动 DM

创建分析系统(比如 Fluid Flow、Modal)，在生成的分析系统中双击 Geometry 单元格即可启动 DM，如图 2-2 所示。

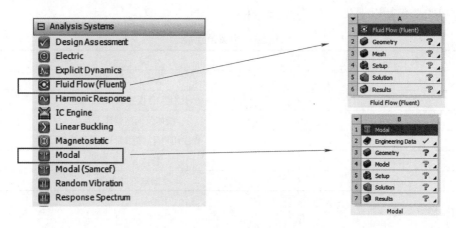

图 2-2　通过分析系统启动 DM

2.1.2　DM 界面及功能简介

DM 的基本用户界面如图 2-3 所示，主要由主菜单、工具栏、结构树、草图/模型切换标签、明细栏、图形显示窗口及状态栏等部分组成。

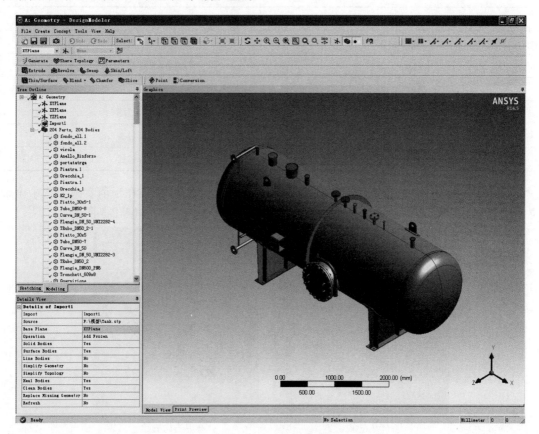

图 2-3　DM 用户界面

1. 主菜单

主菜单主要包括以下几项内容，见表 2-1。

表 2-1　主菜单功能

菜　　单	功　　能
File	基本的文件操作
Create	创建 3D 模型和修改工具
Concept	线体及面体创建工具
Tools	程序用户化、参数管理、整体建模
View	修改显示设置
Help	获取帮助文件

2. 工具栏

（1）选择工具栏

选择工具栏如图 2-4 所示，常用选择工具栏按钮基本功能见表 2-2。

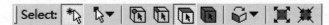

图 2-4　选择工具栏

表 2-2　选择工具栏基本功能

按　　钮	功能与作用
	选择单个特征
	选择多个特征（框选）
	点选择过滤
	边选择过滤
	面选择过滤
	体选择过滤

框选时可以采用从左往右或从右往左拖动鼠标两种方式，其区别在于前者只会选中全部位于选框中的特征，而后者则会选中全部及部分位于选框中的特征，如图 2-5 所示。

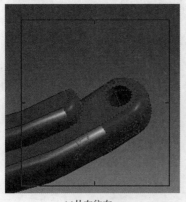
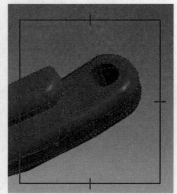

(a) 从左往右　　　　　　　(b) 从右往左

图 2-5　两种框选选择方式

除了上述基本按钮外,还提供了一系列扩展选择功能选项,下面简单进行介绍。

1) Extend to Adjacent

扩展选择至相邻特征。选中 3D 边或 3D 面后,可以利用该工具选中与已选对象形成"光滑过渡"的相邻特征,如图 2-6 所示。

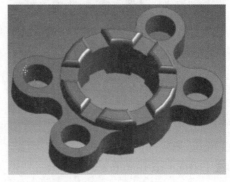

图 2-6　Extend to Adjacent

2) Extend to Limits

扩展选择至所有特征。与 Extended to Adjacent 选择机理类似,利用该工具选择时会不断选中相邻特征,直至没有符合条件的特征可供选择为止,如图 2-7 所示。

图 2-7　Extend to Limits

3) Flood Blends

利用该工具可以将选择范围从当前选中的倒角面扩展至所有相邻倒角面。比如,选中部分倒角面后,利用该工具可快速选中所有倒角面,如图 2-8 所示。

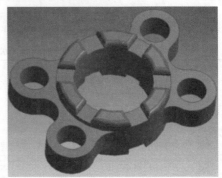

图 2-8　Flood Blends

4) Flood Area

利用该工具可以将选择范围从当前选中面扩展至所有与其有共用边的面,如图 2-9 所示。

图 2-9　Flood Area

5) Extend to Instances

利用该工具可以将选择范围从已选特征扩展至所有相同实例特征。比如,选中最上方实体后,利用该工具后可同时选中三个实体,如图 2-10 所示。

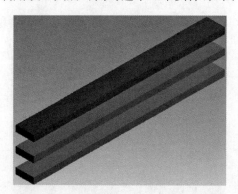 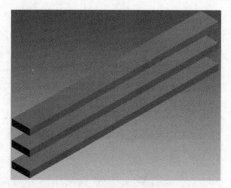

图 2-10　Extend to Instances

(2) 图形显示工具栏

DM 中的图形显示工具栏如图 2-11 所示。

图 2-11　图形显示工具栏

工具栏按钮中面颜色显示(Face Coloring)基本功能简介见表 2-3。

表 2-3　Face Coloring 基本功能简介

项　目	功　能
By Body Color	默认设置,面颜色与体颜色相同
By Thickness	一种厚度对应一种颜色
By Geometry Type	DesignModeler 格式显示为蓝色,Workbench 格式显示为栗色
By Named Selection	一个命名选择对应一种颜色

第 2 章 几何建模及修复工具 DesignModeler(DM)

工具栏按钮中边颜色显示(Edge Coloring)功能简介见表 2-4。

表 2-4　Edge Coloring 基本功能简介

项　　目	功　　能
By Body Color	默认设置，边颜色与体颜色一致
By Connection	5 种连接关系分别采用 5 种颜色显示
Black	全部显示为黑色

DM 中有 5 种边连接类型，分别为 Free、Single、Double、Triple、Multiple，其中 Free 代表这个边不被任何面共享，Single 意味着这个边被一个面共享，其他类型以此类推。为了便于区分不同的边连接类型，在 DM 中以不同的颜色来表征，其对应关系见表 2-5。

表 2-5　边连接类型与颜色

边连接类型	颜　　色
Free	蓝色
Single	红色
Double	黑色
Triple	粉红色
Multiple	黄色

此外，每种连接类型还有三个显示控制选项，分别为 Hide(不显示)、Show(正常显示)和 Thick(加粗显示)。

图 2-12 给出了采用 By Connection 方式显示的模型，左侧为正常显示(Show)，右侧为 Thick Multiple 显示。从图中可以看到，不同边连接类型以不同的颜色被区分开来，右侧图片中代表 Multiple 连接类型的黄色线被加粗显示(图中椭圆圈内四个面的公共线)。

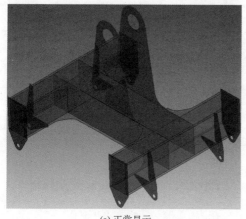
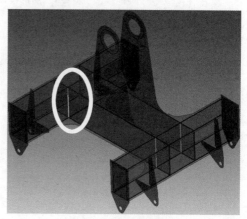

(a) 正常显示　　　　　　　　　　　(b) Thick Multiple 显示

图 2-12　By Connection 显示连接关系

按钮用于显示边的方向。利用该工具可以显示模型边的方向，方向箭头出现在边中点位置，箭头的大小与边的长度成正比，如图 2-13 所示。

按钮用于显示点。激活该工具可以高亮显示出模型中的所有点,可用于确保边的完整性,检查模型边是否被意外分割成多段,如图 2-14 所示。

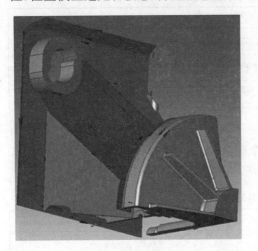

图 2-13 显示边方向

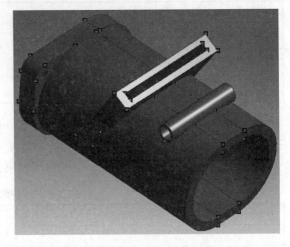

图 2-14 显示点

(3)图形控制工具栏

DM 中的图形控制工具栏如图 2-15 所示。

图 2-15 图形控制工具栏

图形控制工具栏中各个工具的基本功能简介见表 2-6。

表 2-6 图形控制工具栏功能简介

按 钮	功 能	按 钮	功 能
↻	旋转工具	⊕	下一个视图
✥	平移工具	ISO	等轴测显示
⊖	缩放工具	✈	显示坐标轴
⊕	框选放大工具	▣	显示 3D 模型
⊙	适应窗口缩放	●	显示点
⊙	放大镜	👤	正视面、平面及草图
⊙	上一个视图	—	—

旋转工具主要用于模型的旋转操作,当鼠标位于图形显示窗口中的不同位置时,显示出的旋转图标不尽相同,如图 2-16 所示。

不同图标有着不同的旋转行为,详见表 2-7。

第 2 章 几何建模及修复工具 DesignModeler(DM)

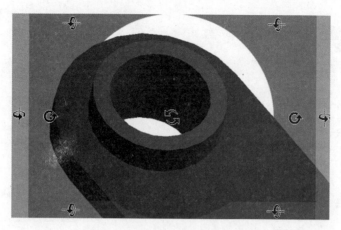

图 2-16 旋转图标

表 2-7 旋转工具图标

图 标	意 义
	鼠标位于窗口中心附近时,该图标表示模型可以自由旋转
	鼠标位于窗口拐角附近时,该图标表示模型会绕垂直于屏幕的轴旋转
	鼠标位于窗口左右两侧附近时,该图标表示模型会绕竖直方向旋转
	鼠标位于窗口上下两侧附近时,该图标表示模型会绕水平方向旋转

此外,在旋转、平移及缩放模式下,左键单击模型某处可设置模型的当前浏览或旋转中心(红点标记),而单击空白区域则会将模型浏览或旋转中心置于当前模型的质心处,如图 2-17 所示。

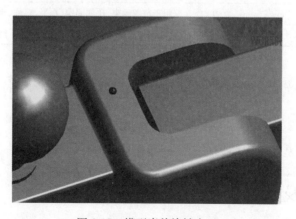

图 2-17 模型当前旋转中心

3. 结构树及草图工具箱

默认情况下 DM 中激活的是建模模式,此时界面中会显示出模型的建模结构树(Tree Outline)。结构树给出了模型的整个建模历史,用户可以从中获取建模信息,并利用右键快捷菜单对模型进行修改或其他操作(比如插入新特征、抑制或删除模型等),如图 2-18 所示。

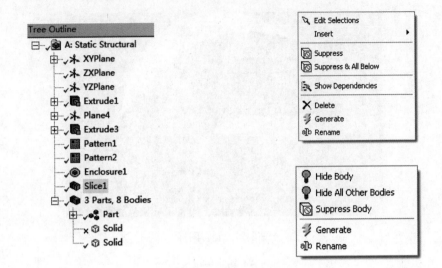

图 2-18　结构树及右键快捷菜单

单击结构树面板下方的 Sketching/Modeling 标签,可由建模模式切换至草图模式进行草图绘制。草图工具箱(Sketching Toolboxes)中包含五个子工具箱,其名称及基本功能简介见表 2-8。

表 2-8　工具箱简介

名　　称	基本功能
Draw Toolbox	用于草图绘制,比如线、多边形、圆、圆弧等
Modify Toolbox	用于草图修改,比如倒圆角、修剪、延伸、复制、移动等
Dimensions Toolbox	用于尺寸标注,比如智能标注、半径、角度、长度、距离等
Constraints Toolbox	用于草图约束,比如固定、水平、对称、相切、对称、等距离等
Setting Toolbox	用于草图绘制基本设置,比如显示网格、捕捉设置等

4. 明细栏

明细栏中列出了当前选择特征的相关信息,用户可在此处输入新特征的明细数据或对已有特征进行编辑修改。

5. 状态栏

状态栏中显示的是几何建模状态或建模操作提示信息,有助于用户正确地完成建模操作。

2.2　模型创建及导入

DM 中有线体、面体、实体三种类型的体,每种体都可以被激活与抑制,多个体又可以组成多体部件。因此,本节将首先介绍 DM 中体与部件的基本概念,其次对创建这些体的基本建模工具及概念建模工具进行讲解,最后对外部文件的导入进行简要介绍。

2.2.1　DM 中的体与部件

DM 大纲树最后一个分支中包含了构成模型的体和部件。其中,体是构成模型的最基本的组件,它可以是实体、面体或线体,部件则是一系列体的组合。

1. 体的类型

DM 有三种不同类型的体:

线体(Line Body)——由边线组成,没有面和体,有截面信息,如图 2-19(a)所示;
面体(Surface Body)——由表面组成,没有体,有厚度信息,如图 2-19(b)所示;
实体(Solid Body)——由表面和体组成,如图 2-19(c)所示。

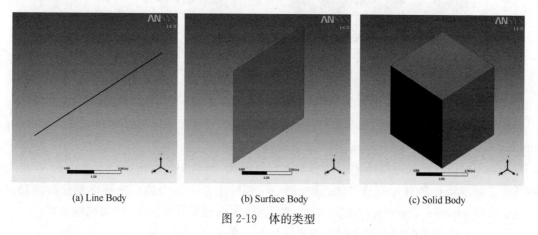

(a) Line Body   (b) Surface Body   (c) Solid Body

图 2-19 体的类型

2. 体的状态

DM 中的体有两种存在状态:激活的(Active)或冻结的(Frozen)。激活体会和其他体在有接触或交叠的部分自动合并,而冻结体则会保持独立。引入冻结体有两个好处:一是有助于网格划分,对多个拓扑简单的几何体进行离散比对大型的复杂的模型离散更加高效;二是便于实施与求解相关的设置,比如施加边界条件、指定不同体的物料属性等。下面以拉伸操作为例说明激活体与冻结体的区别:

(1)以 Add Material 进行拉伸,生成的小圆柱体与大圆柱体合并成一体,如图 2-20 所示。

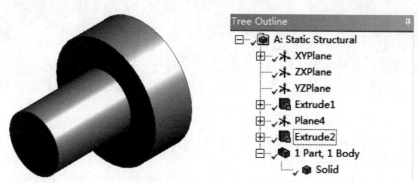

图 2-20 Add Material 生成激活体

(2)以 Add Frozen 进行拉伸,生成的小圆柱体未与大圆柱体合并,共有两个实体,如图 2-21 所示。

区别于上面的激活和冻结状态,DM 中的体可以是可视的(Visible)、隐藏的(Hidden)以及被抑制的(Suppressed)。当一个体被抑制后,它将不能被传递至 Mechanical 应用中用于分析,也不能被导出为其他格式的文件。

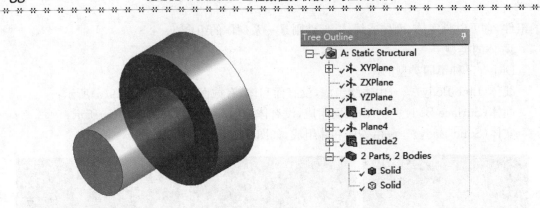

图 2-21　Add Frozen 生成冻结体

3. 单体与多体部件

默认情况下，DM 会将每一个体自动放入一个零件中，也就是所谓的单体部件。部件之间的网格划分是分别进行的，在体的交界面上网格不连续。

用户也可以在图形窗口中选中需要共享拓扑的体，然后利用右键快捷菜单中或 Tools 菜单下的 Form New Part 来创建多体部件，即一个部件中包含多个体。在网格划分时，相邻体之间会根据"Shared Topology Method"的设定方式来处理交界面网格，比如网格连续。

下面以一个简单的例子来介绍单体部件与多体部件之间的区别。

情况一：1 Part，1 Body。一个部件中包含一个体，网格划分对象是一个实体，不存在体与体的交界面问题，如图 2-22 所示。

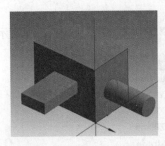 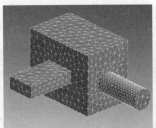 

图 2-22　1 Part，1 Body 网格划分

情况二：3 Parts，3 Bodies。三个部件三个体，每个部件单独划分网格，相邻体交界面处不作处理，各体之间网格不连续，如图 2-23 所示。

情况三：1 Part，3 Bodies。一个部件三个体，部件内体之间在交界面上网格连续，如图 2-24 所示。

当需要修改多体部件中体的组成时，可以在结构树中单击 Part，利用其右键菜单中的 Explode Part 解除多体部件，然后根据需要重新生成新的多体部件。

4. 共享拓扑（Shared Topology）

当多个体构成多体部件时，体与体之间会发生共享拓扑行为。一般情况下，各个体在相互接触的区域会形成连续的网格，无需在导入 Mechanical 后通过建立接触对来构建各体之间的

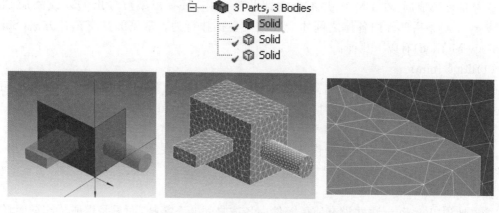

图 2-23　3 Parts,3 Bodies 网格划分

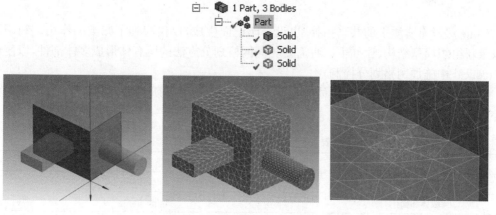

图 2-24　1 Part,3 Bodies 网格划分

关联。图 2-25(a)中的两个面体分属于两个部件,网格分别划分,交界线上网格不连续,在 Mechanical 中需要通过创建接触对来建立两个面体之间的关联,然后进行后续分析工作;而图 2-25(b)中的两个面体同属于一个部件,在交界线上发生了共享拓扑行为,在导入到 Mechanical 后划分的网格连续,交界线上网格共享,无需创建接触即可进行后续分析工作。分析时,通常建议(不绝对)采用多体部件保证体与体之间网格连续的方式建立关联,不建议采用接触方式。

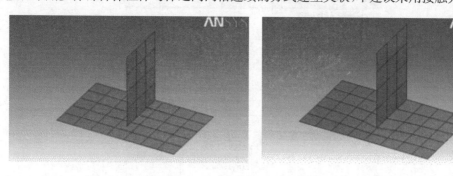

(a) 未发生拓扑共享　　　　　　　　(b) 发生拓扑共享

图 2-25　共享拓扑

多体部件形成后，在 DM 中并不会立即共享拓扑，只有模型被导出 DM 或添加 Share Topology 工具条后部件内各体之间才会发生共享拓扑行为。常见的共享拓扑方法（Shared Topology Method）有以下几种：

(1) Edge Joints

Edge Joints 能够将 DM 检测到的成对边合并到一起。它可以在创建 Surfaces From Edges 和 Lines From Edges 特征时自动生成，也可以通过 Joint 特征生成。

(2) Automatic

Automatic 法利用通用布尔操作技术使多体部件内各体之间共享拓扑，当模型导出 DM 时各体之间的所有公用区域都会被共享处理。

(3) Imprints

严格地说，Imprints 法并没有使得部件内各体之间共享拓扑，而只是生成了印记面，经常被用于需要精确定义接触区域的情形。

(4) None

None 法没有实质上的共享拓扑，也没有印记面生成，仅仅起到了归类的作用。利用该法可以重新组织模型结构，比如可以将需要相同网格划分方法的所有体形成多体部件，以便于在 Mechanical 中施加网格划分控制。

共享拓扑方法会随着部件内体的类型以及分析类型而有所不同，部件类型与可用的共享拓扑方法见表 2-9。

表 2-9 部件类型与共享拓扑方法

部件类型	共享拓扑方法
线体和线体	Edge Joints
线体和面体	Edge Joints
面体和面体	Edge Joints，Automatic，Imprints，None
实体和实体	Automatic，Imprints，None
面体和实体	Automatic，Imprints，None

多体部件的共享拓扑方法可以在多体部件的明细栏中进行更改，如图 2-26 所示。图中所示多体部件全由面体组成，从中可以看出其共享拓扑方法有 Edge Joints、Automatic、Imprints、None 四种。

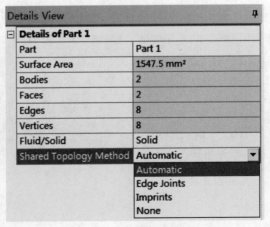

图 2-26 多体部件明细栏

2.2.2 基本建模工具

DM 提供了大量的 3D 特征生成工具，有效利用这些工具可以满足几乎所有的模型建模工作。这些工具全部集成在 Create 菜单下，本节将对它们进行逐一介绍。

1. 体生成工具

在 DM 中可以利用体生成工具生成新的几何体，常用体生成工具见表 2-10。

表 2-10 体生成工具

工　具	功　　能
Extrude	拉伸
Revolve	旋转
Sweep	扫略
Skin/Loft	蒙皮/放样
Thin/Surface	抽壳

（1）Extrude 拉伸

Extrude 是将草图或几何特征进行拉伸生成体的过程。在 Extrude 明细栏中，用户需要指定拉伸的基准几何（Geometry）、模型处理方式（Operation）、拉伸向量（Direction Vector）、拉伸方向（Direction）、拉伸类型（Extend Type）、输入拉伸距离（Extrude Depth）、是否作为薄壁件/面体（As Thin/Surface?）、是否合并拓扑（Merge Topology?）等，如图 2-27 所示。

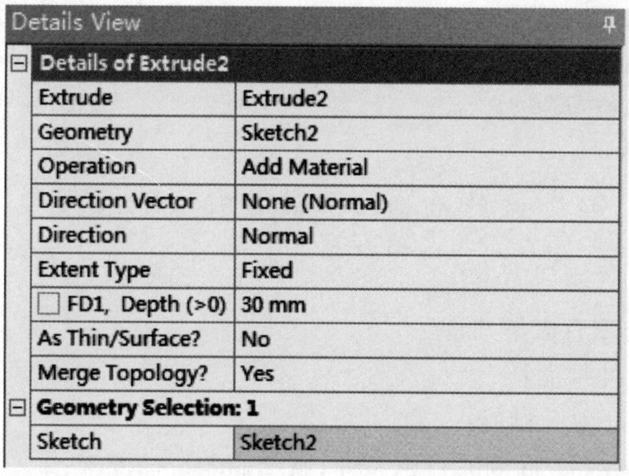

图 2-27 Extrude 明细栏

下面将就其中部分选项进行介绍。

1）Operation

Add Material：创建新材料，如果与模型中激活的体接触或交叠，则会合并为一体；

Add Frozen：创建冻结体，不会与已有体合并；

Cut Material：从激活体上切除材料；

Imprint Faces：在激活体表面上形成印记面；

Slice Material：将冻结体分切成多块，如对激活体分割，则激活体会自动冻结。
采用不同 Operation 设置时的拉伸特征效果如图 2-28 所示。

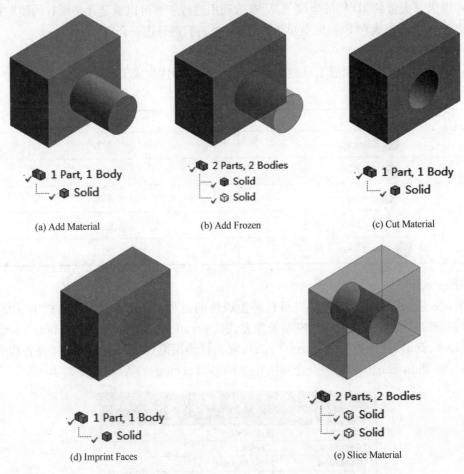

图 2-28　不同 Operation 设置的拉伸效果

2）Direction

DM 中拉伸方向类型有以下几种：

Normal：垂直于拉伸平面；

Reverse：与 Normal 方向相反；

Both-Symmetric：两个方向同时对称拉伸，有相同的拉伸深度；

Both-Asymmetric：两个方向同时拉伸，每个方向可单独定义拉伸特性。

3）Extend Type

DM 中的拉伸类型有以下几种：

Fixed：按指定的拉伸深度延伸一定距离；

Through All：拉伸特征通过整个模型；

To Next：延伸至遇到的第一个表面；

To Faces：延伸至由一个或多个面形成的边界；

To Surface：延伸至一个表面（考虑表面延伸）。

不同拉伸类型的拉伸效果如图 2-29 所示。

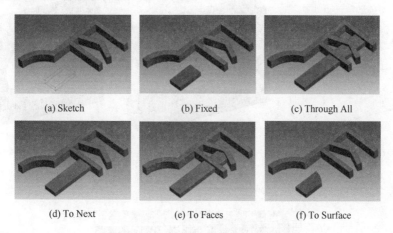

图 2-29　不同拉伸类型的拉伸效果

4）As Thin/Surface?

在 DM 中，通过修改拉伸特征中 As Thin/Surface? 的设置可以生成薄壁实体结构或面体，如图 2-30 所示。

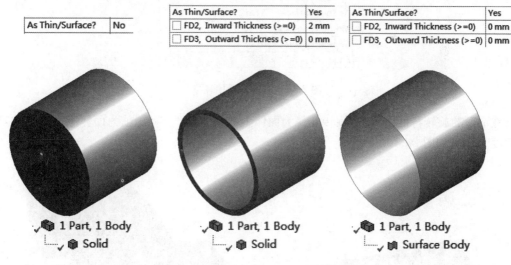

图 2-30　As Thin/Surface? 的拉伸效果

5）Merge Topology?

在 DM 中，该选项会影响特征生成时的拓扑处理方式。选择 Yes 时，程序会自动优化特征拓扑；选择 No 时，不对特征拓扑作任何处理，如图 2-31 所示。

(2) Revolve 旋转

Revolve 是将草图或几何特征沿着旋转轴进行旋转生成体的过程。在 Revolve 明细栏中，用户需要指定旋转的几何（Geometry）、模型处理方式（Operation）、旋转轴（Axis）、拉伸方向（Direction）、旋转角度（FD1,Angle）、是否作为薄壁件/面体（As Thin/Surface?）、是否合并拓扑（Merge Topology?）等，如图 2-32 所示。

(a) Sketch　　(b) No　　(c) Yes

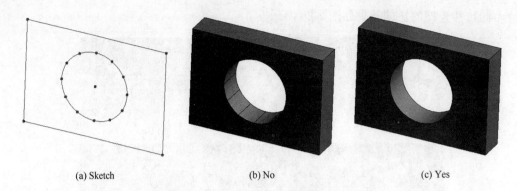

图 2-31　Merge Topology? 的拉伸效果

Details View

Details of Revolve1	
Revolve	Revolve1
Geometry	1 Edge
Axis	3D Edge
Operation	Add Material
Direction	Normal
FD1, Angle (>0)	90 °
As Thin/Surface?	No
Merge Topology?	Yes
Geometry Selection: 1	
Edge	1

图 2-32　Revolve 明细栏

在下面的旋转特征实例中，旋转几何为面体上的圆孔边线，旋转轴为面体某一矩形边，旋转角度为 90°，如图 2-33 所示。

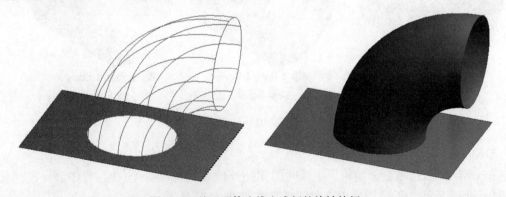

图 2-33　基于面体边线生成新的旋转特征

(3)Sweep 扫略

Sweep 是将草图或几何特征作为轮廓，然后沿着路径扫略生成体的过程。在 Sweep 明细栏中，用户需要指定扫略的轮廓（Profile）、扫略路径（Path）、模型处理方式（Operation）、对齐（Alignment）、定义缩放比例（FD4，Scale）、螺旋定义（Twist Specification）、是否作为薄壁件/面体（As Thin/Surface?）、是否合并拓扑（Merge

Topology?)等,如图 2-34 所示。

下面将就其中部分选项进行介绍:

1) Alignment

默认情况下,Alignment 选项为 Path Tangent,扫略时程序会重新定义轮廓的朝向以保持其与路径一致;当 Alignment 选项改为 Global Axes 后,扫略执行过程中不会考虑路径的形状,轮廓朝向始终不变,如图 2-35 所示。

2) FD4, Scale

若扫略时需要对轮廓进行缩放,可以通过修改 FD4, Scale 值(默认取值为 1,表示不缩放)实现。当该值大于 1 时,扫略轮廓逐渐变大;当小于 1 时,扫略轮廓逐渐变小,如图 2-36 所示。

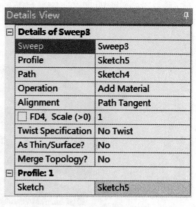

图 2-34　Sweep 明细栏

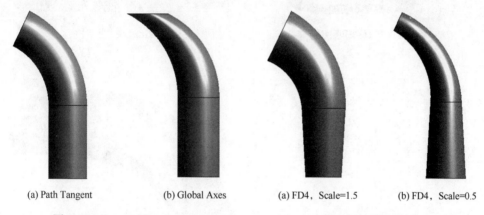

(a) Path Tangent　　　(b) Global Axes　　　　(a) FD4, Scale=1.5　　(b) FD4, Scale=0.5

图 2-35　Sweep Alignment　　　　　图 2-36　FD4, Scale

3) Twist Specification

默认情况下,该选项为 No Twist;当该选项为 Turns 或 Pitch 时,用户可通过输入圈数或间距来定义螺旋扫略。在下面的实例中,扫略轮廓为圆环,扫略路径为曲线,定义旋转参数为 6,生成的实体如图 2-37 所示。

(4) Skin/Loft 蒙皮/放样

Skin/Loft 是将不同平面上一系列的轮廓进行拟合生成三维实体的过程。在 Skin/Loft 工具的明细栏中,用户需指定轮廓旋转方法(Profile Selection Method)、轮廓(Profiles)、模型处理方式(Operation)、是否作为薄壁件/面体(As Thin/Surface?)、是否合并拓扑(Merge Topology?)等,如图 2-38 所示。

需要注意的是,在进行蒙皮/放样时,用户至少需要选择两个草图轮廓,且各轮廓要求具有相同数量的边。在下面的实例中,蒙皮/放样轮廓为 3 个六边形,剩余线为蒙皮/放样的导航线,生成效果如图 2-39 所示。

(5) Thin/Surface 抽壳

利用 Thin/Surface 特征可将实体转化成薄壁实体或面体。在 Thin/Surface 明细栏中,用户需要指定几何特征选择方式(Selection Type)、选择的几何(Geometry)、抽取方向

(Direction)、抽取厚度(FD1,Thickness)等,如图 2-40 所示。

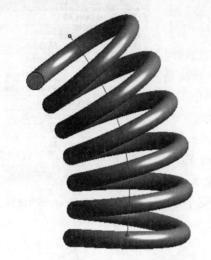

图 2-37　螺旋扫略实例

Details View	
Details of Skin1	
Skin/Loft	Skin1
Profile Selection Method	Select All Profiles
Profiles	3 Sketches
Operation	Add Material
As Thin/Surface?	No
Merge Topology?	No
Profiles	
Profile 1	Sketch9
Profile 2	Sketch8
Profile 3	Sketch7

图 2-38　Skin/Loft 明细栏

图 2-39　蒙皮/放样实例

Details View	
Details of Thin1	
Thin/Surface	Thin1
Selection Type	Faces to Remove
Geometry	1 Face
Direction	Inward
FD1, Thickness (>=0)	1 mm

图 2-40　Thin/Surface 明细栏

下面将就其中部分选项进行介绍:

1)Selection Type

Selection Type 中包含三种方法,分别为:

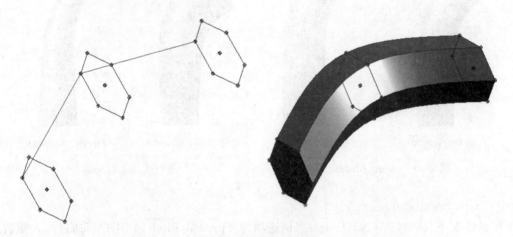

Faces to Remove：去除实体上被选中的面；
Faces to Keep：保留实体上被选中的面，剩余面被去除；
Bodies Only：针对选中的体实行 Thin/Surface 操作，不会去除任何面。
对一个六棱柱体进行 Thin/Surface 操作，采用不同 Selection Type 抽取的实体如图 2-41 所示。其中采用 Bodies Only 方式的实体内部被抽空，成为一个薄壁空心实体。

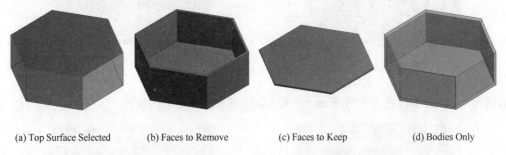

(a) Top Surface Selected　　(b) Faces to Remove　　(c) Faces to Keep　　(d) Bodies Only

图 2-41　不同 Selection Type 的 Thin/Surface 实例

2）Direction

Direction 属性定义了 Thin/Surface 操作生成实体/面时的偏移方向，包括 Inward、Outward 和 Mid-plane 三种方式。图 2-42 给出了采用 Mid-plane 方式抽取的薄壁实体，从中可以看出所选面边线两边的实体厚度一致，但这并不意味着它等同于中面抽取，关于中面抽取的内容将在后续章节中介绍。

3）FD1,Thickness

当 FD1,Thickness 大于 0 时，其值表示 Thin/Surface 操作后生成的薄壁实体的厚度；当该值为 0 时，表示最后生成的是面体，如图 2-43 所示。

　　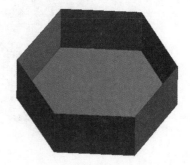

图 2-42　Mid-plane 方式抽取的薄壁实体　　　　图 2-43　Thin/Surface 生成面体

2. 倒角工具

模型建模过程中经常有倒圆角、倒直角的需要，DM 提供了以下四个工具用于完成此类操作：

(1)Fixed Radius Blend

该工具用于创建固定半径的倒圆角，倒圆角对象可以是 3D 边或面，如图 2-44 所示。

(2)Variable Radius Blend

该工具用于创建具有变化半径的倒圆角，倒圆角对象为 3D 边。此外还需要输入边线两

图 2-44 创建 Fixed Radius Blend

端的圆角半径,圆角过渡方式有 Smooth 和 Liner 两种,如图 2-45 所示。

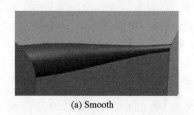
(a) Smooth

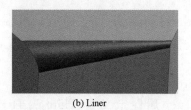
(b) Liner

图 2-45 创建 Variable Radius Blend

（3）Vertex Blend

该工具用于在实体、面体或线体的点处创建倒圆角,选中点后再指定倒圆角半径即可,如图 2-46 所示。

图 2-46 创建 Vertex Blend

（4）Chamfer

该工具用于创建倒直角,倒直角对象为 3D 边或面。此外还有 Left-Right、Left-Angle、Right-Angle 三种方法用于倒直角,如图 2-47 所示。

3. 体操作工具

除了前面提到的建模工具外,针对已有体 DM 还提供了以下几种工具用于新体的快速创建、体与体的相互操作及体的修改等操作,见表 2-11。

下面就表 2-11 中的各种工具进行简要介绍：

（1）Pattern

第 2 章 几何建模及修复工具 DesignModeler(DM)

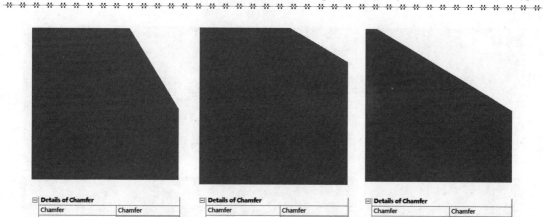

(a) Left-Right　　　　　　　　(b) Left-Angle　　　　　　　　(c) Right-Angle

图 2-47　创建 Chamfer

该工具允许用户创建以下三种类型的面或体的阵列：

线性阵列(Linear)：指定阵列方向、偏移距离及拷贝数量；

表 2-11　体修改工具

工　　具	功　　能
Pattern	阵列
Body Operation	体操作
Boolean	布尔操作
Slice	分割
Face Delete	面删除
Edge Delete	边删除

环形阵列(Circular)：指定阵列轴、角度及拷贝数量；

矩形阵列(Rectangular)：指定两个阵列方向、各个方向的偏移距离及拷贝数量。

阵列的一些典型应用实例如图 2-48 所示。

(2) Body Operation

该工具提供了 11 个选项用于对体的操作，包括：Mirror(镜像)、Move(移动)、Delete(删除)、Scale(缩放)、Simplify(简化)、Sew(缝合)、Cut Material(切除材料)、Imprint Faces(印记面)、Slice Material(切分材料)、Translate(平移)及 Rotate(旋转)。

1) Mirror

选择一个平面作为镜像面，利用该工具即可创建所选体的镜像体，镜像过程中可以控制是否保留原体。需要注意的是，如果所选体是激活体，且与镜像后的体有接触或交叠，两者会自动合并成一体。图 2-49 所示的镜像实例中就发生了体合并行为。

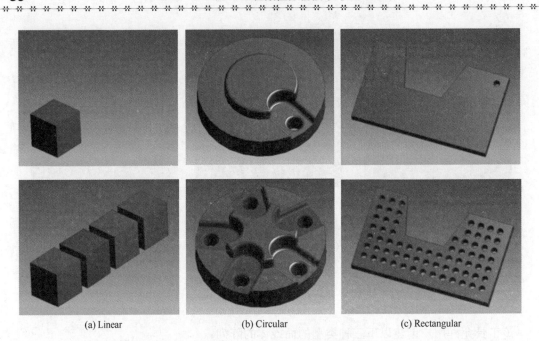

(a) Linear   (b) Circular   (c) Rectangular

图 2-48　各种阵列类型

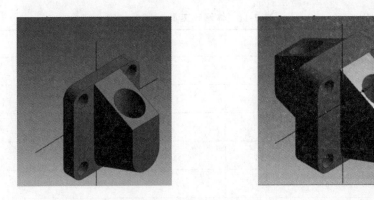

图 2-49　Mirror

2) Move

利用该工具可以通过平面(By Plane)、点(By Vertices)及方向(By Direction)三种方式将体移动到合适的位置。

本书仅对 By Plane 方式进行介绍：利用该方式进行体移动时，需要选中待移动的体、源面、目标面，单击 Generate 后 DM 就会将所选体从源面移动至目标面。该方式非常适用于导入或探测进入 DM 的体的定向，如图 2-50 所示。

3) Delete

该工具用于模型中体的删除操作。

4) Scale

该工具用于对模型进行缩放，缩放时需要指定缩放中心及缩放比例，其中缩放中心有 World Origin(全局坐标系原点)、Body Centroids(体的重心)及 Point(自定义点)三个选项。

图 2-50 Move By Plane

5) Simplify

该工具有几何简化和拓扑简化两个功能。利用几何简化可以尽可能简化模型的面和曲线以生成适于分析的几何,该功能默认是开启的;利用拓扑简化可以尽可能的去除模型上多余的面、边和点,其默认也是开启的。

6) Sew

利用该工具可以将所选面体在其公共边(一定容差范围内)上缝合在一起。需要注意的是,如果在其明细栏中将 Create Solids 设置为 Yes,缝合后 DM 会将封闭的面体转换成实体。

7) Cut Material

利用该工具可以从模型激活体中切除所选体,所选体为切割工具,如图 2-51 所示。

 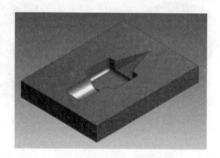

图 2-51 通过 Cut Material 生成模具

8) Imprint Faces

利用该工具可以在模型激活体上生成所选体的印记面,如图 2-52 所示。

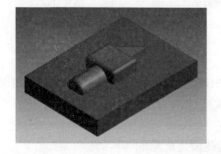 

图 2-52 通过 Imprint Faces 生成印记面

9)Slice Material

该工具将所选体作为切片工具并对其他体进行切片操作,如图 2-53 所示。

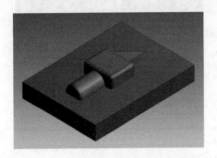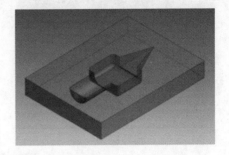

图 2-53 对长方体进行 Slice Material

10)Translate

利用该工具可将所选体沿着指定方向进行平移。

11)Rotate

利用该工具可将所选体绕着指定轴旋转一定的角度。

(3)Boolean

利用 Boolean 操作可以对体进行 Unite(相加)、Subtract(相减)、Intersect(相交)以及 Imprint Faces(印记面)操作,这些体可以是实体、面体或线体(仅能加操作)。不同的 Boolean 操作类型如图 2-54 所示。

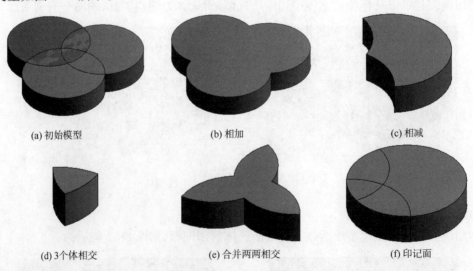

图 2-54 Boolean 的各种操作

(4)Slice

利用 Slice 工具可以对体进行切割,从而构建出可划分高质量网格的体或对线体指定不同的截面属性。Slice 操作完成后,激活体会自动变成冻结体。该工具有以下五个选项:

Slice by Plane:模型被选中的平面分割;

Slice Off Faces:选中的面被分割出来,并由这些面生成新的体;

Slice by Surface:模型被选中的表面分割;

Slice Off Edges：选中的边被分割出来，并由这些边生成新的线体；
Slice by Edge Loop：模型被选中的边形成的闭合回路分割。
(5) Face Delete
利用该工具可以删除模型中不需要的凸台、孔、倒角等特征，如图 2-55 所示。

图 2-55　Face Delete 倒圆角、凸台及凹槽

在 Face Delete 明细栏中提供了如下集中模型修复设置选项：
Automatic：首选尝试 Natural Healing 修复方式，如果失败再采用 Patch Healing 修复方式；
Natural Healing：自然延伸周围几何至遗留"伤口"被覆盖；
Patch Healing：通过所选面周围的边生成一个面用于覆盖"伤口"区域；
No Healing：用于面体修复的专用设置，直接从面体中删除所选面不进行任何修复。
(6) Edge Delete
利用该工具可以删除模型中不需要的边，经常用于去除面体上的倒角、开孔等，也可以用于处理实体和面体上的印记边，如图 2-56 所示。

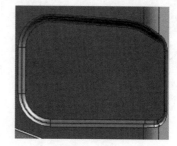

图 2-56　Edge Delete

4. Point 点工具
该工具可以创建的点的类型有以下几种：
(1) Spot Weld：用于将不同的体"焊接"到一起，仅在成功生成匹配点时才会在导入 Mechanical 后转换成焊点；
(2) Point Load：用于生成硬点(Hard Points)；
(3) Construction Point：结构点，不会被导入到 Mechanical 中。
利用该工具创建点时，可以选择 Single、Sequence by Delta、Sequence by N、From Coordinates File 及 Manual Input(仅用于 Construction Point)等方式。

5. Primitives 体素

利用 DM 还可以快速创建不基于草图的基本几何体，几何体创建时通常需要几个定义点和方向。这些几何体主要有 9 种，如图 2-57 所示。

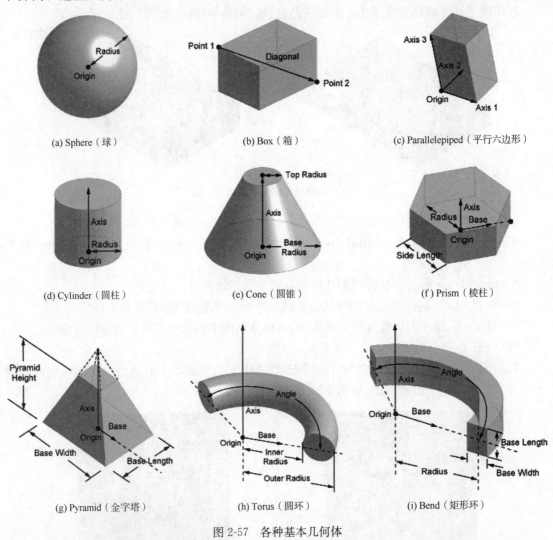

图 2-57　各种基本几何体

2.2.3　概念建模工具

DM 提供的概念建模工具可以用于线体及面体的创建、3D 曲线的创建、分割边及定义横截面等。这些工具集成在 Concept 菜单中，本节将对其逐一进行介绍。

1. 创建线体

Concept 菜单中有 Lines From Points、Lines From Sketches 和 Lines From Edges 三种方法用于线体的创建。

（1）Lines From Points：由点生成线体，这些点可以是 2D 草图点、3D 模型点或点特征生成的点；

（2）Lines From Sketches：由草图生成线体，该方法可以基于草图或表面平面生成线体；

(3) Lines From Edges：由边生成线体，该方法可基于已有 2D 或 3D 模型的边界创建线体。

2. Split Edges

利用分割边工具可以将边（包括线体边）分割成多段，可选的分割方法有以下四种：

(1) Fractional：按比例分割；

(2) Split by Delta：通过沿着边上给定的 Delta 确定每个分割点间的距离；

(3) Split by N：按段数分割；

(4) Split by Coordinate：通过坐标值分割。

3. 3D Curve

3D 曲线工具允许用户基于已存在的点或坐标创建线体，这些点可以是任意 2D 草图点、3D 模型点或 Point 工具生成的点，坐标则可以从文本文件中读取。

坐标文件必须符合一定的格式才能被 DM 读取并正确识别，它由 5 部分内容组成，每部分通过空格或 Tab 键分隔开来，各部分基本内容如下：(1) Group number（整数）；(2) Point number（整数）；(3) X coordinate；(4) Y coordinate；(5) Z coordinate。

下面给出一个封闭曲线（末行 Point Number 为 0）的文件实例：

Group 1(closed curve)
1 1 100.0101 200.2021 15.1515
1 2 -12.3456.8765 -.9876
1 3 11.1234 12.4321 13.5678
1 0

4. 创建面体

Concept 菜单中有 Surfaces From Edges、Surfaces From Sketches 和 Surfaces From Faces 三种方法用于面体的创建。

(1) Surfaces From Edges：由边生成面体，该方法可以利用已存在的体的边线（包括线体的边）作为边界生成面体，且边线必须组成一个非相交的封闭环，如图 2-58 所示；

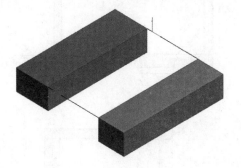

图 2-58 Surfaces From Edges

(2) Surfaces From Sketches：由草图创建面体，该方法利用草图（单个或多个）作为边界创建面体，草图必须闭合且不相交；

(3) Surfaces From Faces：由表面创建面体，该方法可以利用已存在实体或面体的面生成新的面体，如图 2-59 所示。

图 2-59 Surfaces From Faces

5. 横截面

横截面作为一种属性可被赋予线体，并在导入 Mechanical 后成为梁的截面属性。DM 提供了 12 种横截面类型，用户可以从中选择程序预定义的截面类型，然后据实更改相关尺寸；也可以自定义截面属性参数值或定义用户截面。各种预定义横截面类型如图 2-60 所示。

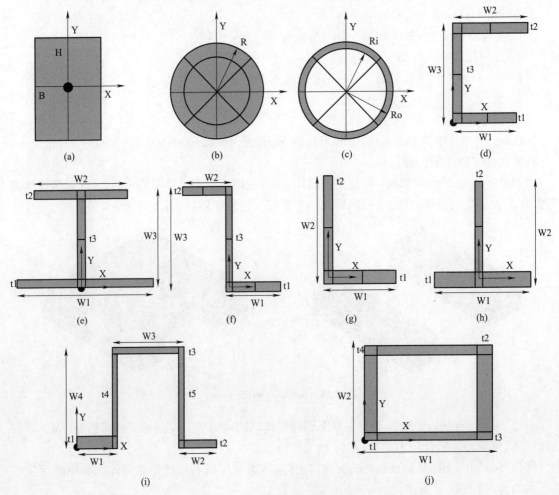

图 2-60 各种预定义横截面类型

在此需要强调的是，DM 中的截面位于 XY 平面，Z 轴表示切线方向，而在 ANSYS 经典环境中截面则位于 YZ 平面，如图 2-61 所示。

图 2-61　DM 与 ANSYS 传统环境的截面坐标系

当线体被赋予横截面后，用户需要定义横截面的方向，也就是定义 Y 的朝向。DM 中有两种方式可以对横截面进行对齐操作：选择现有几何体（点、线、面等）作为对齐参照对象和通过矢量输入的方式定义对齐方向。

此外，当线体被赋予横截面后，通过明细栏中的偏移设置，用户还可对横截面进行偏移，DM 中的偏移方法有以下几种：

(1)Centroid：横截面中心和线体质心相重合（默认设置）；
(2)Shear Center：横截面剪切中心和线体中心相重合；
(3)Origin：横截面不偏移，依照其在草图中的样子放置；
(4)User Defined：用户自定义横截面 X、Y 方向上的偏移量。

采用不同偏移方法的工字梁偏移效果如图 2-62 所示。

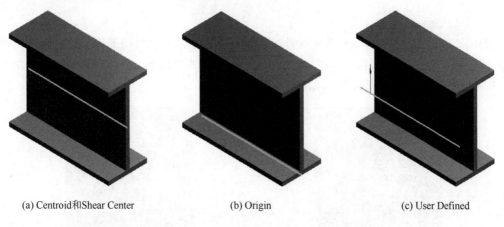

图 2-62　各种偏移方法的偏移效果

2.2.4　高级特征工具

DM 的 Tool 菜单下集成了一些高级特征工具，利用这些工具用户可以完成模型操作、修改及修复等操作，这些特征工具及功能详见表 2-12。

下面将对其中部分高级特征工具进行简要介绍。

表 2-12 高级特征工具

工具名称	实现功能	工具名称	实现功能
Freeze	冻结	Fill	填充
Unfreeze	解冻	Surface Extension	面延伸
Named Selection	命名选择	Surface Patch	面修补
Attribute	标志	Surface Flip	面翻转
Mid-Surface	中面抽取	Merge	合并
Joint	结合	Connect	连接
Enclosure	包围体	Projection	投影
Face Split	面分割	Conversion	转换
Symmetry	对称	—	—

1. Named Selection

利用该工具可将任意 3D 特征进行分组,该分组可以被传递至 ANSYS Mechanical 中以便于进行后续的网格控制、施加边界条件等。Mechanical 不支持一个命名选择中包含不同的特征类型,故当此类命名选择被创建并导入至 Mechanical 后,程序会自动依据特征类型将该命名选择分成多个。

创建命名选择时经常会遇到这样一种情况:当命名选择区域处发生共享拓扑行为时,导入到 Mechanical 后发生命名选择丢失或变化的现象。这是因为 DM 中多体部件内的各个体依旧是独立地,而当其被导入至 Mechanical 后,这些体可能会合并成一体,从而引起以上情况的发生。为了避免上述问题,用户可以在激活 DM 工具栏按钮 Share Topology 后创建命名选择。

2. Mid-Surface

利用该工具可以在实体表面中心处生成面体,抽取时程序会自动捕捉实体的厚度并将其赋予面体。进行中面抽取时,用户可以手工选择,也可以在指定厚度范围后由程序自动选择。通过中面抽取操作后生成的中面模型如图 2-63 所示。

图 2-63 中面抽取

3. Enclosure

利用该工具可以在体附近创建包围体生成外流场。包围体可以是 Box、Sphere、Cylinder 或其他用户自定义形状。包围体实例如图 2-64 所示。

第 2 章 几何建模及修复工具 DesignModeler(DM)

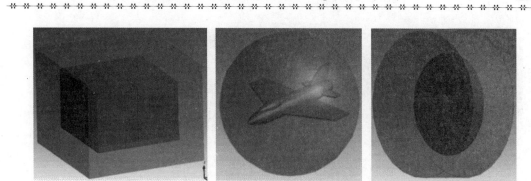

(a) Box　　　　　　　(b) Sphere　　　　　　(c) Cylinder

图 2-64　包围体

4. Fill

利用该工具可以创建体内的填充体作为内流场。抽取内流场的方法有以下两种：

(1) By Cavity：通过孔洞填充，该法要求选中所有被"浸湿"的表面；

(2) By Caps：覆盖填充，该法要求创建入口及出口封闭表面体并选中实体。

在图 2-65 所示的 Fill 实例中，图(a)By Cavity 需要选择内部 4 个侧面及 1 个底面；图(b)By Caps 中则需要创建换热管的入口表面和出口表面，然后选择换热管实体。

 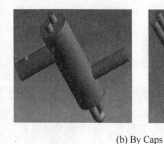 

(a) By Cavity　　　　　　　　　　　　　　　(b) By Caps

图 2-65　Fill 的使用

5. Surface Extension

该工具主要用于表面体的延伸操作。进行面延伸时，用户可以选择手动方式，也可以指定间隙值后由程序自动搜索符合条件的延伸区域进行延伸。此外，DM 还提供了以下几种延伸长度(方式)供用户使用：

(1) Fixed：面体按照给定距离进行延伸；

(2) To Faces：面体延伸至面的边界；

(3) To Surface：面体延伸至一个面；

(4) To Next：面体延伸至第一个遇到的面；

(5) Automatic：延伸所选面体上的边至面的边界面。

面延伸实例如图 2-66 所示。

6. Surface Patch

该工具用于填充面体上的孔洞或间隙。

7. Surface Flip

该工具用于倒置面体的法向。

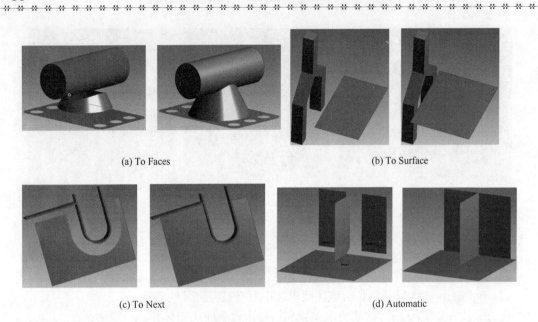

图 2-66　Surface Extension

8．Merge

该工具用于合并边或面，对于网格划分准备工作时的模型简化非常有用。边合并及面合并实例如图 2-67 所示。

图 2-67　Merge

9．Projection

该工具可将点投影至边或面、边投影至面或体上。DM 中提供了 4 种投影类型，分别为：

（1）Edges On Body Type：边投影至面体或实体；

（2）Edges On Face Type：边投影至面；

（3）Points On Face Type：点投影至面；

（4）Points On Edge Type：点投影至 3D 边。

2.2.5　外部模型的导入

通过先前章节的介绍，用户完全可以利用 DM 中的各种建模工具创建用于分析的几何模型。但当已经存在其他格式的 CAD 模型时，仅需将其导入至 DM，然后进行适当地修改、简化、修复就可用于分析。本节将对如何关联当前激活 CAD 系统中的模型、如何导入外部几何文件进行介绍。

1. 关联激活的 CAD 几何模型

利用 File→Attach to Active CAD Geometry 操作，DM 程序可探测当前已打开 CAD 系统中的文件(已保存)并将其导入至 DM 中。进行关联时有以下方面的属性设置：

(1) Source Property

DM 可以自动探测计算机中的当前激活 CAD 系统，用户可以通过修改明细栏中的 Source Property 项来选择可被探测的 CAD 程序。比如存在多种 CAD 程序时，该项设置尤为重要。

(2) Model Units Property

当其他 CAD 模型没有单位时，DM 会提供一个 Model Units property 项供用户设定导入几何模型的单位，默认情况下该设置与 DM 单位一致。

(3) Parameter Key Property

明细栏中的 Parameter Key Property 项用于供用户设置几何模型参数的关联关键字，默认关键字为"DS"，意味着只有名称中包含"DS"的参数才能被关联至 DM；如果该选项无输入，则表示所有参数都能被关联至 DM。此外，建议赋予每个 CAD 参数惟一的名称，且不以数字作为参数名的开头字符。

(4) Material Property

通过设置 Material Property 可以控制几何模型的材料属性的导入与否。目前支持材料属性传递的程序有 Autodesk Inventor、Creo Parameter 和 NX 等。

(5) Refresh Property

当 CAD 几何模型被探测关联至 DM 后，允许用户在其他 CAD 系统中继续对几何模型进行编辑。将 Refresh Property 设置为 Yes 后，即可通过刷新操作实现 CAD 系统与 DM 中几何模型的双向更新。

(6) Base Plane Property

该项用于进行 Attach to Active CAD Geometry 操作时指定用于几何模型定位的基准面。

(7) Operation Property

该项用于控制关联几何模型导入至 DM 后是否进行合并。

(8) Body Filtering Property

该项用于控制可导入至 DM 中的几何体的类型，用户需要在项目图解窗口中进行设置，默认情况下允许导入实体和面体，不允许导入线体。进行 Attach to Active CAD Geometry 操作时，仅支持 Creo Parametric、Solid Edge 和 SolidWorks 中的线体的导入，以及 NX 面体厚度的导入。

2. 导入外部几何文件

File→Import External Geometry File 专门用于外部几何模型的导入，比如 ACIS(.sab 和 .sat)、BladeGen(.bgd)、GAMBIT(.dbs)、Monte Carlo N-Particle(.mcnp)、CATIA V5 (.CADPart 和 .CATProduct)、IGES(.igs 或 .iges)、Parasolid(.x_t 和 .xmt_txt;.x_b 和 .xmt_bin)、Spaceclaim(.scdoc)、STEP(.step 和 .stp)等。该操作可在 DM 建模的任意时刻进行，支持材料导入的 CAD 系统有 Autodesk Inventor、Creo Parameter 和 NX。

与关联激活的 CAD 几何文件的属性设置类似，导入外部几何文件时也有相关的属性设置,此处仅就 Body Filtering Property 进行介绍。

进行外部文件导入时,除了 Solid Bodies、Surface Bodies 和 Line Bodies 三个主过滤器外,还包括混合体的导入过滤器,即 Mixed Import Resolution。该过滤器主要用于控制多体部件(包含多种自由度)中体的导入,其设置包括 None、Solid、Surface、Line、Solid and Surface、Surface and Line 等六项。取默认设置 None 时,意味着多体部件(包含多种自由度)中的任何体都不会被传递至 Mechanical 中,其他设置以此类推。需要注意的是,该选项的优先级低于主过滤器。

2.3 参数驱动建模

ANSYS Workbench 支持参数的创建及不同应用间参数的传递及更新,本节将重点介绍在 DM 中如何创建几何模型参数及建立参数驱动关联关系。

2.3.1 参数创建

DM 中的参考尺寸包括平面/草图尺寸和特征尺寸,用户可将需要的尺寸提升为设计参数。创建设计参数时首先需要在参考尺寸明细栏前的方框处单击鼠标左键,然后在弹出的对话框中定义参数的明细,如图 2-68 所示。

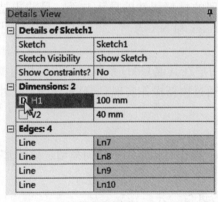
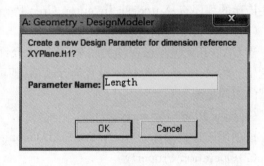

(a) 提升设计参数　　　　　　　　　　(b) 定义参数名称

图 2-68　参数创建基本步骤

参数创建时有以下注意事项:

(1)当参数创建完成后,参考尺寸前方框中出现"D"字符,此时该尺寸变成只读模式,用户可通过参数管理器对该参数进行更改;

(2)再次单击"D"字符可以取消该参数;

(3)参数名中不允许出现"[ ]"、"{ }"、";"、"|"、"\"、"""、"?"、"<>"、","、"!"、"#"、"\$"、"%"、"~"、"&"、"*"、"()"、"-"、"+"、"="、"/"、"'"、"~"及空格等字符。

2.3.2 参数管理

通过 Tool 菜单下的 Parameters 菜单或工具栏上的 Parameters 按钮都可打开参数管理窗

口,如图 2-69 所示。

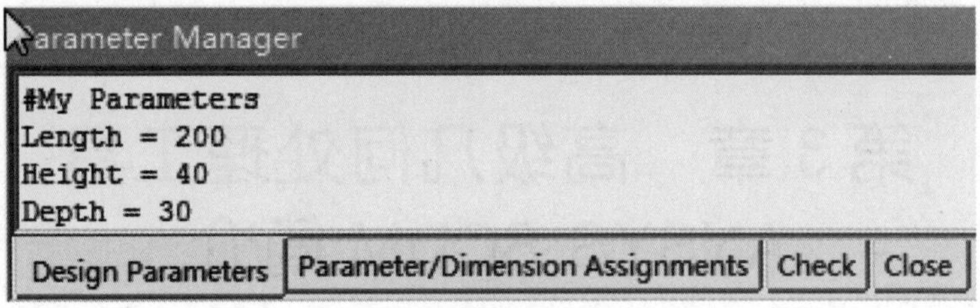

图 2-69 参数管理窗口

参数管理窗口中包含 4 个选项卡,其中 Design Parameters 选项卡中列出了当前定义的参数及其取值,"#"字符后面的语句为注释语句。

Parameter/Dimension Assignments 选项卡中列出了一系列"左边=右边"的参数驱动关系式,等式左边为参考尺寸,右边为由设计参数(以@作为前置语)组成的参数表达式。该表达式支持+、-、*、/、^(指数)、%(余数)以及 E+、E-、e+、e- 等科学计数符号,设计参数还支持函数运算,如 $ABS(x)$、$EXP(x)$、$LN(x)$、$SQRT(x)$、$SIN(x)$、$COS(x)$、$TAN(x)$、$ASIN(x)$、$ACOS(x)$、$ATAN(x)$ 等,如图 2-70 所示。

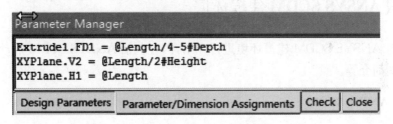

图 2-70 Parameter/Dimension Assignments 选项卡

在 Check 选项卡中,用户可对 Parameter/Dimension Assignments 选项卡中的参数关联关系进行验证,并列出验证结果,如图 2-71 所示。从中可以看出,Height=Length/2=200/2=100,Depth=Length/4-5=200/4-5=45。

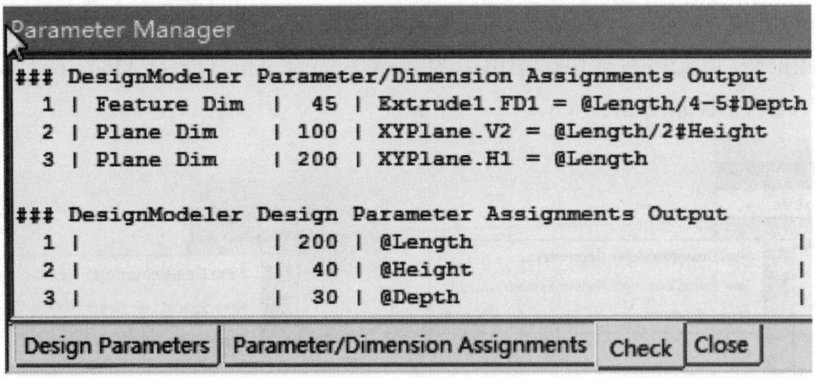

图 2-71 Check 选项卡

Close 选项卡用于关闭参数管理窗口。

第3章　高级几何处理工具 ANSYS SCDM 简介

ANSYS SpaceClaim Direct Modeler(简称 ANSYS SCDM)是一款基于直接建模技术的高效三维建模、模型修复及处理软件。ANSYS SCDM 所采用的直接建模技术将用户从传统的 CAD 建模思想中解放出来，该技术无需基于草图即可创建模型，摆脱了模型特征间的相互依赖关系，使得用户对模型的操作更加灵活自如，大幅缩短了新产品的开发进程。ANSYS SCDM 拥有丰富的几何接口，具备强大的模型修改及修复能力，再加上与 ANSYS 的有效结合，可显著地降低 CAE 仿真分析成本。本章将对 ANSYS SCDM 的建模环境及各项基本功能进行全面的介绍。

3.1 认识 ANSYS SCDM 建模环境

本节将对 ANSYS SCDM 建模环境进行介绍，内容包括 ANSYS SCDM 启动方法、图形用户界面及功能简介等。

3.1.1 启动 ANSYS SCDM

SCDM 被成功安装后，用户可以通过以下两种方式启动程序：

1. 独立启动

按照开始菜单→所有程序→ANSYS SCDM 步骤启动 ANSYS SCDM，该方式与常用软件的启动方式并无区别。

2. 基于 Workbench 平台启动

和 DM 的启动方式类似，在 Workbench 项目图解窗口中创建新的分析系统或组件系统后，单击 Geometry 单元格右键快捷菜单中的 New SpaceClaim Direct Modeler Geometry 即可启动 ANSYS SCDM，如图 3-1 所示。

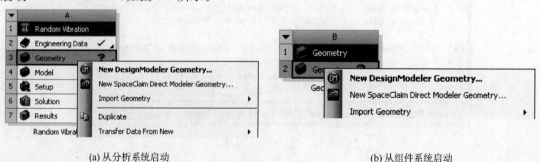

(a) 从分析系统启动　　　　　　　　　　　(b) 从组件系统启动

图 3-1　基于 Workbench 平台启动 ANSYS SCDM

3.1.2 ANSYS SCDM 界面及功能简介

ANSYS SCDM 有着友好的图形用户界面,其界面结构与 Microsoft Office Word、Excel、Powerpoint 等软件类似,主要由文件菜单、快速访问工具栏、工具栏、结构/图层/选择…面板、选项面板、状态栏、设计窗口等组成,如图 3-2 所示。

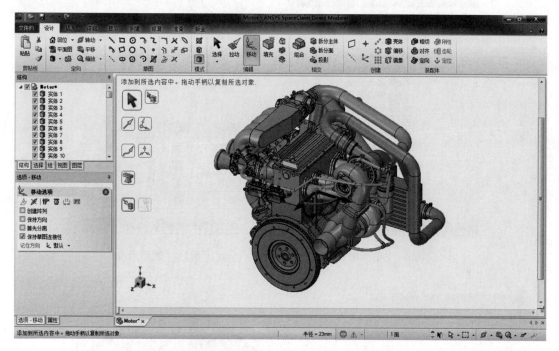

图 3-2 ANSYS SCDM 图形界面

1. 面板

(1) 结构

结构树位于结构面板中,可列出设计中的每个对象,如图 3-3 所示。用户可以使用对象名称旁边的复选框快速显示或隐藏对象,还可以展开或折叠结构树的节点,重命名对象,创建、修改、替换和删除对象以及使用部件。

当设计窗口中的实体或曲面(或其他对象)被选中时,该对象将在结构树中高亮显示。用户可以在结构树中"Ctrl+单击"或"Shift+单击"多个对象以同时选择。

(2) 图层

ANSYS SCDM 的图层可视为视觉特性的一种分组机制,这些视觉特性包括可见性、颜色、线型及线宽等,这点与常用二维 CAD 软件中图层的概念类似,如图 3-4 所示。用户可在"图层"面板中管理图层,在"显示"标签的"样式"工具栏组的"图层"工具中访问和修改图层。

(3) 选择

ANSYS SCDM 提供了一种功能强大的选择方法,在选中某一对象后,用户可利用选择面板选中与当前所选对象相关的对象,如图 3-5 所示。

(4) 组

在组面板中,用户可以创建任何所选对象集合的组。创建新组时,如果所选对象包含尺寸特征（如偏移距离、圆角尺寸、测量尺寸等），那么创建的组中将具有标尺尺寸，该组会被添加至"驱动尺寸"目录下，用户在组面板中更改尺寸值时几何随之变化，此类组在导入 ANSYS 后将成为参数；如果所选对象不包括尺寸特征，由这些对象所构成的组将会被放置在"指定的选择"目录下，此类组在导入 ANSYS 后将会成为命名选择，如图 3-6 所示。

图 3-3　结构树

图 3-4　图层面板

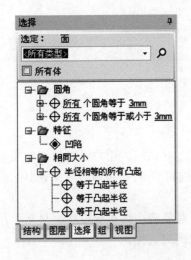

图 3-5　选择面板

（5）视图

在视图面板中用户可以修改已有视图的快捷键、添加新的视图等，如图 3-7 所示。

（6）选项

在 ANSYS SCDM 中，不同工具被激活时都会启动与其对应的选项面板，在该面板中用户可对其功能进行修改，其中拉动及移动选项面板的基本功能设置如图 3-8 所示。

（7）属性

当部件、曲面或实体被选中后，其属性将会在属性面板中显示出来，用户可以查看和修改当前选中对象的相关属性信息、创建自定义属性及为部件创建或指定材料等，如图 3-9 所示。

第 3 章　高级几何处理工具 ANSYS SCDM 简介

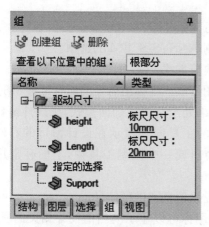

图 3-6　组面板

图 3-7　视图面板

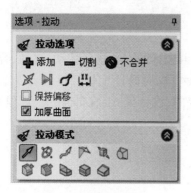

(a) 拉动

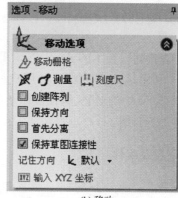

(b) 移动

图 3-8　选项面板

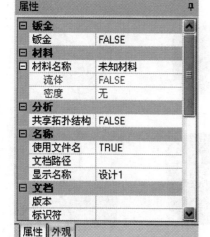

(a) 属性面板

(b) 库材料

图 3-9　属性面板及库材料

2. 其他组件

除上述所列各种面板外,下面对其他组件进行简要介绍:

(1)文件菜单中包含文件相关的命令以及定制 ANSYS SCDM 的选项。

(2)快速访问工具栏用于自定义常用操作的快捷方式。

(3)工具栏包含设计、细节设计和显示模型、图纸及三维标记需要的所有工具和模式。

(4)设计窗口用于显示用户创建的模型。如果处于草图或剖面模式,则设计窗口包含草图栅格以显示用户使用的二维平面。所选工具的工具向导显示在设计窗口的右侧。光标也会变化,以指示所选的工具向导。光标附近会出现一个微型工具栏,上面有常用选项和操作。

(5)状态栏会显示与当前设计的操作有关的提示信息和进度信息。

(6)消息图标在出错时显示错误消息,单击该图标可以显示与当前设计相关的所有消息,单击一条消息即可高亮显示该消息所指的对象。

3.2 模型创建及编辑

基于直接建模技术的 ANSYS SCDM 可以对任何可选择的对象进行拉动、移动、合并、填充等操作,利用这几个主要工具用户就可以完成绝大多数的设计工作。接下来,本节将对 ANSYS SCDM 中的对象、组件操作及设计标签下的定向、设计模式、编辑、相交、创建装配体及等工具进行介绍。

3.2.1 对象及组件

1. 对象

ANSYS SCDM 可以识别的任何内容都可作为其操作对象:二维对象包括点和线;三维对象包括顶点、边、表面、曲面、实体、布局、平面、轴和参考轴系等。部分对象类型示例如图 3-10 所示。

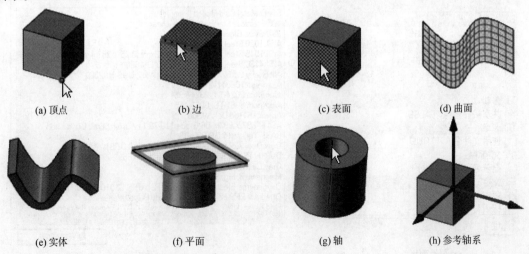

图 3-10 各种对象类型

第3章 高级几何处理工具 ANSYS SCDM 简介

2. 组件

在 ANSYS SCDM 中,通常所说的体是指实体或曲线。多个体可以组成一个组件,也可以称为"零件",每个组件中还可以包含任意数目的子组件,组件和子组件的这种分层结构可以视为一个"装配体"。

组件在结构面板中的结构树中显示,树中的所有对象都包括在一个保存设计时由程序自动创建的顶级组件中,如图 3-11 中的"设计 1"。子组件需要用户创建,且一旦被创建后顶级组件的图标将会发生改变以表明其为装配体。

下面将就使用组件时的相关内容进行介绍:

(1) 创建组件

ANSYS SCDM 提供了三种方法用于创建组件:

1) 右键单击任意组件,在快捷菜单中选择"新建组件"即可创建包含于该组件的新组件;

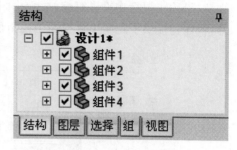

图 3-11 结构树中的组件

2) 右键单击一个对象,在快捷菜单中选择"移到新部件"即可在当前激活组件中创建一个新组件,并将对象放进这个新组件;

3) Ctrl+多个对象,在右键快捷菜单中选择"将这二者全部移到新部件中"即可在当前激活组件中创建多个新组件,并将对象分别放入相应的新组件中,如图 3-12 所示。

(2) 内、外部组件

内部组件对象包含在 SpaceClaim 文件(.scdoc)中的组件为内部组件,在结构树中新创建的组件默认情况下均为内部组件。用户可以利用右键快捷菜单将内部组件转换为外部组件,也可以将外部组件内在化。

外部组件对象不包含在 SpaceClaim 文件(.scdoc)中的组件为外部组件,通过设计→插入→文件工具加载的设计是外部的。用户可以利用右

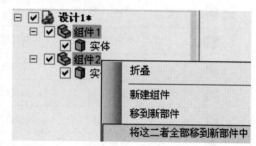

图 3-12 创建组件

键快捷菜单创建外部组件的内部副本,进而进行修改、使用。

(3) 独立、非独立组件

当设计中包含实例对象(比如阵列、复制对象)时,各对象是彼此关联的,修改其中一个对象,其他对象将发生相同的改变,这种对象构成的组件称为非独立组件。用户可以利用右键快捷菜单中的"使其独立"将组件变成独立组件,解除组件间的关联关系,分别修改模型。

(4) 轻量化组件

利用插入工具插入外部文件至设计中时,如果启用了"对导入的文档使用轻量化装配体" SpaceClaim 高级选项,则只加载组件的图形信息以节省内存,使用视角查看工具可快速查看该组件,当准备在 SpaceClaim 中进行模型操作时,可以再次加载模型的几何信息。

(5) 激活组件

当组件处于激活状态时才允许对该组件内的对象进行操作,且任何新对象均会创建在激活的组件内。在结构树中右键单击某组件,在弹出的快捷菜单中选择激活组件,如图 3-13 所

示。如果待激活组件为轻量化组件,该组件将会先被加载。

3.2.2 视图定向

设计时,用户可以通过鼠标操作的方式对设计视角进行调整,比如可以利用鼠标中键进行旋转、Shift+鼠标中键进行缩放、Ctrl+鼠标中键进行平移操作等。除鼠标和键盘的组合方式外,程序还提供了定向工具栏用于视角角度调整,如图3-14所示。

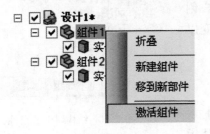

图 3-13 激活组件

图 3-14 定向工具栏

定向工具栏包含工具见表 3-1。

表 3-1 定向工具栏各工具功能

按 钮	名 称	功 能
	回位工具	快捷键为"H",将图形视角恢复至默认的正三轴测视图,用户可自定义原始视角
	平面图工具	快捷键为"V",正视草图栅格或所选平面
	转动工具	旋转视角以从任意角度查看设计
	平移工具	在设计窗口内移动设计
	缩放工具	在设计窗口中放大或缩小设计
	视图工具	显示设计的正三轴测、等轴测及上、下、左、右、前、后各面主视图
	对齐视图工具	单击正视表面或单击表面后移动鼠标至窗口上、下、左、右方向后释放鼠标以使所选表面法线指向相应方向

当单击转动、平移和缩放工具后,会一直保持启用状态,直至再次单击它们、按 ESC 键或单击其他工具。另外,用户还可以使用状态栏上的上一个视图和下一个视图工具 或键盘左、右方向键来撤销和重做视图。

3.2.3 模型创建及编辑

在 SpaceClaim 中,创建和编辑之间的界线是模糊的。由于没有分层的结构特征树,因此设计时的自由度非常大。通过拉动矩形区域可创建一个立方体,通过拉动立方体的一个表面可编辑其大小,绘制一个矩形草图即创建了一个可拉动的区域,在表面上绘制一个矩形即创建了新表面。

通常,编辑或创建模型可使用的主要工具有选择、拉动、移动、组合或在剖面模式下进行草绘和编辑,以及多种辅助工具或在设计的各表面之间定义各种关系(壳体、偏置、镜像)的工具。

第3章 高级几何处理工具 ANSYS SCDM 简介

通过相交工具栏组中的工具可处理组合对象(相交、合并、剪切等)。下面将对这些工具进行简要介绍。

1. 设计模式

SpaceClaim 为用户提供了三种设计模式:草图模式(快捷键"K")、剖面模式(快捷键"X")和三维模式(快捷键"D")。三种模式可以通过单击如图 3-15 所示的模式工具栏中的相应模式工具或使用快捷键进行切换。

在三种不同的操作模式下,用户可进行如下操作:

草图模式:该模式会显示草图栅格,用户可以使用草图工具绘制草图;

剖面模式:该模式允许用户通过对横截面中实体和曲面的边和顶点进行操作来编辑实体和曲面,对实体来说,拉动直线相当于拉动表面,拉动顶点则相当于拉动边;

三维模式:该模式允许用户直接处理三维空间中的对象。

图 3-15 模式工具栏

三种模式如图 3-16 所示。

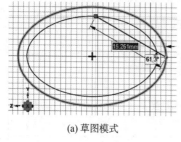 

(a) 草图模式　　　　　　　　(b) 剖面模式　　　　　　　　(c) 三维模式

图 3-16 SCDM 的三种工作模式

2. 草图

当需要创建一个可以被拉成三维结构的区域时,用户可以利用 SpaceClaim 的草图工具进行草绘。草图工具栏亦集成在"设计"标签下,如图 3-17 所示。其中左侧部分为草图创建工具,右侧部分为草图编辑工具。

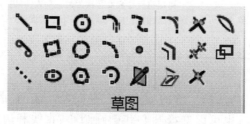

图 3-17 草图工具栏

进行草绘时,用户需要选择草图工具(自动进入草图模式),然后选择要草绘的位置(草图栅格平面),再利用该工具进行绘制,直至草图绘制完成。

另外,进行草绘时,设计窗口中会出现草绘微型工具栏供用户使用,利用这些工具用户可快速进行表 3-2 所列的操作。

表 3-2 草绘微型工具栏各工具功能

按钮	名称	功能
	返回三维模式	切换为拉动工具并将草图拉伸为三维结构,所有封闭的环将形成曲面或表面,相交的直线将会分割表面
	选择新草图平面	选择一个新的表面并在其上进行草绘
	移动栅格	使用移动手柄来移动或旋转当前草图栅格
	平面图	正视草图栅格

3. 编辑

ANSYS SCDM 中的编辑工具位于工具栏的"设计"标签下,如图 3-18 所示。利用这些工具用户可以完成模型创建及编辑的大部分工作,下面将就这些工具进行介绍。

图 3-18 中可以看到编辑工具栏中包含了 6 种编辑工具,其基本功能见表 3-3。

图 3-18 编辑工具栏

表 3-3 编辑工具栏各工具功能

按钮	名称	功能
	选择工具	用于选择设计中的二维或三维对象,快捷键为"S"
	拉动工具	可以偏置、拉伸、旋转、扫掠、拔模和过渡表面,以及将边角转化为圆角、倒直角或拉伸边,快捷键为"P"
	移动工具	可以移动任何单个的表面、曲面、实体或部件,快捷键为"M"
	填充工具	可以利用周围的曲面或实体填充所选区域,快捷键为"F"
	融合工具	可以在所选的表面、曲面、边或曲线之间创建过渡
	替换工具	可以将一个表面替换为另一个表面,也可以用来简化与圆柱体非常类似的样条曲线表面,或对齐一组已接近对齐的平表面
	调整面工具	可打开执行曲面编辑的控件,从而对面进行编辑

(1) 选择工具

用户可以利用选择工具选择三维的顶点、边、平面、轴、表面、曲面、圆角、实体和部件,选择二维模式中的点和线;也可以选择圆心和椭圆圆心、直线和边的中点以及样条曲线的中间点和端点;还可以在结构树中选择组件和其他对象或利用选择面板选择与所选对象相关的对象。

用户进行选择时,可以使用 Ctrl+单击和 Shift+单击添加或删除项目,Alt+单击创建第二个选择几何,滚动滚轮选择被遮挡的对象,并使用程序提供的以下选择模式:

1) 默认:单击选择对象,双击选择环边(再次双击循环选择下一组环边),三连击选择实体,如图 3-19 所示。

(a) 单击曲边　　　　(b) 第一次双击曲边　　　　(c) 第二次双击曲边　　　　(d) 第三次双击曲边

图 3-19　单、双击选择边及环边

2）使用方框：在设计窗口中框选待选择的对象。从左至右框选时，仅仅被完全框中的对象才被选中；从右至左框选时，与方框接触及框内的对象都会被选中。

3）使用套索：单击并拖动鼠标绘制任意形状，被完全包括的对象将被选中，如图 3-20 所示。

4）使用多边形：单击并拖动鼠标绘制多边形，多边形内的对象将被选中。

5）使用画笔：选择一个对象，单击并拖动鼠标划过相邻的其他对象，释放鼠标完成选择。

6）使用边界：选择一组面定义边界，然后单击区域内的一个面以选择所有面，如图 3-21 所示。

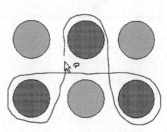

图 3-20　使用套索选择

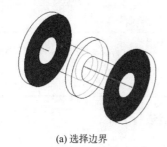　　　　

(a) 选择边界　　　　　　　　　　　(b) 选择区域内对象

图 3-21　使用边界选择

7）全选：选中全部对象。

8）选择组件：仅对组件进行选择。

此外，用户还可以在状态栏中修改选择过滤器、选择模式，查看当前的对象选择信息等。

（2）拉动工具

作为 ANSYS SCDM 最为重要及常用的工具之一，用户可以利用拉动工具进行偏置、拉伸、旋转、扫掠、拔模和过渡表面，以及将边角转化为圆角、倒直角或拉伸边等操作。进行拉动操作时，可使用的拉动工具及拉动选项与具体的操作对象密切相关。通常情况下，程序会根据所选对象推断出下一步操作，如若不合适，用户可以在设计窗口中自行选择（或用 Alt 键）要使用的工具。

在拉动工具内，可使用多个工具向导指定拉动工具的行为，详见表 3-4。

一旦选择了要拉动的边或表面后，则需要从拉动选项面板中或微型工具栏中设定相关选项，拉动工具选项详见表 3-5。

表 3-4　拉动工具向导

按　钮	功　能
▶	选择工具向导,默认情况下处于活动状态
↗	方向工具向导,选择直线、边、轴、参考坐标系轴、平面或平表面以设置拉动方向
⊗	旋转工具向导,进行旋转操作,定义旋转轴
▷	拔模工具向导,定义拔模参考平面、平表面或边
↗	扫掠工具向导,定义扫掠路径
✦	缩放工具向导,定义锚点,缩放模型
⬚	直到工具向导,指定延伸目标对象

表 3-5　拉动工具选项

按　钮	功　能	按　钮	功　能
➕ 添加	仅添加材料	⬚	倒直角
➖ 切割	仅删除材料	⬚	倒圆角
⊘ 不合并	不与其他对象合并,即使发生接触	⬚	拉伸边形成面
✕	双向拉动	⬚	复制边
▶	完全拉动	⬚	旋转边
⬚	测量工具,可通过更改对象属性(比如面积)更改模型尺寸或创建属性组	加厚曲面	允许拉动形成实体,否则仅发生偏置
⬚	创建标尺尺寸	保持偏移	拉动过程保持偏置关系

下面通过实例对拉动工具向导及拉动选项的基本功能进行介绍:

1)偏置或拉伸表面

图 3-22 给出了一个偏置或拉伸表面实例,图(a)表示原始实体;采用拉动工具拉动侧面,模型向其自然偏置方向偏置表面,如图(b)所示;拉动侧面及侧面周边,创建拉伸实体,如图(c)所示;在图(c)的基础上利用定向工具指定拉伸方向,创建的实体如图(d)所示。

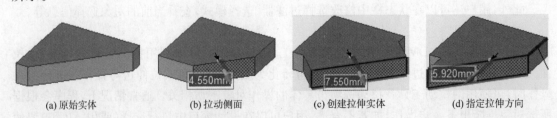

(a) 原始实体　　　　(b) 拉动侧面　　　　(c) 创建拉伸实体　　　　(d) 指定拉伸方向

图 3-22　偏置或拉伸表面

2)延伸或拉伸曲面边

拉动工具可以延伸或拉伸任何曲面的边。当延伸边时,拉动会延伸相邻的面而不创建新边;而拉伸边则会创建边。延伸或拉伸曲面边实例如图 3-23 所示。

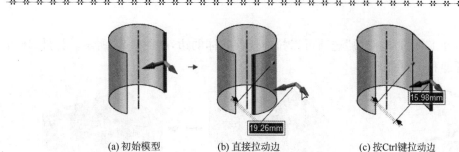

(a) 初始模型　　　　(b) 直接拉动边　　　　(c) 按Ctrl键拉动边

图 3-23　延伸或拉伸曲面边

3）倒圆角

通过选择拉动工具的"倒圆角"选项可以对任意实体的边进行倒圆角。用户可以选择边或面来创建倒圆角，且支持对已有圆角边进行拉动进而对圆角进行编辑，如图 3-24 所示。

图 3-24　编辑圆角

4）在表面和曲面之间创建倒圆角

通过两个表面或曲面之间的间隙创建倒圆角，如图 3-25 所示。

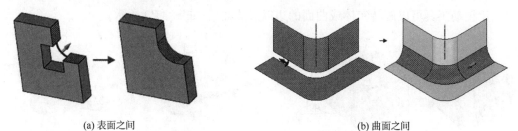

(a) 表面之间　　　　　　　　　　　　　(b) 曲面之间

图 3-25　表面及曲面之间倒圆角

5）倒直角

通过选择拉动工具的"倒直角"选项可以对任何实体的边进行倒直角操作。对于已有直角，其边或面都可以作为选择对象被重新编辑。倒直角及倒直角编辑实例如图 3-26 所示。

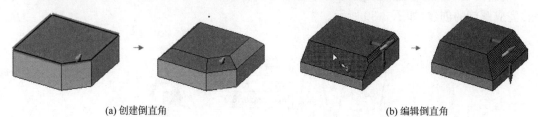

(a) 创建倒直角　　　　　　　　　　　　(b) 编辑倒直角

图 3-26　创建及编辑倒直角

6）拉伸边

通过选择拉动工具的"拉伸边"选项可以拉伸任何实体的边，如图 3-27 所示。另外，还可以利用该选项延伸和拉伸曲面边。

图 3-27　拉伸边

7）旋转表面

使用拉动工具可以旋转任何表面或曲面，如图 3-28 所示。

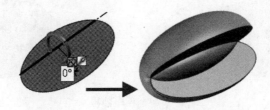

图 3-28　旋转表面

8）旋转边

使用拉动工具可以旋转实体或曲面的边以形成曲面，如图 3-29 所示。

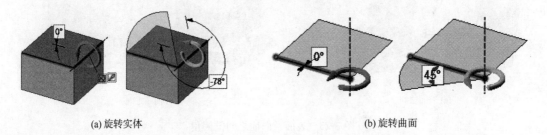

(a) 旋转实体　　　　　　　　　　　　　　(b) 旋转曲面

图 3-29　旋转边

9）旋转螺旋

使用拉动工具可以生成旋转螺旋。用户可以利用 Tab 键切换输入内容（高度、螺距及锥角）完成螺旋的创建，如图 3-30 所示。

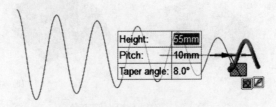

图 3-30　旋转螺旋

10)扫掠表面

使用拉动工具可将表面、边、曲面、3D 曲线或其他对象沿着轨线进行扫掠。绕封闭的路径扫掠表面时将会创建一个环体。一些典型的扫掠实例如图 3-31 所示。

(a) 基于圆孔对象　　　　　　　　(b) 基于3D曲线

图 3-31　扫掠

11)拔模表面

使用拉动工具可绕一个平面、另一个表面、边或曲面来拔模表面,如图 3-32 所示。

图 3-32　拔模表面

12)过渡

使用拉动工具可以在两个表面之间生成过渡面或体,两条边之间生成过渡面,两点之间创建连接曲线,如图 3-33 所示。

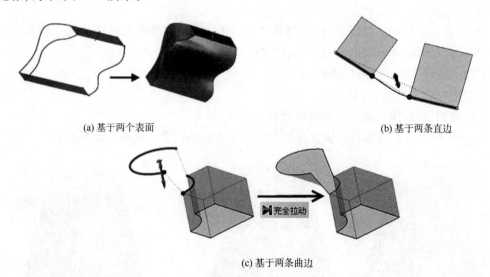

(a) 基于两个表面　　　　　　　　(b) 基于两条直边

(c) 基于两条曲边

图 3-33　过渡

13)创建槽

使用拉动工具可以利用孔来创建槽,还可以对槽进行编辑,槽与各面之间的关系保持不变。当孔周边包含倒圆角或倒直角时,创建槽时将会保留这些特征。一些创建槽的典型实例如图 3-34 所示。

(a) 基于孔创建弧形槽

(b) 基于孔创建直线槽

图 3-34 创建槽

14) 缩放

使用拉动工具可以缩放实体和曲面,允许对不同部件中的多个对象进行缩放。

15) 复制边和表面

通过选择拉动工具的"拉伸边"选项可以复制边和表面,当然也可以使用移动工具来实现该操作。图 3-35 所示为复制圆环边至圆锥台其他部分,然后再拉动圆锥台上部改变其直径,从图中也可以看出,在复制边时边会基于实体的几何形状进行调整。

图 3-35 复制边

16) 修改模型

此外,在使用拉动工具时,借助于测量工具,用户可以通过修改对象的测量结果(比如长度、面积、体积等)实现对模型的修改,具体操作步骤如下:

① 激活拉动工具,选中拉动对象;

② 激活测量工具,测量对象;

③ 修改测量值,模型基于新值自动更新。

图 3-36 所示是通过修改六棱台顶面面积的方式自动调整棱锥高度的实例。

(a) 拉动上表面

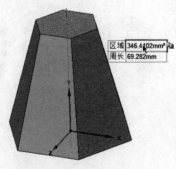
(b) 测量上表面面积

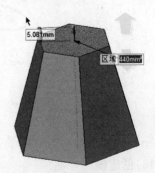
(c) 更改面积值

图 3-36 六棱台建模与编辑

第3章 高级几何处理工具 ANSYS SCDM 简介

(3) 移动工具

使用移动工具可移动任何 2D 和 3D 对象,包括图纸视图。移动工具的行为基于所选内容而更改,进行移动时窗口右侧的移动工具向导与拉动工具向导类似,在此不再赘述。

选中对象并激活移动工具后,图形显示窗口中会出现一个移动手柄以指示用户操作,该手柄包含 3 个平移指示箭头、3 个转动指示箭头和中心点。手柄中心点的位置由程序依据所选对象自动推测而出,使用窗口右侧的定位向导工具用户可以移动手柄中心点至所需位置,选中某个箭头即可对对象进行平移或转动操作,如果同时按住 Ctrl 键将对所选对象进行复制操作。

在图 3-37 中,选中底板右侧所有圆柱凸起,拖动移动图标中向左的平移箭头至左侧凸台上,程序自动对模型进行布尔操作。

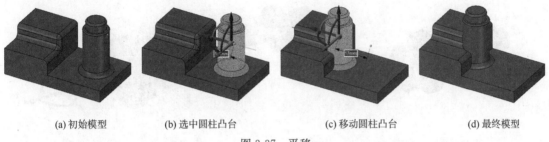

(a) 初始模型　　　(b) 选中圆柱凸台　　　(c) 移动圆柱凸台　　　(d) 最终模型

图 3-37　平移

在图 3-38 中,选中底板右侧所有圆柱凸起,拖动移动图标中顺时针的旋转箭头至合适角度,程序自动对模型进行布尔操作。

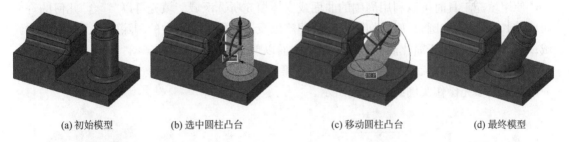

(a) 初始模型　　　(b) 选中圆柱凸台　　　(c) 移动圆柱凸台　　　(d) 最终模型

图 3-38　旋转

除了基本的平移及转动功能外,利用移动工具还可以实现创建阵列及分解装配体等操作,下面对这些操作进行简要介绍。

1) 创建阵列

使用移动工具可以创建凸起或凹陷(包括槽)、点或部件的阵列,也可以对混合类型的对象创建阵列。例如 SCDM 中的孔(表面)和螺栓(导入的部件)的阵列,任意阵列成员创建后均可用于修改该阵列。

利用移动工具创建阵列时必须在移动选项面板中勾选创建阵列复选框。程序支持的阵列类型包括线性阵列、矩形阵列、径向阵列、径向圆阵列、点阵列、阵列的阵列等。对于已有阵列,用户可以执行编辑阵列属性、移动阵列、调整线性阵列间距、从阵列中移除对象等操作。图 3-39 给出了部分类型的阵列实例。

2) 分解装配体

利用工具向导中的支点工具可以实现装配体的分解,如图 3-40 所示。

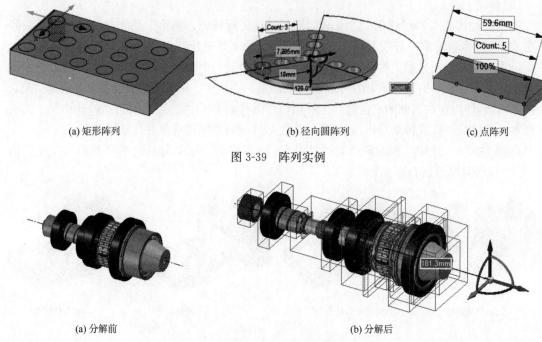

图 3-39 阵列实例

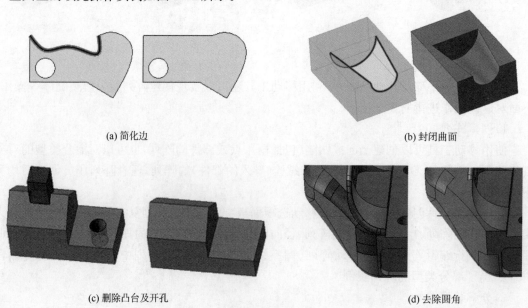

图 3-40 分解装配体

(4) 填充工具

使用填充工具时可以利用周围的曲面或实体填充所选区域。填充可以"缝合"几何的许多切口,例如倒直角和圆角、旋转切除、凸起、凹陷以及通过组合工具中的删除区域工具删除的区域;填充工具还可用于简化曲面边缘和封闭曲面以形成实体。

进行填充操作时,有两个主要操作步骤:第一,选择对象;第二,单击填充工具或按 F 键。一些典型的填充操作实例如图 3-41 所示。

图 3-41 填充

第3章　高级几何处理工具 ANSYS SCDM 简介

(5) 融合工具

融合工具可以在所选的表面、曲面、边或曲线之间创建过渡，如图 3-42 所示。

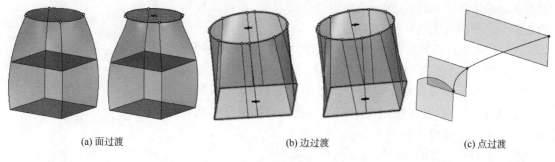

(a) 面过渡　　　　　　　　(b) 边过渡　　　　　　　　(c) 点过渡

图 3-42　融合

(6) 替换工具

替换工具可以将一个表面替换为另一个表面，也可以用来简化与圆柱体非常类似的样条曲线表面，或对齐一组已接近对齐的平表面，如图 3-43 所示。

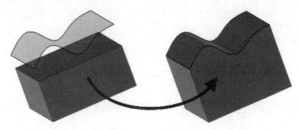

图 3-43　替换表面

(7) 调整面工具

激活调整面工具可打开执行曲面编辑的控件，如图 3-44 所示。

图 3-44　曲面工具

曲面编辑控件中包括控制点、控制曲线、过渡曲线、扫略曲线四种编辑方法。选中某曲面后，采用不同的曲面编辑方法并结合其他工具可完成对曲面的调整及编辑，如图 3-45 所示。

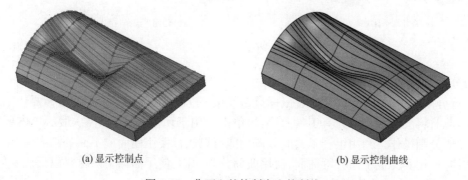

(a) 显示控制点　　　　　　　　　　(b) 显示控制曲线

图 3-45　曲面上的控制点和控制线

4. 相交工具

相交工具可以将设计中的实体或曲面与其他实体或曲面进行合并和分割，也可以使用一个表面分割实体以及使用另一个表面来分割表面，还可以投影表面的边到设计中的其他实体和曲面上。

ANSYS SCDM 的相交功能包括整套的相关功能，所有操作均通过一个主要工具（组合）和两个次要工具（分割实体和分割表面）进行。组合工具始终需要两个或两个以上的对象；分割工具始终对一个对象进行操作，并且是在定义切割器或投影表面时自动选择该对象。相交工具栏如图 3-46 所示。

图 3-46　相交工具栏

相交工具栏包含的工具见表 3-6。

表 3-6　相交工具栏各工具功能

按钮	名称	功能
	组合工具	合并和分割实体及曲面
	拆分主体工具	通过实体的一个或多个表面或边来分割实体
	拆分面工具	对表面或曲面进行分割以形成边
	投影工具	通过延伸其他实体或曲面的边在实体的表面上创建边

（1）组合工具

使用组合工具可以合并和分割实体及曲面，对应的快捷键为"I"，执行的操作被称为布尔操作。

1）合并

进行合并操作时，首先需要通过鼠标点击或按 I 键激活组合工具，然后单击第一个实体或曲面，最后按住 Ctrl 键（或利用窗口右侧的工具向导）并单击其他实体或曲面完成合并操作。利用组合工具的合并功能可以执行两个或多个实体的合并、合并曲面实体、合并有共用边的两个曲面、使用平面来封闭曲面等操作，如图 3-47 所示。

(a) 合并多个体　　　　　　　(b) 使用平面来封闭曲面

图 3-47　合并

2）分割

进行分割操作时，首先需要通过鼠标点击或按 I 键激活组合工具，然后选择要切割的实体或曲面，此时将会激活选择刀具工具向导，再单击要用于切割实体的对象，最后单击要删除的区域，完成分割操作。利用组合工具的分割功能可以执行使用曲面或平面分割实体、使用实体分割实体、使用实体或平面分割曲面、使用曲面分割曲面、使用曲面去除材料以形成实体凹陷、从实体中删除封闭的体等操作，如图 3-48 所示。

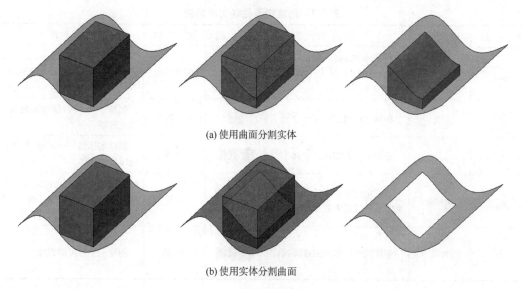

(a) 使用曲面分割实体

(b) 使用实体分割曲面

图 3-48 分割

(2) 拆分主体工具

拆分主体工具可通过实体的一个或多个表面或边来分割实体，然后选择一个或多个区域进行删除。拆分主体工具与组合工具中分割的部分功能有些相似。

(3) 拆分面工具

拆分面工具可通过其他对象对表面或曲面进行分割以创建一条边。通过使用工具向导中的不同工具可以进行以下几种类型的拆分：在表面上创建一条边、使用另一个表面分割表面、使用边上的一点分割表面、使用两个点分割表面及使用过边上一点的垂线分割表面等。

(4) 投影工具

投影工具通过延伸其他实体、曲面、草图或注释文本的边在实体的表面上创建边，如图 3-49 所示。

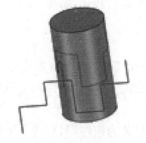

图 3-49 投影

5. 创建工具栏

ANSYS SCDM 的创建工具栏位于设计标签下，利用其中的工具可以实现某些特征的快速创建，如图 3-50 所示。

创建工具栏中各个工具的基本功能见表 3-7。

图 3-50 创建工具栏

表 3-7 创建工具栏各工具功能

按钮	名称	功能	按钮	名称	功能
	平面	根据所选对象创建一个平面，或者创建一个包含草图元素的布局		圆形阵列	创建一维或二维圆形阵列
	轴	根据所选对象创建一个轴		填充阵列	创建一个阵列，使用阵列成员填充区域
	点	在指定位置创建一个点		壳体	删除实体的一个表面，创建指定厚度的壳体
	坐标系	在选定对象中心或可放置移动工具的位置创建坐标系		偏移	建立两个表面之间的偏移关系，使其在进行其他二维、三维编辑时的相对位置保持不变
	线性阵列	创建线性一维或二维阵列		镜像	创建一个对象的镜像

3.2.4 模型导入及导出

在 ANSYS SCDM 中存在两种模型导入情况：直接打开模型和导入新模型至当前设计。初次打开 ANSYS SCDM 时，程序会自动生成一个名为"设计 1"的空白设计，用户可以在其中直接展开建模工作；也可以利用文件菜单下的"新建"按钮创建一个新的设计或工程图；还可以利用"打开"按钮打开已有的模型，模型的格式不仅限于 ANSYS SCDM 的自有格式 .scdoc，程序还支持多种导入格式类型，如图 3-51(a)所示。

利用文件菜单下的"另存为"按钮，用户可以对当前的设计内容进行保存。ANSYS SCDM 支持多种导出格式，用户可根据需要自行选择，这些格式类型如图 3-51(b)所示。

ANSYS SCDM 所具备的丰富的几何接口使得它可以对不同来源（格式）的模型进行操作。从设计角度来说，设计工程师可以自由引用不同格式的模型，在 ANSYS SCDM 中对其进行组合、修改，从而形成新的设计，大大增强了设计的灵活性；从仿真角度来说，CAE 工程师再也无需对用户提供的各种格式的模型进行转化，缩短了模型处理时间，提升了前处理效率。

3.2.5 装配部件

在 ANSYS SCDM 中，每个组件由若干个对象（如实体和曲面）组成，它可以被视为一个"零件"。组件中还可以包含任意数目的子组件，组件和子组件的这种分层结构可以视为一个"装配体"。

设计标签下装配体工具的操作对象为组件，只有选中不同组件中的两个对象时这些工具才会被启用，装配工具栏如图 3-52 所示。对组件进行操作时，用户可以指定它们彼此对齐的方式，即创建配合条件。已创建的配合条件会在结构树中显示。

用户可以为组件创建多个配合条件以达到预期设计要求。如果组件没有按预期方式装配在一起，用户可以单击结构树中配合条件旁边的复选框来关闭配合条件。无法实现的配合条件在结构树中会以不同的图标表征，用户可以在结构树中切换该配合条件或将其删除。

第 3 章 高级几何处理工具 ANSYS SCDM 简介

```
SpaceClaim 文件 (*.scdoc)
ACIS files (*.sat;*.sab)
AMF files (*.amf)
AutoCAD files (*.dwg;*.dxf)
CATIA V4 files (*.model;*.exp)
CATIA V5 files (*.CATPart;*.CATProduct;*.cgr)
DesignSpark Files (*.rsdoc)
ECAD files (*.idf;*.idb;*.emn)
IGES files (*.igs;*.iges)
Inventor files (*.ipt;*.iam)
NX files (*.prt)
OBJ files (*.obj)
Parasolid files (*.x_t;*.xmt_txt;*.x_b;*.xmt_bin)
Pro/ENGINEER files (*.prt*;*.xpr*;*.asm*;*.xas*)
Rhino files (*.3dm)
SketchUp files (*.skp)
Solid Edge files (*.par;*.psm;*.asm)
SolidWorks files (*.sldprt;*.sldasm)
SpaceClaim Template Files (*.scdot)
STEP files (*.stp;*.step)
STL files (*.stl)
VDA files (*.vda)
```

```
SpaceClaim 文件 (*.scdoc)
ACIS binary files (*.sab)
ACIS text files (*.sat)
AMF files (*.amf)
AutoCAD files (*.dwg)
AutoCAD files (*.dxf)
CATIA V5 Assembly files (*.CATProduct)
CATIA V5 Part files (*.CATPart)
IGES files (*.igs;*.iges)
Luxion KeyShot files (*.bip)
OBJ files (*.obj)
Parasolid binary files (*.x_b;*.xmt_bin)
Parasolid text files (*.x_t;*.xmt_txt)
PDF Facets (*.pdf)
POV-Ray files (*.pov)
Rhino files (*.3dm)
SketchUp files (*.skp)
SpaceClaim Template Files (*.scdot)
STEP files (*.stp;*.step)
STL files (*.stl)
VDA files (*.vda)
VRML files (*.wrl)
XAML files (*.xaml)
Bitmap (*.bmp)
GIF (*.gif)
JPEG (*.jpg)
PNG (*.png)
TIFF (*.tif)
```

(a) 导入格式　　　　　　　　　　(b) 导出格式

图 3-51　ANSYS SCDM 支持的导入、导出文件格式类型

下面将对装配工具栏中的工具进行简要介绍：

1. 相切

该工具可以使所选面相切，有效的面包括平面与平面、圆柱面与平面、球与平面、圆柱与圆柱以及球与球等，相切实例如图 3-53 所示。

2. 对齐

该工具可以利用所选的轴、点、平面或这些对象的组合对齐组件，圆柱与圆筒的对齐实例如图 3-54 所示。

图 3-52　装配工具栏

(a) 未包含装配关系　　　　(b) 小圆柱与圆筒内切　　　　(c) 圆筒与平板相切

图 3-53　相切

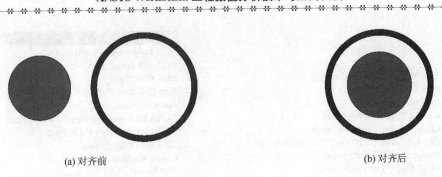

(a) 对齐前 (b) 对齐后

图 3-54 对齐

3. 定向

该工具可以使所选对象的朝向相同,如图 3-55 所示,利用定向工具可使上方柱体与下方柱体侧面方向一致。

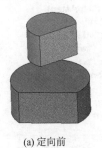 

(a) 定向前 (b) 定向后

图 3-55 定向

4. 刚性

该工具用于锁定两个或两个以上组件之间的相对方向和位置。

5. 齿轮

该工具可以在两个对象之间建立齿轮约束,当其中一个对象旋转时,另一个对象将绕其旋转。可以施加齿轮约束的对象有两个圆柱体、两个圆锥体、一个圆柱体和平面、一个圆锥体和平面等。图 3-56 所示模型已定义两个圆柱与圆筒之间的齿轮装配关系,利用移动工具转动圆筒或圆柱其他部件将自动调整位置。

  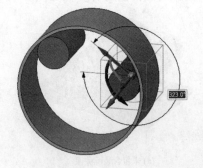

图 3-56 齿轮约束

6. 定位

该工具可以通过选择组件中的一条边、一个面或结构树中的组件来施加定位约束,以固定某个组件在 3D 空间中的位置。施加完该约束后的组件在进行移动操作时,其移动手柄呈现灰色,为不可使用状态。

利用 ANSYS SCDM 各种装配工具建立装配关系后的模型如图 3-57 所示,调整任意部件,剩余部件将依据预先定义的装配关系自动更新至其最新的位置。

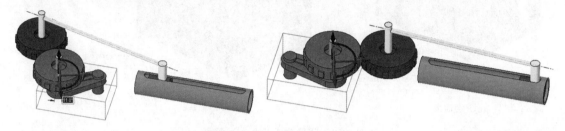

图 3-57 建立装配关系后的模型

3.3 模型测量、修复与准备

ANSYS SCDM 丰富的几何接口允许其可以导入多种外部格式文件,但产品设计与 CAE 分析对模型要求标准的不一致、格式转换过程中模型信息的再处理等有可能使导入后的模型出现一些不可预料的问题。为了后续的新设计或 CAE 分析,通常需要对模型进行适当的修复及准备工作,本节就这部分内容进行介绍。

3.3.1 测 量

测量标签下的工具主要用于模型的检查、显示干涉域和质量分析等操作,如图 3-58 所示。

图 3-58 测量工具栏

1. 检查

检查包括测量、质量属性、检查几何体及间隙等工具,下面将对这些工具进行简要介绍。

(1)测量

当鼠标选中设计中的单个或成对对象时,状态栏中会给出其基本测量信息,测量单位与总体设置一致,这被称之为快速测量。利用该方式可获得以下信息:两个对象的间距,边或线的长度,环形边、柱面及球面的半径,两个对象的夹角,两个平行对象间的偏移距离,点在全局坐标系中的坐标值等。通过检查下的测量工具可获得快速测量能够及不能够测得的更多信息,且测量结果会自动存入剪切板以待其他文档所用,在进行拉动或移动过程中激活测量工具,允许通过改变测量结果的方式改变模型,利用测量工具对一条曲线及两条平行直线进行测量可得到如图 3-59 所示的结果。

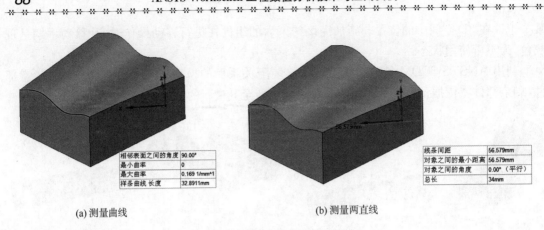

图 3-59　测量曲线及两直线距离

(2) 质量属性

质量属性工具主要用于显示设计中实体和曲面的体积信息，且自动将测量结果存入剪切板，当测量对象为多个时，程序将给出总值。在进行拉动或移动过程中激活质量属性工具，允许通过改变质量测量结果的方式改变模型。利用质量属性工具可以完成以下四类对象的测量：测量实体的质量属性、测量曲面的总表面积、测量某对象的投影面积、测量所选平面的相关属性。利用质量属性工具测量实体的质量及投影面积如图 3-60 所示。

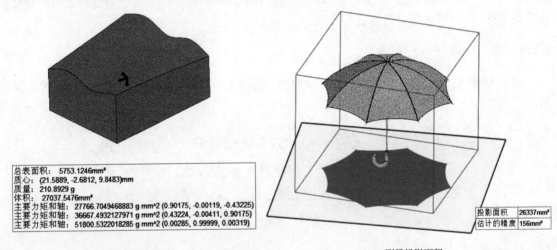

图 3-60　质量属性工具测量实体质量及投影面积

(3) 检查几何体

该工具可对实体和表面几何中存在的所有 ACIS 错误进行检查并给出检查结果信息，用户可以选中错误或警告信息并在设计窗口中快速定位关联几何。

(4) 间隙

间隙工具可快速定位表面之间的微小间隙，然后由用户决定是否对模型进行调整。在图 3-61 中，激活间隙工具后程序自动捕捉到薄壁件与底座之间的小间隙，利用测量工具可测得薄壁件底面与底座顶面之间的距离为 0.2 mm。

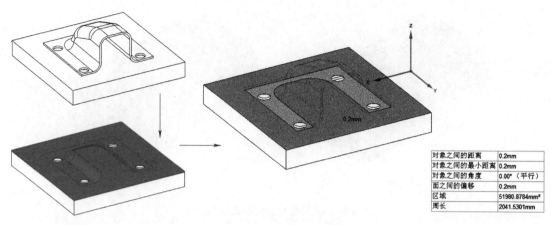

图 3-61　间隙检查及测量

2. 干涉

干涉包括曲线及体积两个工具。激活曲线或体积工具后,按 Ctrl 键选中发生干涉的对象,图形显示窗口中将绘制出干涉曲线或绘出干涉域并给出干涉体的相关信息。此外,在激活体积工具后,还可以选择向导工具栏中的"创建体积"工具,生成干涉域模型。图 3-62 所示为使用干涉曲线及体积工具的测量效果,其中干涉曲线工具仅仅显示出了圆柱体与六面体之间的干涉曲线,而干涉体积工具不仅显示出圆柱体与六面体之间的干涉体积,还给出了干涉体积的具体信息。

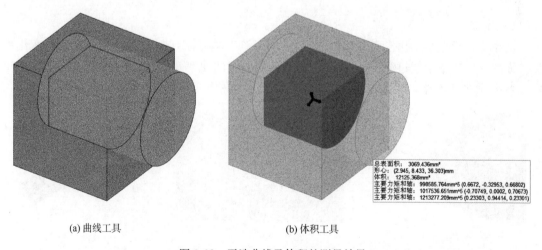

(a) 曲线工具　　　　　　　　(b) 体积工具

图 3-62　干涉曲线及体积的测量效果

3. 质量

质量包括法线、栅格、曲率、两面角、拔模、条纹及偏差等工具,下面将对这些工具进行简要介绍。

(1) 法线

法线工具用来显示模型中表面或曲面的法向,有箭头及颜色两种显示方式,如图 3-63 所示。当存在不正确的法向时,可以右键单击相应表面或曲面,然后选择"反转面的法线"调整法向。

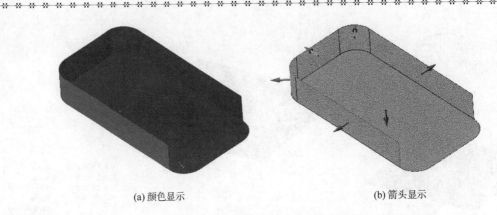

(a) 颜色显示   (b) 箭头显示

图 3-63 以颜色及箭头方式显示法线

(2) 栅格

栅格工具用于显示定义模型表面或曲面的曲线,通过可视化的图形来判断表面质量的优劣。栅格显示有三种方式,如图 3-64 所示,用户可在其选项面板中进行设定。

(a)   (b)   (c)

图 3-64 栅格的三种显示方式

(3) 曲率

曲率工具可以显示出沿面或边的曲率值,利用该工具可以判断曲面或曲边的曲率变化程度。面的颜色或指示线过渡平缓、光滑通常对应着连续的曲率变化,而面的颜色或指示线长短的突变则通常意味着不连续的曲率。曲边及曲面上的曲率变化如图 3-65 所示。

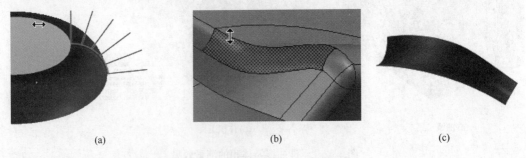

(a)   (b)   (c)

图 3-65 曲边及曲面上的曲率显示

(4) 两面角

两面角工具用于判断两相邻表面之间的相切程度,并通过指示线显示出来。当选中两个相切面之间的边时不会显示出任何指示线,而非相切面之间由于夹角大于 0 则必定会有指示线存在,且指示线越长,面面夹角越大。

(5) 拔模

拔模工具用于识别任何表面的拔模量及方向。

第 3 章 高级几何处理工具 ANSYS SCDM 简介

(6) 条纹

条纹工具可反射出所选面上的无限条纹面,可用于判断面的光滑性,也可用于检查相邻面之间的相切性和曲率连续性,如图 3-66 所示。

图 3-66 显示面条纹

(7) 偏差

偏差工具可以显示出源/参考体与所选体之间的距离,利用该工具可以查看两个几何体之间的接近程度。比如在逆向工程中,利用偏差工具可以查看基于网格数据拟合而得的几何体与初始网格之间的匹配程度,如图 3-67 所示。

图 3-67 逆向工程中拟合模型与初始网格之间的偏差检查

3.3.2 修　复

前面已经提到,ANSYS SCDM 支持多种 CAD 格式的模型导入,但是为了更好的用于 ANSYS SCDM 和后续的 CAE 分析,有时候需要对导入的模型进行适当的清理及修复。ANSYS SCDM 修复标签下提供了多种工具以对模型进行修复,并做好后续分析的前处理准备工作。修复工具主要包括固化、修复、拟合曲线和调整四种类型。

1. 固化

固化包括拼接、间距及缺失的表面三个具体工具,如图 3-68 所示。

(1) 拼接

图 3-68 固化工具栏

拼接工具可以将相互接触的曲面在其边线处进行合并。如果合并后的曲面形成了一个闭合面，程序将基于该闭合面自动创建一个实体，如图 3-69 所示。

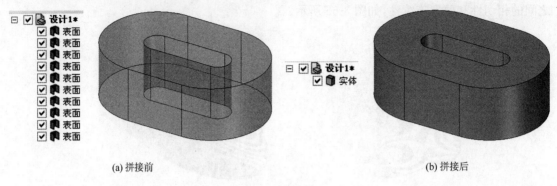

(a) 拼接前　　　　　　　　　　　　　　　(b) 拼接后

图 3-69　拼接

(2) 间距

间距工具可以自动检测并去除曲面之间的间隙，如图 3-70 所示。

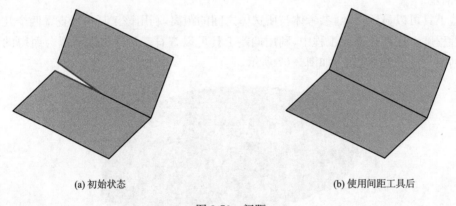

(a) 初始状态　　　　　　　　　　　　　　(b) 使用间距工具后

图 3-70　间距

(3) 缺失的表面

缺失的表面工具可以自动检测并修复对象上的缺失表面，比如开孔，如图 3-71 所示。

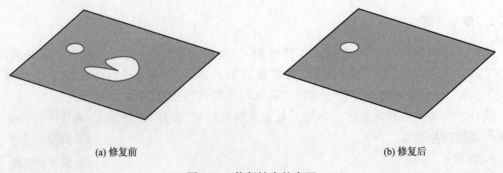

(a) 修复前　　　　　　　　　　　　　　　(b) 修复后

图 3-71　修复缺失的表面

2. 修复

修复包括分割边、非精确边、重复及额外边四个具体工具，如图 3-72 所示。

(1) 分割边

分割边工具可以探测并合并多段边线,如图 3-73 所示。

图 3-72 修复工具栏

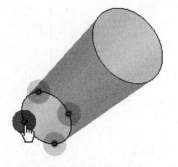

图 3-73 修复分割边

(2) 非精确边

非精确边工具可以探测并修复两个表面相交处定义不精确的边,这种类型的边通常在导入其他 CAD 系统的文件时出现,特别是一些概念建模系统。

(3) 重复

重复工具可以探测并修复重复的曲面。执行该操作时,程序会高亮显示出重复的曲面并将其删除,用户也可以自行指定要删除的对象。

(4) 额外边

额外边工具与合并曲面的功能类似,但其操作的对象为边。该工具通过选择并去除曲面间的边来合并曲面,如图 3-74 所示。

(a) 合并前

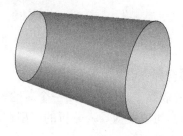

(b) 合并后

图 3-74 额外边工具合并曲面

3. 拟合曲线

拟合曲线包括曲线间隙、小型曲线、重复曲线和拟合曲线四个具体工具,如图 3-75 所示。

(1) 曲线间隙

曲线间隙工具可以探测出曲线间的间隙并将其闭合,闭合方式有延伸曲线和移动曲线两种。

(2) 小型曲线

小型曲线工具可以探测到比定义长度小的任意曲线,删除小型曲线,弥补间隙,如图 3-76 所示。

图 3-75 拟合曲线工具栏

图 3-76　删除小型曲线

(3)重复曲线

重复曲线工具可以检测并删除重复的额外曲线。

(4)拟合曲线

拟合曲线工具尝试通过创建数量更少和质量更好的曲线(比如直线、弧、样条曲线等)来代替所选的不连续或相切的曲线。

4. 调整

调整包括合并表面、小型表面、相切、简化、放松和正直度六个具体工具，如图 3-77 所示。

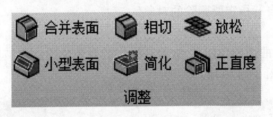

图 3-77　调整工具栏

(1)合并表面

合并表面工具可以利用一个新的表面替换两个或多个相邻的表面。利用该工具对模型进行简化时，可以使得导入分析的模型在离散时划分成更为平滑的网格。

(2)小型表面

小型表面工具可以探测并删除模型中的小型或狭长表面。当模型中的此类表面对分析精度影响较小但却大大制约求解速度时，可以考虑利用该工具对模型进行修复处理。

(3)相切

相切工具可以探测出近似相切的表面并调整使其相切。

(4)简化

简化工具可以对设计进行检查，并将复杂的曲面或曲线转化成规则的平面、锥面、圆柱面、直线、弧线等。

(5)放松

放松工具可以搜寻具有太多控制点的曲面并减少定义曲面的控制点数目。

(6)正直度

正直度工具用于搜寻并摆正小于指定倾斜角度范围内的孔面积平面，如图 3-78 所示。

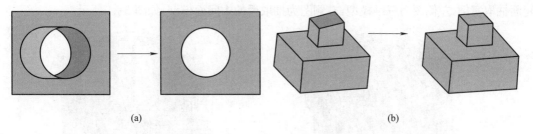

图 3-78　正直度工具调整面

3.3.3　准　　备

上一节对模型的各种修复工具进行了介绍，但并不是所有修复完成后的模型都可以直接用于后续的分析，有时候还需要进行一些其他的分析准备工作。本节对 ANSYS SCDM 中准备标签下的工具进行介绍，这些工具可分为分析、删除、横梁等几大类。

1. 分析

分析包括体积抽取、中间面、点焊、外壳、按平面分割、延伸及压印七个具体工具，如图 3-79 所示。

图 3-79　分析工具栏

（1）体积抽取

体积抽取工具与 DM 中 Fill 工具的功能类似，可基于已有模型获得其内流场域实体模型。执行该操作时程序提供了两种定义抽取边界的方式，即封闭面和边。图 3-80 所示为通过多个封闭边的方式抽取内部流体域。

(a) 抽取前　　　　　　　　　　　　　(b) 抽取后

图 3-80　体积抽取

（2）中间面

中间面工具与 DM 中 Mid-Surface 工具的功能一致。进行中间面抽取时，用户可以手动逐一选择面对，也可以在中间面选项面板中指定最小、最大厚度，然后由程序自行探测面对并进行抽取。中间面抽取时程序会自动延伸或修剪相邻的曲面，并且储存厚度。抽取完成后程序会自动将先前的三维模型隐藏，图形显示窗口中仅绘制出中间面模型。下面给出一个某设备底座的中间面抽取实例,左侧图为三维模型,右侧图为抽取后的中间面模型,如图 3-81 所示。

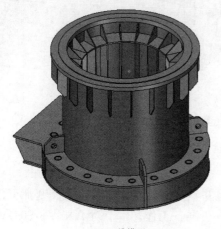
(a) 三维模型

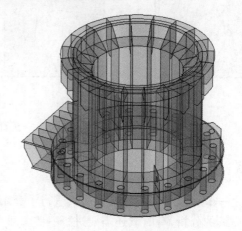
(b) 中间面模型

图 3-81 某设备底座的中间面抽取

(3) 点焊

点焊工具可以在两个面之间创建焊点,每组点焊包括两个分别位于两个面上的焊点。定义点焊时,用户可以调整焊点的起点偏移量、边偏移量、终点偏移量、焊点数目及增量等。点焊应用实例如图 3-82 所示。

(4) 外壳

外壳工具与 DM 中 Enclosure 工具的功能类似,用于包围场的创建,外壳可以为箱型体、圆柱体、球体以及自定义实体,如图 3-83 所示。

(5) 按平面分割

按平面分割工具可以基于一个平面分割对象。该工具和拆分主体功能类似,但其支持通过选择轴线、点或边来定义分割平面,便于对称结构的分割,如图 3-84 所示。

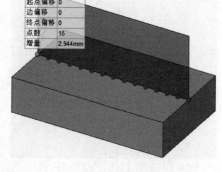

图 3-82 点焊

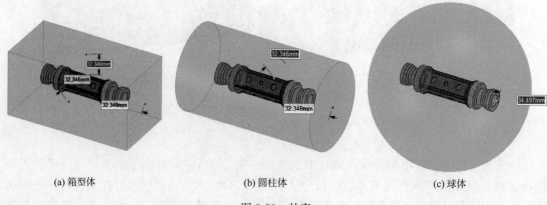

(a) 箱型体　　　　　　　　(b) 圆柱体　　　　　　　　(c) 球体

图 3-83 外壳

第 3 章 高级几何处理工具 ANSYS SCDM 简介

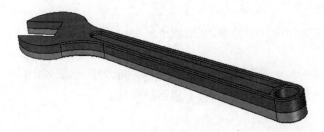

图 3-84 按平面分割

(6) 延伸

延伸工具可将曲面边或草图曲线延伸至相交的体,程序可以在指定的距离范围内探测并高亮显示出待延伸区域,用户可以选择全部延伸或逐个延伸。

(7) 压印

压印工具可探测重合面并将一个面的边压印到另一个面上。通过该操作,两个表面接触区域形状相同,这利于在接触面与目标面上施加网格划分控制方法,可保证离散后的网格质量,有利于后续分析,如图 3-85 所示。

(a) 压印前

(b) 压印后

图 3-85 压印

2. 删除

删除包括圆角、面和干涉三个具体工具,如图 3-86 所示。

(1) 圆角

圆角工具可以快速方便的删除圆角,其功能与填充工具类似,但仅限于圆角的删除,如图 3-87 所示。

图 3-86 删除工具栏

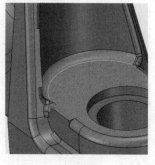
(a) 删除前

(b) 删除后

图 3-87 删除圆角

(2) 面

面工具用于快速删除设计中的面,利用该工具可以删除诸如圆孔、凸台等特征。

(3) 干涉

干涉工具可以探测并去除发生干涉的体,去除对象为具有较多面的干涉体,如图3-88所示。该工具的探测对象为所有可见的体,不包括隐藏体。

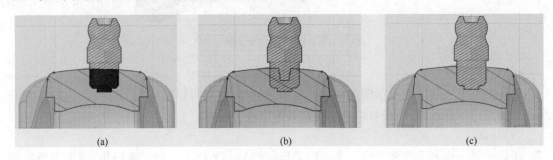

图 3-88 干涉探测及修复

3. 横梁

梁是一种具有特定截面的细长结构。在分析时,梁通常被简化为二维模型并赋予一定的截面属性,且不必建出梁的三维实体模型,以降低几何建模及分析成本。利用 ANSYS SCDM 的横梁工具,用户可以直接创建二维梁或对实体梁进行抽取,从而得到包含截面属性的二维梁模型。横梁包括轮廓、创建、抽取、定向及显示等具体工具,如图3-89所示。

图 3-89 横梁工具栏

(1) 轮廓

轮廓工具中包含了程序自带的、用户自定义的以及抽取所得的各种梁截面类型。一旦梁被创建(或抽取),结构树中就会自动生成一个名为横梁轮廓的隐藏分支,鼠标右键单击该分支中的某一截面,然后选择编辑横梁轮廓就可以进入该截面编辑窗口,用户可以修改组标签下的各驱动尺寸值以对梁截面信息进行修改,如图3-90所示。

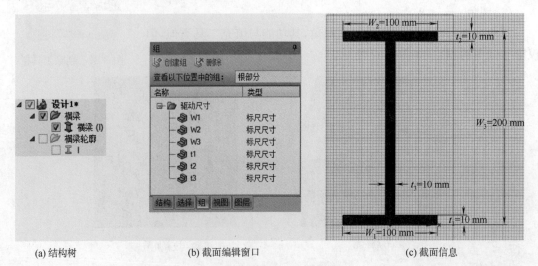

(a) 结构树　　　　　　　　(b) 截面编辑窗口　　　　　　　　(c) 截面信息

图 3-90 横梁结构树及截面信息

(2) 创建

创建梁有两个主要步骤:一是定义轮廓,这可以在轮廓工具中指定;二是定义梁的路径,ANSYS SCDM 中可用于定义梁路径的对象包括草图曲线、实体或面的边线以及模型中的点或中点。需要注意的是,在以选点的方式定义路径时有"选择点链"和"选择点对"两种方式,其区别在于前者始终在连续选择的两个点之间创建梁,后者则是选择两个点创建一根梁,然后再选择另外两个点创建另一根梁。

(3) 抽取

当模型中已经存在 3D 实体梁时,利用抽取工具用户可以将其抽取成梁,如图 3-91 所示。完成横梁抽取后,结构树中会自动创建抽取的横梁及横梁轮廓分支,横梁轮廓中储存了实体梁的截面信息,如图 3-92 所示。当抽取的横梁包含多个相同的截面时,程序可自动将相同的截面合并,也就是说,结构树中不会出现多个相同的横梁轮廓。

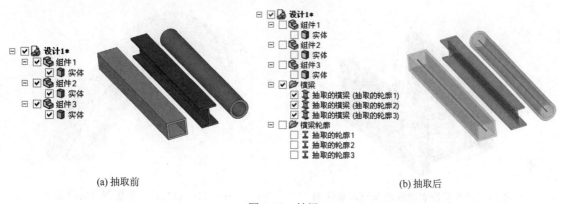

(a) 抽取前　　　　　　　　　　　　　　　　(b) 抽取后

图 3-91　抽梁

(4) 定向

定向工具主要用于梁截面方向的定义及偏置。激活定向工具且选定梁后,梁的一端出现定向工具图标,用户可以直接拖动相应箭头进行截面定向或偏置,也可以选择已有的面、边或轴来指定截面朝向,如图 3-93 所示。

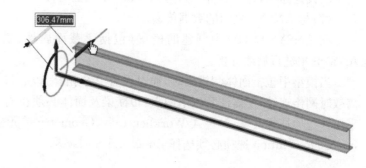

图 3-92　梁截面信息　　　　　　　　图 3-93　梁的定向

(5) 显示

显示工具用于控制梁的显示效果,显示模式包括线型横梁和实体横梁两种。

(6) 创建自定义轮廓

在 ANSYS SCDM 中,新轮廓有两个来源:一是直接创建一个新轮廓;二是抽取实体梁得新轮廓,下面就这两种创建自定义轮廓的方式进行简要介绍。

1) 直接创建新轮廓

基本步骤如下:

① 在 ANSYS SCDM 中绘制轮廓草图;

② 利用拉动工具将该草图拉伸成实体,拉伸距离可取任意值;

③ 将待作为梁轮廓的表面颜色改成与其他面不一致的任意颜色,如图 3-94 所示;

④ 利用设计标签下创建工具栏中的坐标系工具,插入一个新的坐标轴;

⑤ 保存模型为 .scdoc 格式的文件。

在下次创建横梁自定义轮廓时,在轮廓工具中单击"更多轮廓"选项,打开已存格式为 .scdoc 的文件,接下来创建的横梁将以此作为其横梁轮廓,如图 3-95 所示。

图 3-94 修改轮廓表面颜色及插入坐标轴　　　图 3-95 以自定义轮廓创建的横梁

2) 利用抽取轮廓创建新轮廓

基本步骤如下:

① 利用抽取工具对实体梁进行抽取;

② 在结构树中找到该梁抽取后对应的横梁轮廓,鼠标右键单击该轮廓选择保存横梁轮廓;

③ 设定路径,输入名称,保存为 .scdoc 格式的文件。

(7) 与 ANSYS 之间的数据传递

在 ANSYS SCDM 中创建的横梁(包括梁截面属性、梁的长度及材料等)可被传递至 ANSYS 中进行后续分析。

当模型中包括面体和横梁时,通过设置共享拓扑选项可以使得导入至 ANSYS 的模型在离散时网格连续,但需注意以下两点:1) 横梁及面体必须在同一个组件中,且组件属性中的共享拓扑选项选择共享;2) 进入 Workbench 后,Geometry 单元格的 Properties 表格下的 Mixed Import Resolution 选项必须选择 Lines and Surfaces。

第4章 ANSYS Mesh 网格划分方法

在 ANSYS Workbench 环境中，通过 ANSYS Mesh 对几何模型进行网格划分。ANSYS Mesh 的特点是多学科通用，即可以为 ANSYS 的结构（隐式、显式）、流体、电磁等不同学科求解器提供网格。本章向读者介绍 ANSYS Mesh 网格划分的方法及相关控制选项。

4.1 ANSYS Mesh 概述

4.1.1 ANSYS Mesh 的多学科适应性

ANSYS Mesh 是 Workbench 平台中的网格划分组件，其特点是可以同时为 ANSYS 的结构（包括显式动力分析）、流体、电磁等不同类型的求解器提供计算网格。在 ANSYS Workbench 的 Toolbox 中，Analysis Systems 中预置的分析系统通常都包含有 ANSYS Mesh 组件或 Mechanical Model 组件。如图 4-1(a)所示，Fluid Flow 流动分析系统都含有 Mesh 组件；如图 4-1(b)、(c)所示，热传递以及各种结构分析中都包含一个 Mechanical Model 组件。Mechanical Model 组件是集成在 Mechanical 系统中的 ANSYS Mesh 功能。

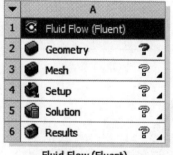
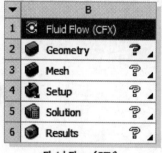

(a) 流体分析系统

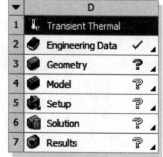

(b) 热分析系统

图 4-1

(c) 结构分析系统

图 4-1 包含 Mesh 或 Mechanical Model 组件的分析系统

ANSYS Mesh 可以对一维（线）、二维（面）、三维（体）的求解域进行离散。在流体分析中，多用二维、三维网格模拟各种流场域。在结构分析中，一维网格主要用于模拟各种框架结构的梁、柱等构件；二维网格多用于模拟板壳结构，也可用于模拟平面应力、平面应变、轴对称受力行为；三维网格用于模拟实体结构。由于各学科的求解器对网格的要求不同，因此在具体应用 ANSYS Mesh 进行网格划分时，还要注意选择合适的网格选项设置。

4.1.2 ANSYS Mesh 的操作界面简介

在 Workbench 的 Project Schematic 视图中，选择 Mesh 或 Model 单元格并双击，即可启动 ANSYS Mesh（或 ANSYS Mechanical）操作界面，如图 4-2 所示。

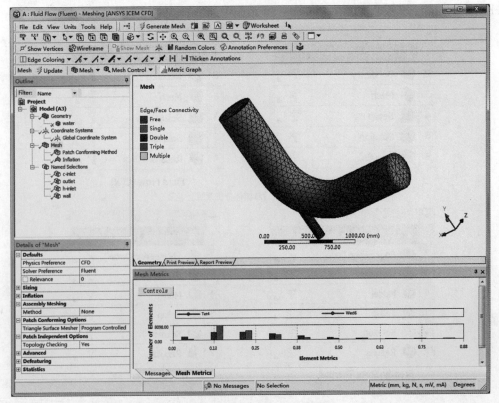

图 4-2 ANSYS Mesh 的操作界面

第4章 ANSYS Mesh 网格划分方法

ANSYS Mesh 的操作界面由菜单栏、工具栏、图形显示区、Outline 树、Details 视图、状态信息栏、Worksheet 栏等几部分组成。

1. 菜单栏

菜单栏包括 File、Edit、View、Units、Tools 以及 Help 等菜单项目。

File>Save Project 用于保存项目；File>Export 用于导出网格文件（如 Fluent 的 msh 文件）。View>Toolbars 用于定义显示的工具栏；View>Windows 用于控制视图工作区各辅助功能区域（如 Messages、Graphics Annotations、Section Planes、Selection Information、Manage Views、Tags 等）的显示，View>Windows>Reset Layout 则用于恢复初始的视图布局，如图 4-3 所示。Units 菜单用于指定项目单位制。Tools>Options 用于定义 ANSYS Mesh 的常用选项，如图 4-4 所示。

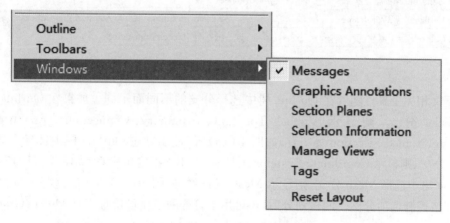

图 4-3　View>Windows 菜单

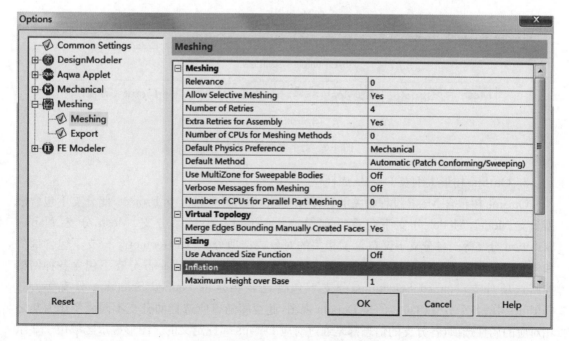

图 4-4　ANSYS Mesh 缺省选项设置

2. 工具栏

菜单栏的下方是工具栏，工具栏分为基本工具栏以及上下文相关工具栏。

基本工具栏如图 4-5 所示，主要包括对象选择过滤工具、视图控制、显示控制、边的连接检查工具等按钮，这些都是在网格划分过程中常用的辅助工具。对象选择过滤工具可进行点、线、面、体的类型选择过滤，可使用点选或框选方式选择对象。视图控制工具可提供视图的旋转、平移、缩放、窗口缩放、适合窗口显示等功能。Edge Coloring 工具多用于结构分析的网格连接检查。基本工具栏的 Worksheet 按钮用于打开与 Outline 树中选择分支相对应的工作表视图。

图 4-5　基本工具栏

上下文相关工具栏随着在 Outline 树中选择分支的不同而不同。如果在 Outline 树中选择了 Model 分支，则显示 Virtual Topology、Symmetry、Connections、Fracture、Mesh Numbering、Named Selection 等工具，如图 4-6(a)所示；如果在 Outline 树中选择 Coordinate Systems 分支，则显示 Coordinate Systems 工具栏，可用于指定坐标系，如图 4-6(b)所示；如果在 Outline 树中选择 Mesh 分支，则显示 Mesh 工具栏，如图 4-6(c)所示。这些工具栏用于添加各种网格控制选项分支。网格划分后，还可用于打开网格质量检查工具 Metric Graph。

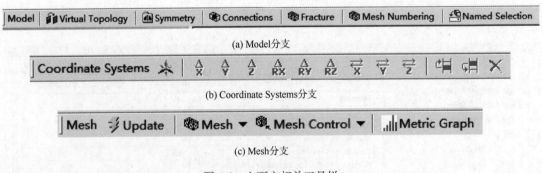

图 4-6　上下文相关工具栏

3. Outline 树形大纲及 Details 属性栏

Outline 树包含 Mesh 过程相关的各种分支，根分支为项目分支 Project，此分支下包含模型分支 Model，Model 分支下包含几何分支 Geometry、坐标系分支、Mesh 分支、Named Selection 分支等。各分支下又包含了相关的对象或选项分支，如 Geometry 分支下包含部件和体的对象分支，Coordinate Systems 分支下包含各坐标系分支，Mesh 分支下包含各种网格控制选项分支，Named Selections 分支下包含已经指定的 Named Selection 分支等。与 Outline 树的各个分支相对应的是 Details 视图，此视图随着所选择的分支不同而变化为与之相对应的属性选项，各分支的信息都是通过对应 Details 属性定义的。图形显示区域用于显示操作过程的结果，同时在指定 Details 选项中用于提供对象选择交互操作。

在 ANSYS Mesh 中,网格划分的基本过程可以描述为:指定网格划分的总体和局部控制选项,选择合适方法形成网格,然后进行网格质量的检查和改进。在这一过程中,总体控制选项是通过修改 Outline 树 Mesh 分支的 Details 来实现的,选择方法及局部控制是通过在 Mesh 分支下添加分支并指定其 Details 选项的方法来实现的。因此 ANSYS Mesh 的 Outline 树可以说是整个操作界面的"核心",网格划分的整个过程正是通过此树的相关分支来展开的。

在 Outline 树中选择 Mesh 分支时,通过 Mesh 工具栏的 Metric Graph 按钮可打开 Mesh Metrics 视图,如图 4-7 所示。此视图用于显示各种形状单元在网格质量统计参数(Mesh Metric)的不同区间内的分布数量的条形图,直观地给出网格质量的统计信息。单击条形图的每一个条带,可以在图形区域中显示出落入此条带范围的单元。

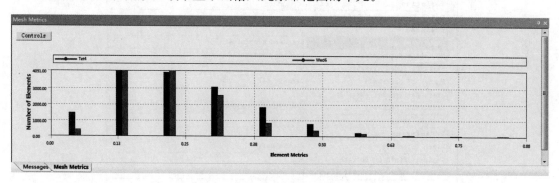

图 4-7 Mesh Metrics 视图

4.2 Mechanical 结构分析的网格划分

在 Mechanical 中可以通过自动划分方式形成计算网格,在 Outline 树的 Mesh 分支下不加入任何控制或方法选项,直接右键菜单中选择 Update 或 Generate Mesh,即可自动生成计算的网格。

实际上,Mechanical 提供了一系列网格控制及网格划分方法选项,包括总体控制以及局部控制。总体控制参数主要通过 Mesh 分支的 Details 的参数设置,如图 4-8 所示。对于结构分析网格划分而言,主要的控制包括 Defaults、Sizing、Advanced、Defeaturing 等。

Defaults 部分提供两个选项,其中 Physics Preference 为学科选项,对结构分析选择 Mechanical 即可;Relevance 为整体的网格尺寸控制参数,变化范围由 −100 到 100,可以直接输入数值,或通过滑键拖动改变数值,数值越大网格越密。

Sizing 部分提供一系列网格整体尺寸控制选项,其中 Use Advanced Size Function 用于提供更多关于 Proximity 和 Curvature 等局部几何细节的网格尺寸控制方法,缺省为 Off;Relevance Center 控制 Relevance 的中心,可选择 Coarse、Medium、Fine,对 Relevance 值相同的情况,这三个选项对应的网格数依次加密;Element Size 选项用于指定整体模型的网格尺寸,当使用 Use Advanced Size Function 时 Element Size 不显示;Smoothing 选项用于对网格进行光顺处理,选项 Low、Medium 和 High 控制 Smoothing 的迭代次数;Transition 选项用于控制相邻单元的生长率,Slow 产生更平滑的过渡,而 Fast 则产生更剧烈的过渡;Span Angle Center 选项控制整体基于曲率的加密程度,在有曲率的区域网格会加密到一个单元跨过一定

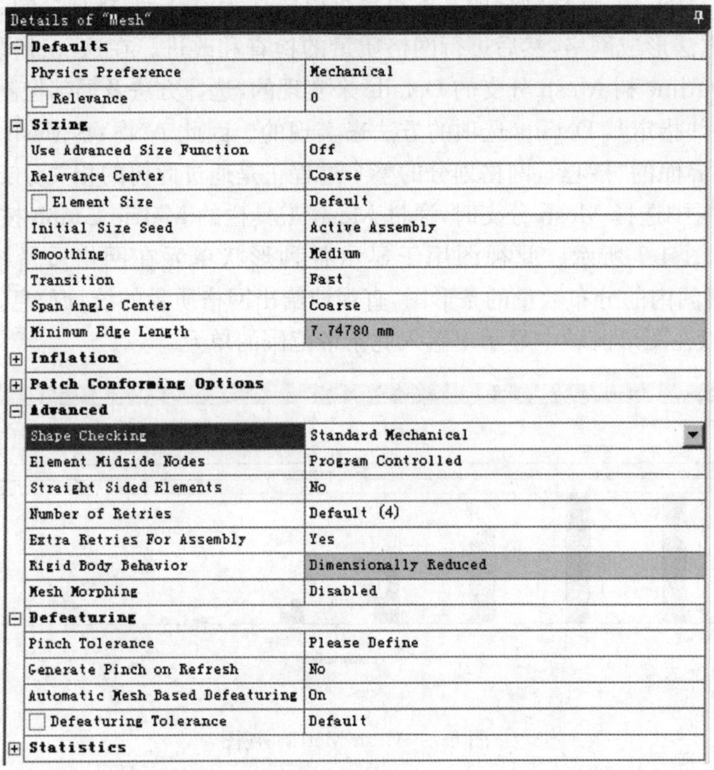

图 4-8 Mesh 分支的 Details

的角度，Coarse 选项一个单元最大跨过角度为 90°，Medium 选项一个单元最大跨过角度为 75°，Fine 选项一个单元最大跨过角度为 36°。

Advanced 部分提供了一些高级划分选项，其中 Shape Checking 为指定形状检查方法选项，对静力分析选择 Standard Mechanical 即可，对大变形分析则选择 Aggressive Mechanical；Element Midside Nodes 为单元边中间节点选项，缺省为 Program Controlled，对结构分析缺省为 Kept（保留中间节点）。

Defeaturing 部分提供了一些细节消除选项，其中 Pinch Tolerance 选项用于指定 pinch 控制的容差，当点点或边边之间距离小于此值时会创建 pinch 控制；Generate Pinch on Refresh 选项设置为 Yes 且几何模型有变化的情况下，执行 refresh 操作会重新生成 pinch 控制；Automatic Mesh Based Defeaturing 为细节消除选项开关，此开关打开时（On），所有尺寸小于 Defeaturing Tolerance 的细节特征会被自动消除。

Statistics 部分则给出了网格的一些统计信息，如单元总数、节点总数、网格质量统计信息等。

除了上述的整体控制外，可在 Mesh 分支上打开其右键菜单加入局部控制项目。当鼠标停放在 Mesh 分支的右键菜单 Insert 上时会弹出下一级的子菜单，如图 4-9 所示。通过这些右键菜单及其子菜单，可在 Mesh 分支下加入各种划分方法和控制选项。对于每一个方法或选项，在其 Details 视图中分别进行属性的指定。设置完成后，右键菜单中选择 Update 或 Generate Mesh 即可根据用户的设定形成网格。

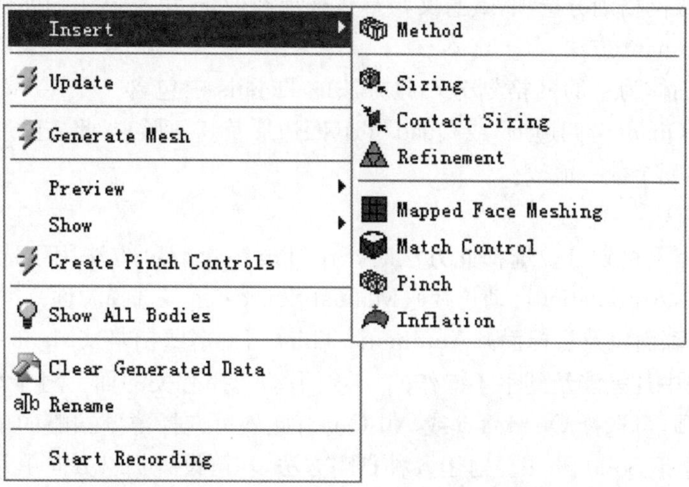

第 4 章 ANSYS Mesh 网格划分方法

图 4-9 Mesh 分支右键菜单 Insert 的子菜单

如果选择 Insert>Method，则在 Mesh 分支下出现一个网格划分方法的分支，此分支的名称缺省为网格划分方法，划分缺省的方法是"Automatic"，即自动网格划分。在网格划分方法分支的属性中，首先选择要指定网格划分方法的几何对象，然后在 Method 一栏下拉列表中选择网格划分方法，如图 4-10 所示。在 Mechanical 中提供了五种网格划分方式，此外还提供了表面映射网格划分方法 Mapped Face Meshing。前面五种方法均通过 Insert>Method 加入，表面映射网格通过 Insert>Mapped Face Meshing 加入。

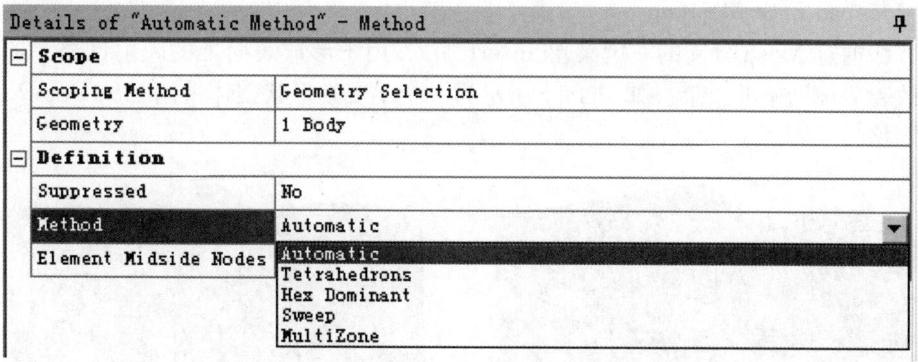

图 4-10 网格划分的方法选项

下面简单介绍上述网格划分方法的特点以及主要选项。

(1) Automatic 方法

如果采用缺省的网格划分，或在图 4-10 的 Method 下拉列表选择了 Automatic 选项，则 Mechanical 将会采用自动网格划分方法对模型进行网格划分。此方法划分时，对可以扫略划分的体进行扫略划分，对其他的部件采用四面体划分。

(2) Tetrahedrons 方法

此方法为四面体网格划分，可选择 Patch Conforming（碎片相关方法，会考虑表面的细节或印记）或 Patch Independent（碎片无关方法）两种划分方法。对于 Patch Independent 方法，提供了一系列高级网格划分选项，其意义与整体选项类似，这里不再详细展开。

(3) Hex Dominant 方法

此方法为六面体为主的网格划分。此方法的 Details 中包含一个 Free Face Mesh Type 选项，可以选 All Quad(全四边形)或 Quad/Tri(四边形及三角形)。此方法形成的单元大部分为六面体，因此单元个数一般较少。

(4) Sweep 方法

此方法为扫略网格划分。选择此方法时，Src/Trg Selection 方法用于选择源面以及目标面，提供的选项有：Automatic(自动选择)、Manual Source(手工选择源面)、Manual Source and Target(手工选择源面以及目标面)、Automatic Thin(自动薄壁扫略)、Manual Thin(手工薄壁扫略)。这些方法中凡是涉及到手工操作的，必须手动选择有关的面。对于薄壁扫略，提供一个面网格类型选项，可选择 Quad/Tri 或 All Quad；此外可选择薄壁扫略的单元类型 Element Option 是 Solid 还是 Solid Shell。对于各种扫略方法，均可设置扫略方向单元的等分数 Sweep Num Divs。

(5) MultiZone 方法

此方法为多区域网格划分。这种划分方法会自动切分复杂几何体成为较简单的几个部分，然后对各部分划分网格。此方法提供对映射区域以及自由区域的网格划分方法选项。其中，映射部分的划分方法 Mapped Mesh Type 可选择 Hexa、Hexa/Prism、Prism 三种；自由部分的划分方法 Free Mesh Type 可选择 Not Allowed、Tetra、Hexa Dominant、Hexa Core 四种。此外，还可以指定 Src/Trg Selection 方法为 Manual Source，然后手动选择映射划分的源面。

(6) Mapped Face Meshing

此方法通过 Mesh 分支的右键菜单 Insert 加入，用于形成表面上的映射网格。通过此方法可以改善表面网格的质量。如图 4-11 所示为一个不规则形状实体采用 Hex Dominant 方法划分的网格。

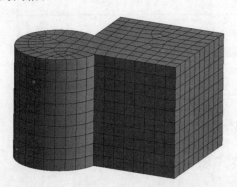
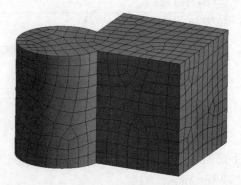

(a) 各侧立面及圆柱体侧面采用表面映射网格　　　　　　(b) 表面未加任何控制

图 4-11　表面映射网格与自由网格的对比

除了网格总体控制及划分方法选择外，Mechanical 还提供了功能完善的局部网格尺寸控制选项，这些选项可通过 Mesh 分支邮件菜单 Insert＞Sizing 加入。在加入的 Sizing 分支的 Details 中选择不同的几何对象类型，Sizing 分支可改变名称，如 Vertex Sizing、Edge Sizing、

Face Sizing、Body Sizing。对各种 Sizing 控制,可以直接指定 Element Size,也可以指定一个 Sphere of Influence(影响球)及其半径再指定 Element Size,这时尺寸控制仅作用于影响球范围内。如图 4-12 所示为一个设置了 Body Sizing 为 0.25 的边长为 10 的立方体的网格,图 4-13 为仅仅在其一个顶点为中心的影响球范围设置了 Body Sizing 为 0.25 情况下的网格,划分方法均为 Tetra。

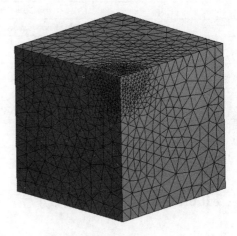

图 4-12 设置了总体 Body Sizing 的网格　　　图 4-13 影响球范围内设置了 Body Sizing 的网格

在 ANSYS Mesh 中,网格尺寸等设置选项可以被提升为参数,这些参数可通过 Workbench 的 Paramenter Set 及设计点功能进行管理,改变参数可重新得到此参数条件下的网格,这个功能可用于网格灵敏度分析,即考察网格尺寸等参数对计算结果的影响。

如图 4-14(a)所示,网格的 Face Sizing 分支的 Element Size 被提升为参数(前面复选框选中,显示一个大写 P;图 4-14(b)所示为 Edge Sizing 分支的 Number of Divisions 被提升为参数。在 Workbench 的参数管理中即出现这些网格划分参数,如图 4-15 所示。

Details of "Face Sizing" - Sizing	
Scope	
Scoping Method	Geometry Selection
Geometry	1 Face
Definition	
Suppressed	No
Type	Element Size
P Element Size	Default
Behavior	Soft
☐ Curvature Normal Angle	Default
☐ Growth Rate	Default
☐ Local Min Size	Default (0. mm)

Details of "Edge Sizing" - Sizing	
Scope	
Scoping Method	Geometry Selection
Geometry	1 Edge
Definition	
Suppressed	No
Type	Number of Divisions
P Number of Divisions	1
Behavior	Soft
☐ Curvature Normal Angle	Default
☐ Growth Rate	Default
Bias Type	No Bias
☐ Local Min Size	Default (0. mm)

(a) Element Size 被提升为参数　　　　　　(b) Number of Divisions 被提升为参数

图 4-14 Mesh 尺寸被提升为参数

在 Workbench 的参数管理器中改变 Mesh 参数,然后在 Project Schematic 界面中 Mesh 单元格的右键菜单中选择 Update,即可更新 Mesh。

	A	B	C	D
1	ID	Parameter Name	Value	Unit
2	☐ Input Parameters			
3	☐ Fluid Flow (Fluent) (A1)			
4	P1	Face Sizing Element Size	0	m
5	P2	Edge Sizing Number of Divisions	1	
*	New input parameter	New name	New expression	
7	☐ Output Parameters			
*	New output parameter		New expression	
9	Charts			

图 4-15 Workbench 参数管理器中的 Mesh 参数

4.3 Fluent CFD 分析网格划分

本节介绍 Fluent CFD 分析网格划分的方法和需要注意的问题。

4.3.1 CFD 网格划分的总体控制选项

CFD 网格划分的总体控制通过指定 Outline 树 Mesh 分支的 Details 选项来实现。Mesh 分支的 Details 选项如图 4-16 所示。

下面对部分总体控制选项作简单的说明。

1. Defaults 选项

Defaults 选项的 Physics Preference 和 Solver Preference 选项用于指定问题的物理场和求解器类型。对基于 Fluent 的 CFD 分析而言,Physics Preference 和 Solver Preference 选项依次选择 CFD 和 Fluent,如图 4-17 所示。

Relevance 可控制总体的网格尺寸,在−100(最粗)到 100(最细)之间变化。这个选项通常与 Sizing 选项中的 Relevance Center 参数组合使用。

2. Sizing 选项

Sizing 选项提供一系列总体的网格尺寸控制措施。Use Advanced Size Function 选项提供五种高级尺寸控制选项,考虑 Proximity 以及 Curvature 的影响,用于在总体上给出网格特征的控制参数。Relevance Center 可以是 Coarse、Medium、Fine,缺省值可以基于 Physics PreferenceInitial 进行自动设置,Relevance Center 选项与 Relevance 组合使用,控制总体的网格尺寸。Initial Size Seed 选项用于控制总体网格尺寸是基于激活的装配体、全部装配体或是部件。Smoothing 选项通过调整临近节点位置对网格进行平滑处理,进而改善网格的质量。Transition 选项用于控制网格由密集到稀疏的过渡参数,Slow 导致平缓的过渡,而 Fast 导致相邻单元尺寸的急剧增大。Span Angle Center 参数用于控制圆孔周边网格大小,有 Coarse、Medium、Fine 三个选项。其余参数与所选择的 Advanced Size Function 选项相关且配合使用。

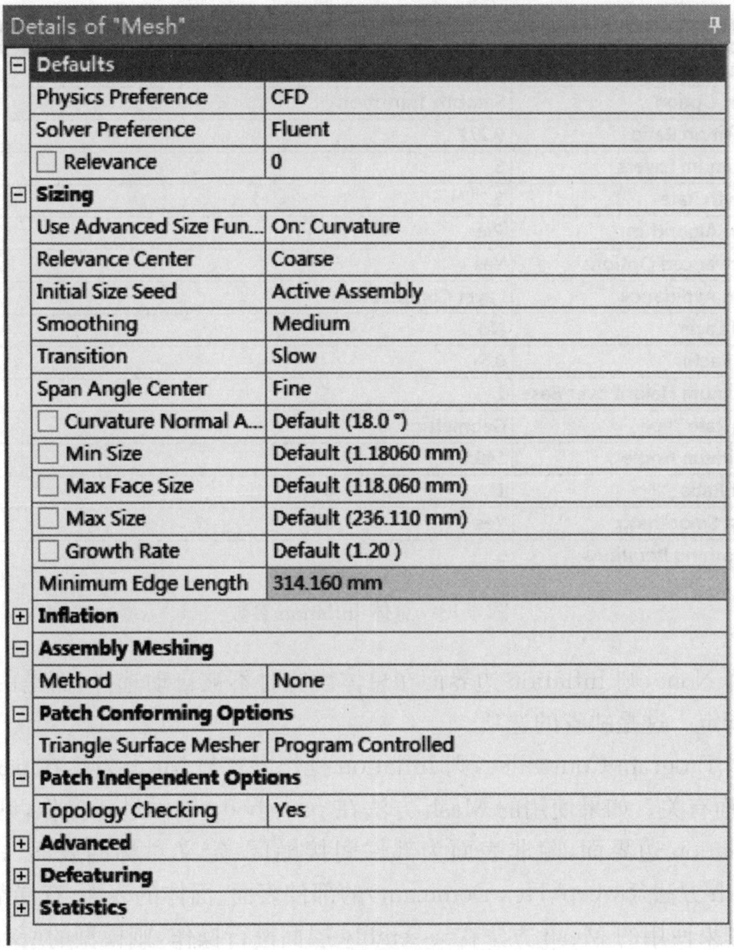

第 4 章 ANSYS Mesh 网格划分方法

图 4-16 Mesh 分支的 Details 选项

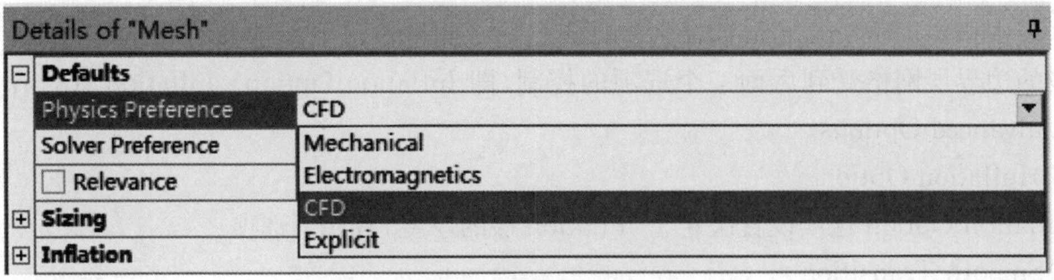

图 4-17 选择学科和求解器

3. 总体 Inflation 选项

此选项用于控制 CFD 边界层网格的总体控制参数，如最大层数、增长率等，在 CFD 分析中常用。总体 Inflation 参数在 Mesh 分支的 Details 中进行设置，展开后的选项如图 4-18 所示。

下面对部分选项进行介绍。

(1) Use Automatic Inflation

Use Automatic Inflation 选项用于设置是否按照命名选择集合自动选择 Inflation 边界面，有如下三个选项：

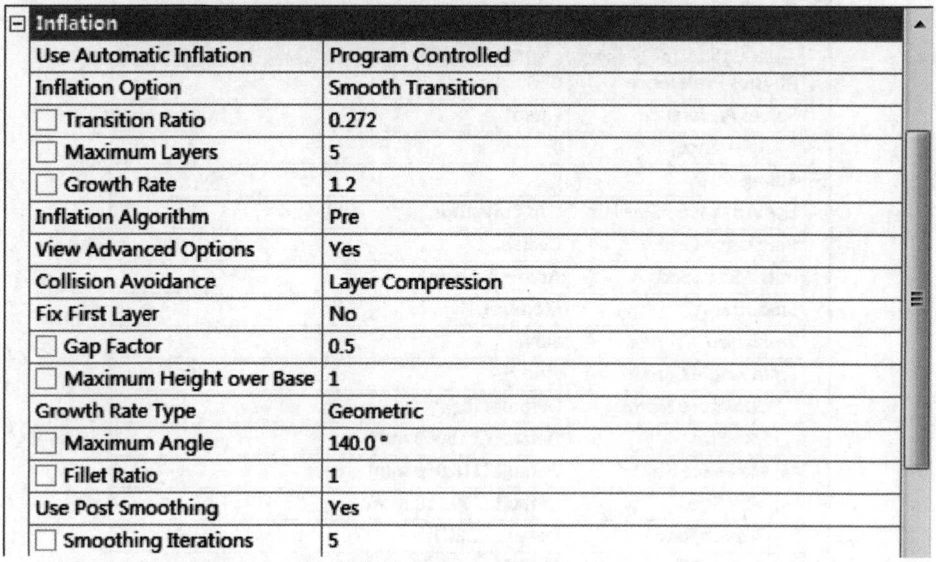

Inflation	
Use Automatic Inflation	Program Controlled
Inflation Option	Smooth Transition
☐ Transition Ratio	0.272
☐ Maximum Layers	5
☐ Growth Rate	1.2
Inflation Algorithm	Pre
View Advanced Options	Yes
Collision Avoidance	Layer Compression
Fix First Layer	No
☐ Gap Factor	0.5
☐ Maximum Height over Base	1
Growth Rate Type	Geometric
☐ Maximum Angle	140.0°
☐ Fillet Ratio	1
Use Post Smoothing	Yes
☐ Smoothing Iterations	5

图 4-18　总体 Inflation 参数

1）如果选择 None，则 Inflation 边界面在总体设置时不被自动选择，而是由用户在局部设置中进行手工指定。这是缺省的选项。

2）如果选择 Program Controlled，则 Inflation 操作方式与 Mesh 发生在 part/body 层面还是 assembly 层面有关。如果使用的 Mesh 方法在 part/body 层面进行操作，则模型的所有面都被选择为 Inflation 边界面，除非表面为部件间接触区、定义对称的表面、采用不支持 3D Inflation 的 Mesh 方法（Sweep\Hex Dominant）的部件表面、面体的表面、有局部手工 Inflation 定义的表面。如果使用的 Mesh 方法在 assembly 层面进行操作，则模型的所有面都被选择为 Inflation 边界面，除非表面属于 Named Selection 或是定义了对称的面。

3）如果选择 All Faces in Chosen Named Selection，则用户需要在出现的 Named Selection 黄色区域中指定用于 Inflation 的命名选择集名称。此种情况下所选择的 Named Selection 表面形成的边界层网格受到后面三个选项的控制，即 Inflation Option、Inflation Algorithm 及 View Advanced Options。

(2) Inflation Option

Inflation Option 选项设置决定了 Inflation 层的厚度，有如下选项：

1) Smooth Transition

Smooth Transition 为 Inflation Option 的缺省选项。此选项使用局部的四面体单元尺寸来计算每一局部初始厚度和总厚度。对均匀的网格，初始层厚度也粗略一致；而对于不均匀的网格，则初始层厚度将随单元尺寸而变化。与 Smooth Transition 对应的 Inflation Option 如图 4-19(a) 所示，用户需要输入过渡比例（Transition Ratio）、最大层数（Maximum Layers）及增长率（Growth Rate）。Transition Ratio 决定了临近单元的增长率，是最后一层和第一层单元基于体积的尺寸改变率（四面体区域）。Growth Rate 决定了相邻 Inflation 的相对厚度比，缺省值为 1.2。

2) Total Thickness

如果 Inflation Option 域选择 Total Thickness 选项，则会创建等厚度的 Inflation 层。与

Total Thickness 对应的 Inflation Option 如图 4-19(b)所示，用户需要输入层数(Number of Layers)、增长率(Growth Rate)及 Inflation 层的最大厚度(Maximum Thickness)。

3)First Layer Thickness

如果 Inflation Option 域选择 First Layer Thickness 选项，也将创建等厚度的 Inflation 层，用户需要输入第一层厚度(First Layer Height)、最大层数(Maximum Layers)、增长率(Growth Rate)。与 First Layer Thickness 对应的 Inflation Option 如图 4-19(c)所示。

4)First Aspect Ratio

如果 Inflation Option 域选择 First Aspect Ratio 选项，对应的 Inflation Option 如图 4-19(d)所示。此选项基于用户输入的 First Aspect Ratio、Maximum Layers 及 Growth Rate 形成 Inflation 层网格。其中，First Aspect Ratio 是第一层 Inflation 单元的方向比，方向比是指局部 Inflation 基底单元尺寸与 Inflation 层厚度之比。通过 First Aspect Ratio 起到定义层厚度的作用，缺省值为 5。采用 First Aspect Ratio 选项的 Inflation 不支持 Post Inflation。

5)Last Aspect Ratio

如果 Inflation Option 域选择 Last Aspect Ratio 选项，则基于用户输入的 First Layer Height、Maximum Layers 以及 Aspect Ratio(方向比，基底单元尺寸与厚度之比，缺省值为 3.0)形成 Inflation 层网格，如图 4-19(e)所示。采用 Last Aspect Ratio 选项的 Inflation 不支持 Post Inflation。

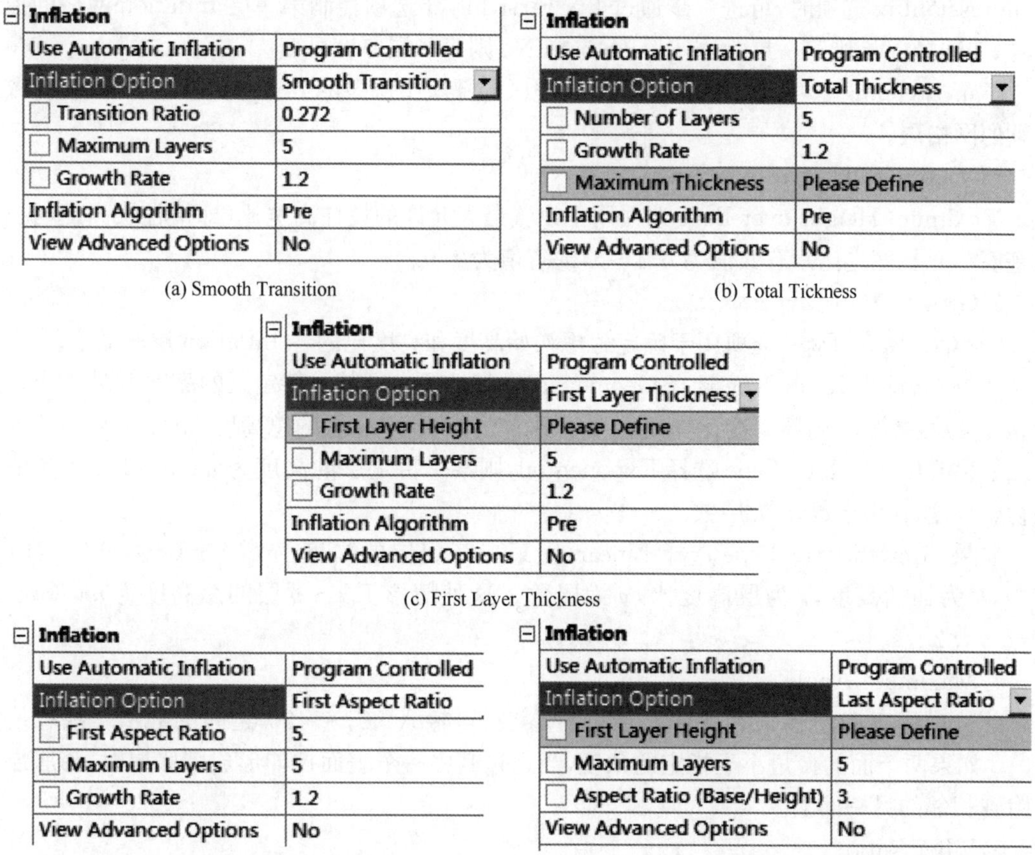

(a) Smooth Transition

(b) Total Tickness

(c) First Layer Thickness

(d) First Aspect Ratio

(e) Last Aspect Ratio

图 4-19　不同 Inflation Option 选项所对应的输入参数

(3) Inflation Algorithm

Inflation Algorithm 用于选择 Inflation 算法，Inflation 算法包括 Pre 和 Post，与所采用的 Mesh 方法有关。

如选择 Pre 算法，则在表面先形成 Inflation 层，然后再划分其余的体网格。Pre 算法不支持在相邻面上定义不同数量的 Inflation 层。

如选择 Post 算法，形成边界层网格时采用一种在四面体网格生成后的后处理技术。Post 算法的一个好处是当改变 Inflation 选项后不必每次都重新划分四面体网格。

(4) View Advanced Options

View Advanced Options 是附加的高级 Inflation 选项显示开关。缺省情况为 No，即不显示高级选项。如果此选项设置为 Yes，则会显示如下几个选项：

1) Collision Avoidance

相邻面的边界层网格避免相交或重叠的选项，可选择 Layer Compression 或 Stair Stepping。

当 Mesh 的 Solver Preference 选择 Fluent 时，Layer Compression 为 Collision Avoidance 的缺省选项。Layer Compression 选项通过在重叠区域压缩边界层网格的厚度，保证在整个 Inflation 区域保持相等的 Inflation 网格层数。Collision Avoidance 选择 Layer CompressionFix 选项时，可进一步通过 Fix First Layer 选项控制第一层 Inflation 网格的控制选项，如选择 Yes 则第一层为固定厚度，选择 No 则第一层厚度可变。

Stair Stepping 选项通过在 Inflation 重叠区局部减少层数的方式避免发生重叠，会导致不连续的网格层。

2) Maximum Height over Base

Maximum Height over Base 选项用于设置最大允许的棱柱高宽比（即棱柱层高度与三角形基底单元长度之比），有效值为 0.1~5，缺省值为 1.0。

3) Growth Rate Type

Growth Rate Type 选项用于确定考虑初始高度和高度比的各 Inflation 层的高度。

如果 Growth Rate Type 选择 Geometric（缺省选项），则某一特定层的高度为 $hr^{(n-1)}$。其中，h 为初始高度，r 为层高度比，n 为层数。这种情形下 1~n 层的总高度为 $h(1-r^n)/(1-r)$。

如果 Growth Rate Type 选择 Exponential，则某一特定层的高度为 $he(n-1)p$。其中，h 为初始高度，p 为指数，n 为层数。

如果 Growth Rate Type 选择 Linear，则某一特定层的高度为 $h[1+(n-1)(r-1)]$。其中，h 为初始高度，r 为层高度比，n 为层数。这种情形下 1~n 层的总高度为 $nh[(n-1)(r-1)+2]/2$。

4) Maximum Angle

此选项用于确定拐角处的膨胀层划分参数，可输入 90°~180°之间的数值。缺省值为 140°。如果两个面的夹角小于指定的角度，当通过其中一个表面拉伸形成膨胀层时，膨胀层会贴附到相邻的另一面上。

5) Fillet Ratio

此选项用于确定是否在膨胀层拐角形成一个倒圆角。可输入 0~1 之间的数值，0 表示不形成倒角，缺省值为 1.0。Fillet Ratio 值越大，倒角半径越大。

6) Use Post Smoothing

此选项用于控制是否执行 post-inflation smoothing。Smoothing 操作尝试通过移动节点位置改善单元质量。缺省选项为 Yes，即打开 Smoothing 开关。

当 Use Post Smoothing 选为 Yes 时出现 Smoothing Iterations 选项，此选项用于决定 post-inflation smoothing 迭代的次数，可输入 1～20 的值，缺省值为 5 次。

上述所列出的就是总体 Inflation 控制选项。除了这些总体选项之外，用户还可以通过 Mesh 分支右键菜单插入局部的 Inflation 控制。一般情况下，总体 Inflation 参数会传递给局部 Inflation 参数，如果后续对局部 Inflation 参数做了修改，且与总体 Inflation 参数不一致时，则起作用的是局部 Inflation 参数。

4. Assembly Meshing 选项

Assembly Meshing 选项用于打开模型整体网格划分方法，而不是基于体或部件的划分。可选的方法包括 None、CutCell 以及 Tetrahedrons。如选择 Cutcell 及 Tetrahedrons，又会进一步出现相关的选项，这里不展开介绍。

5. Patch Conforming Options 选项组

Patch Conforming Options 选项组包含一个选项，即 Triangle Surface Mesher。如选择 assembly meshing 算法时，Patch Conforming Options 选项组不可用。

Triangle Surface Mesher 选项用于选择表面三角形网格划分策略，有 Program Controlled 以及 Advancing Front 两个选项供选择。Program Controlled 为缺省选项，程序会基于一系列因素（如表面类型、表面拓扑、去除特征的边界）选择使用 Delaunay 或 advancing front 算法。采用 Advancing Front 选项时，程序主要以 advancing front 方法划分，遇到问题时则采用 Delaunay 方法。一般情况下，advancing front 方法可提供更光滑的尺寸变化以及更好的 skewness 和 orthogonal quality 结果。

6. Patch Independent Options 选项组

Patch Independent Options 选项组包含一个选项，即 Topology Checking。Topology Checking 选项用于决定网格划分时是否执行拓扑检查（对 Patch Independent 以及 MultiZone 划分方法）。如设置为 No，则跳过拓扑检查，除非有必要对所有受保护的拓扑进行印记。缺省选项为 Yes，即执行拓扑检查，Patch Independent 网格划分依赖于荷载、边界条件、命名选择集合、结果等。

7. Advanced 选项

提供相关的高级选项，如形状检查、单元中间节点选项、Mesh Morphing 选项等，下面对这些选项进行简单的介绍。

(1) Number of CPUs for Parallel Part Meshing 选项

此选项用于设置并行网格划分的处理器个数。对并行网格划分，缺省为 Program Controlled 或 0，此时会使用全部可用的 CPU 核心。缺省设置内在限制了每个 CPU 核心 2 GB 内存。可选择 0～256 之间的数值。并行网格划分仅可用于 64 位 Windows 系统。

(2) Shape Checking 选项

Shape Checking 选项与分析问题的学科和求解器有关，在 Fluent 网格划分中选择 CFD 即可。对其他学科的问题，可选的选项还有 Standard Mechanical、Aggressive Mechanical、Electromagnetics、Explicit、None，选择 None 则关闭形状检查。

(3) Element Midside Nodes 选项

Element Midside Nodes 选项用于设置是否保留单元边中间的节点。缺省为 Program Controlled，可选择 Kept 或 Dropped。对于 CFD 分析，缺省为 Dropped。

(4) Straight Sided Elements 选项

此选项为直边单元选项，仅用于电磁场分析，在 CFD 分析中不可用。

(5) Number of Retries 选项

总体 Number of Retries 选项用于指定由于网格质量差导致网格划分失败后重划分的次数。程序将在 retry 过程中加密网格以改善网格，可指定的范围是 0~4（缺省值）。当 Physics Preference 设为 CFD 时，缺省为 0。如果修改了 Number of Retries 缺省值，则后续改变 Physics Preference 时，不会改变 Number of Retries 的值。

(6) Extra Retries For Assembly 选项

Extra Retries For Assembly 选项用于指定当划分装配时是否执行额外的重试，缺省为 Yes。

(7) Rigid Body Behavior 选项

此选项用于设置刚体网格划分。设置为 Dimensionally Reduced 时，将仅生成表面接触网格；设置为 Full Mesh 时，生成完整的网格。缺省为 Dimensionally Reduced，除非 Physics Preference 被设置为 Explicit。此选项在 CFD 分析中不可用。

(8) Mesh Morphing 选项

选择 Enabled 可激活 Mesh Morphing 网格变形选项。

8. Defeaturing 选项

清除满足容差条件的细节几何特征，提供了 Pinch 以及 Automatic Mesh Based Defeaturing 等特征清除方法，通过 Defeaturing 选项可以改善网格质量。

(1) Pinch 选项

提供以下两个 Pinch 选项，即：

1) Pinch Tolerance 选项

设置 Pinch 容差以形成自动 Pinch 控制。

2) Generate Pinch On Refresh 选项

此选项用于设置当几何改变时是否重新创建 Pinch，可选择 Yes 或 No，缺省为 No。

(2) Automatic Mesh Based Defeaturing 选项

提供以下两个选项，即：

1) Automatic Mesh Based Defeaturing

当 Automatic Mesh Based Defeaturing 设置为 On（缺省）时，小于等于 Defeaturing Tolerance 值的特征被自动清除。

2) Defeaturing Tolerance

仅当 Automatic Mesh Based Defeaturing 设置为 On 才可用，需设置一个大于零的数值。

9. Statistics 选项

Statistics 选项给出网格的各种统计信息，包括模型的节点数和单元数以及单元质量指标（Mesh Metrics）的变化范围、均值与方差，落在不同指标区间的单元数量柱状图等。

(1) Nodes

Nodes 选项提供了模型中的节点总数且不可编辑。如果模型包含了多个体或部件,则可以通过在 Outline 树 Geometry 分支下选中特定的体或部件以显示其包含的节点数。

(2) Elements

Elements 选项提供了模型中的单元总数且不可编辑。如果模型包含了多个体或部件,则可以通过在 Outline 树 Geometry 分支下选中特定的体或部件以显示其包含的单元数。

(3) Mesh Metric

Mesh Metric 提供了一系列网格质量的评价指标。一旦完成网格划分,即可报告各种网格质量评价指标的统计参数并分区间显示相关指标在网格中的分布情况。常见指标包括 Element Quality、Aspect Ratio Calculation for Triangles、Aspect Ratio Calculation for Quadrilaterals、Jacobian Ratio、Warping Factor、Parallel Deviation、Maximum Corner Angle、Skewness、Orthogonal Quality 等,这些指标的意义及具体使用将在本章后续网格质量检查部分进行详细的介绍。

4.3.2 网格划分方法、局部控制及质量检查

在 Mesh 分支的右键菜单中,选择 Insert 可插入 Method 以及各种局部网格控制,如图 4-20 所示。

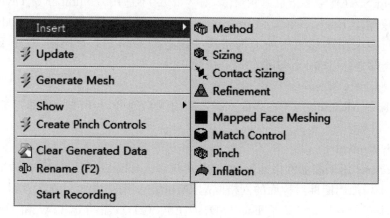

图 4-20 Method 及局部网格控制

1. Method 控制

插入 Method 后,在 Project Tree 的 Mesh 分支下出现一个 Automatic Method 分支,这是由于缺省的网格划分方法为自动网格划分方法(Automatic Method),在此分支的 Details 中选择模型中待指定网格划分方法的几何对象,然后根据需要改变网格划分方法,可用的划分方法(Method)及其简单介绍见表 4-1。

表 4-1 3D 网格划分的方法及简介

网格划分方法	简 介
Automatic Method	自动划分方法,缺省方法,首先进行 Sweep 划分,不能进行 Sweep 划分的采用 Patch Conforming 四面体划分
Tetrahedrons Patch Conforming	片相关四面体划分方法,该方法划分时模型表面的细节特征会影响网格

续上表

网格划分方法	简　介
Tetrahedrons Patch Independent	片独立四面体划分方法,该方法划分时模型表面的细节特征会被忽略
Hex Dominant	六面体为主的网格划分方法
Sweep	扫略网格划分方法,需要自动或手动指定扫掠的源面和目标面
MultiZone	多区域划分方法,自动切分复杂几何为多个相对简单的部分,然后基于 ICEM CFD Hexa 方法划分各部分
Quadrilateral Dominant	Patch Conforming 方法,四边形为主的 2D 网格划分
Triangles	Patch Conforming 方法,三角形的 2D 网格划分
MultiZone Quad/tri	Patch Independent 方法,四边形或三角形混合 2D 网格划分

以上各种划分方法的具体选项此处不再展开介绍,请参考 ANSYS 的 Meshing 手册。

2. 网格局部控制

如图 4-20 所示,可用的局部控制选项有 Sizing、Contact Sizing、Refinement、Mapped Face Meshing、Match Control、Pinch、Inflation。下面对常用的局部控制选项进行简单介绍。

(1) Sizing

Sizing 用于局部的网格尺寸控制,可针对 Vertex、Edge、Face 及 Body 指定局部尺寸,可选方法有 Element Size(直接来指定单元尺寸,对 Vertex 不适用)、Number of Divisions(指定线段的等分数,仅用于 Edge)、Body of Influence(考虑相邻体的影响,仅用于 Body)、Sphere of Influence(通过定义影响球范围内的网格尺寸进行局部的 Sizing 控制,对于 Edge、Face 和 Body 需定义局部坐标以确定影响球的球心位置)。

(2) Mapped Face Meshing

Mapped Face Meshing 用于在表面上指定映射网格划分,在所选择的面上形成结构化的网格。

(3) Match Control

Match Control 用于添加网格匹配性控制,可选择 Cyclic 或 Arbitrary 两种 match 控制方法。Cyclic 用于增加周期性对称面的网格匹配,Arbitrary 用于增加一般性表面之间的网格匹配控制。Match Control 可定义于 Face(3D)或 Edge(2D),需指定 Low 和 High 面的几何对象。

(4) Pinch

Pinch 用于在划分时忽略细节特征,进而改善网格的质量,可用于 Vertex 和 Edge 对象。

(5) Inflation

Inflation 用于手动形成棱柱状的边界层网格,可用于 Edge 或 Face 对象。

(6) Refinement

Refinement 可指定于 Vertex、Edge 和 Face 上对网格进行加密,加密的级别可以为 1~3,其中 1 表示对已有单元的边分割为当前长度的一半。

在 Mesh 分支下插入以上局部控制选项的子分支后,在其 Details View 中需要进行属性指定,这些局部控制选项的作用范围可以是几何对象,也可以是命名选择集合。关于这些局部控制选项的具体使用,本节不再详细展开介绍,请参考后续各章相关例题的网格划分部分。

第4章 ANSYS Mesh 网格划分方法

3. 网格质量的检查与修改

网格控制选项设置完成后,可通过 Mesh 分支右键菜单 Preview>Surface Mesh 来预览表面网格,或通过 Mesh 分支右键菜单 Generate Mesh 形成网格。

网格划分结束后,可通过 Mesh 分支 Details 的 Statistics 中的 Mesh Metric 进行网格质量检查,通常网格质量检查是基于所选的网格质量评价指标之一进行的。在 ANSYS Meshing 中可供选择的网格质量评价指标包括:

(1) Element Quality

Element Quality 是一种综合的单元质量度量指标,介于 0 和 1 之间。

(2) Aspect Ratio for Triangles or Quadrilaterals

Aspect Ratio 指标提供了针对三角形以及四边形单元的纵横比。一般而言,纵横比参数越大,单元形状越差。

(3) Jacobian Ratio

Jacobian Ratio 是单元 Jacobian 变换难易程度的度量指标。一般来说,此参数越大,单元变换越不可靠。

(4) Warping Factor

Warping Factor 是表面单元或三维单元表面扭曲程度的一种度量指标。此参数越大,则表示单元质量越差,或可能暗示网格划分存在缺陷。

(5) Parallel Deviation

Parallel Deviation 为单元的对边平行偏差的度量指标,是一个角度。此角度越大,对边越不平行。

(6) Maximum Corner Angle

Maximum Corner Angle 为单元的最大内角指标。此角度越大,单元形状越差,且会导致退化单元。

(7) Skewness

Skewness 是最基本的网格质量评价指标之一,Skewness 决定了一个单元表面形状与理想情形(即等边三角形或正方形)的接近程度,其取值范围是 0~1。一般的,0 表示网格形状最为理想,而 1.0 表示单元为退化形状。表 4-2 列出了不同 Skewness 范围及其对应的质量评价。基于 Skewness 的评价指标,高度歪斜的网格是不可接受的,因求解程序是基于网格是相对低歪斜程度编写的。

表 4-2　Skewness 与网格质量

Skewness	1.0	0.9~1.0	0.75~0.9	0.5~0.75	0.25~0.5	0.0~0.25	0.0
网格质量	最差	差	较差	一般	良	优	最佳

(8) Orthogonal Quality

Orthogonal Quality 为网格的正交质量指标。

以上各种网格评价指标的具体定义和计算公式,这里不再逐个进行介绍,可参考 ANSYS Meshing 用户手册。各种指标在网格质量评价中的作用见表 4-3。

在 Mesh Metric 项目列表中,可选择以上各种指标之一进行统计显示,对于其中任何一个指标,可统计此指标的最大值、最小值、平均值以及标准差,如图 4-21 所示。

表 4-3 ANSYS Mesh Metrics 的类型与描述

Mesh Metrics	描 述
Element Quality	基于总体积和单元边长平方、立方和的比值的单元综合质量评价指标，介于 0～1 之间
Aspect Ratio Calculation for Triangles	三角形单元的纵横比指标，等边三角形为 1，越大单元质量越差
Aspect Ratio Calculation for Quadrilaterals	四边形单元的纵横比指标，正方形为 1，越大单元形状越差
Jacobian Ratio	Jacobian 比质量指标，此比值越大，等参元的变换计算越不稳定
Warping Factor	单元扭曲因子，此因子越大表面单元翘曲程度越高
Parallel Deviation	平行偏差，此指标越高单元质量越差
Maximum Corner Angle	相邻边的最大角度，接近 180°会形成质量较差的退化单元
Skewness	单元偏斜度指标，是基本的单元质量指标，此值在 0～0.25 时单元质量最优，在 0.25～0.5 时单元质量较好，建议不超过 0.75
Orthogonal Quality	范围是 0～1 之间，其中 0 为最差，1 为最优

图 4-21 Mesh Metric 选项列表

对于每一种所选择的评价指标，还可显示分区间的单元分布情况。以 Skewness 为例，可以显示各种形状单元的偏斜率分布情况柱状图，如图 4-22 所示，其中包含四面体单元 Tet4 以及棱柱体单元 Wed6 的统计信息。

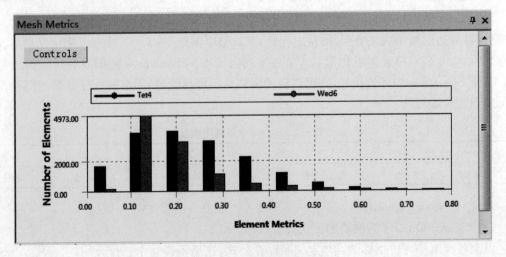

图 4-22 Mesh Metrics 统计柱状图

点击柱状图中的某一个柱条，可在模型中显示对应偏斜率范围单元的位置分布情况。如图 4-23 所示，图(a)显示 Skewness 为 0.2 附近 Tet 单元的分布情况，图(b)显示 Skewness 为

0.5 附近 Tet 单元的分布情况。

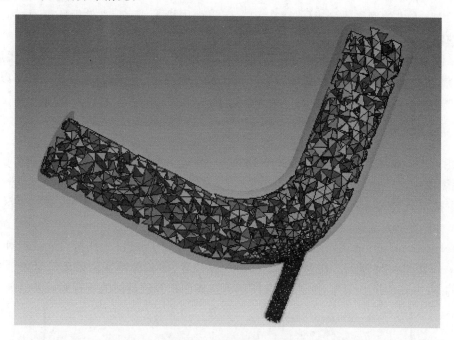

(a) Skewness为0.2附近Tet单元分布情况

(b) Skewness为0.5附近Tet单元分布情况

图 4-23　不同 Skewness 区间的单元分布情况

对于其他的选项,均可报告各种统计信息以及进行分区间的网格显示,这对诊断网格划分质量有很大帮助。在 Mesh Metric 选项列表中选择 None,则会关闭 Mesh Metric 面板以及网格质量分析功能。

除了 Mesh 中的网格质量指标外,在 Fluent 界面中导入 Mesh 文件后还可通过 Check 功能进行网格质量的检查,相关方法请参考后续 Fluent 软件的相关介绍。

如果网格质量较差,则可通过改进几何质量、添加 Virtual Topology 合并碎面、添加 Pinch 控制、通过 Sizing 选项减小网格尺寸或 Refinement 加密网格等方式,重新划分网格以改善网格的质量。

4.3.3 Named Selections 的使用

ANSYS Mesh 中的 Named Selections 是由一组同一类型的对象所组成的命名集合。在 Mesh 的图形窗口中选择相关的几何对象后,在右键菜单中选择 Create Named Selections,弹出菜单中指定命名选择集名称,在项目树的 Named Selections 分支下即出现新定义的 Named Selection。在选择对象时,除了用鼠标选择外,还可在 Named Selections 分支右键菜单中选择 Insert>Named Selection,在新加的 Named Selection 分支 Details 中选择 Scoping Method 为 Worksheet,如图 4-24 所示。在 Worksheet 中根据位置、面积等特征选择几何对象,并放入所要创建的 Named Selection 中,如图 4-25 所示为选择面积等于某值的所有面放入命名选择集。

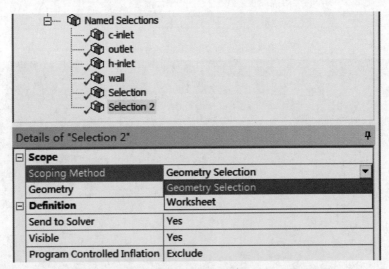

图 4-24 Named Selection 的 Scoping Method 选择 Worksheet

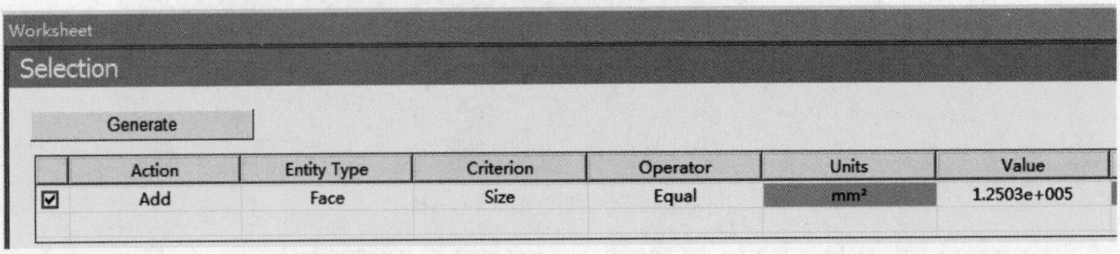

图 4-25 Worksheet 视图

在 ANSYS Meshing 中,创建 Named Selections 的作用主要体现在如下两个方面:

一是,通过在 Mesh 中定义 Named Selections,可以很方便地通过选择这些 Named

Selections 而重新选择那些需要经常引用的几何对象组；二是，这些 Named Selections 可以传递到 Fluent 中，并可用于指定 Boundary Zones 和 Cell Zones。Fluent 能根据 Named Selections 名称所包含的字段，自动为 Named Selections 指定相应的边界条件或计算域，比如：某个体组成的 Named Selection 名称包含 Fluid 字段时，Fluent 会将其指定为流体域；名称中包含 Pressure、field 以及 far 的 Named Selection 会被 Fluent 指定成为压力远场边界条件；名称中包含 Inlet 的 Named Selection 会被自动指定为速度进口边界；名称中包含 Outlet 的 Named Selection 被 Fluent 自动地指定为压力出口边界；名称中包含 wall 或不包含任何其他关键字段的 Named Selection 被 Fluent 自动地指定为壁面边界；名称中包含 symmetry 的 Named Selection 被 Fluent 自动地指定为对称边界条件，等等。这一功能有效地提高了 Fluent 的前处理效率。

第5章 Mechanical 组件及其操作方法

ANSYS Mechanical 是集成于 Workbench 中的结构力学分析及热传导分析的组件模块，Workbench 中与结构分析相关的全部分析系统都包含此模块。本章介绍 Mechanical 模块的操作界面、操作方法及注意事项。

5.1 与 Mechanical 有关的 Workbench 分析系统

在 Workbench 中，包含 Mechanical 的 Workbench 分析系统(Analysis System)主要包括结构力学分析及固体热传导分析两大类，这些分析系统及其作用见表 5-1。

表 5-1 包含 Mechanical 组件的 Workbench 分析系统及其作用

分析系统名称	作用
Static Structural	静力学分析，计算结构的变形、应力、应变等
Linear Buckling	线性屈曲分析，计算屈曲失稳的临界力及模式
Modal	模态分析，计算结构的固有振动频率及振形
Harmonic Response	谐响应分析，计算结构在简谐荷载作用下的响应幅值及相位
Transient Structural	瞬态分析，计算结构在任意瞬态作用下的响应时间历程
Response Spectrum	响应谱分析，计算结构在响应谱作用下的最大响应
Random Vibration	随机振动分析，计算结构在随机荷载作用下的响应
Rigid Dynamics	刚体动力分析，计算机动系统的运动及受力
Steady-State Thermal	稳态热传导分析，计算稳态的温度场
Transient Thermal	瞬态热传导分析，计算瞬态温度场

在 Workbench 的 Project Schematic 视图中，结构分析类型的各分析系统分别如图 5-1(a)～(h)所示，这些分析系统的 Model 单元格以下对应的程序组件即 Mechanical。

 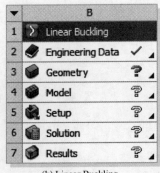 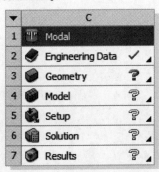

(a) Static Strutural　　　　　(b) Linear Buckling　　　　　(c) Modal

图 5-1

(d) Harmonic Response (e) Transient Structural (f) Respon Spectrum

(g) Random Vibration (h) Rigid Dynamics

图 5-1　结构类型的分析系统

在 Workbench 的 Project Schematic 视图中，热传导类型的分析系统如图 5-2 所示。

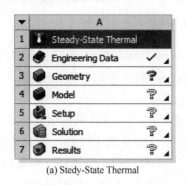

(a) Stedy-State Thermal (b) Transient Thermal

图 5-2　热传导类型的分析系统

以上分析系统均可从 Workbench 界面左侧的 Tool Box 中的 Analysis Systems 中调用。

5.2　Mechanical 的界面及操作原理

对于上一节介绍的任一个分析系统，Geometry 单元格的任务完成后，双击 Model 单元格，或在 Model 单元格右键菜单中选择 Edit，即可启动 Mechanical 组件的操作界面，如图 5-3 所示。

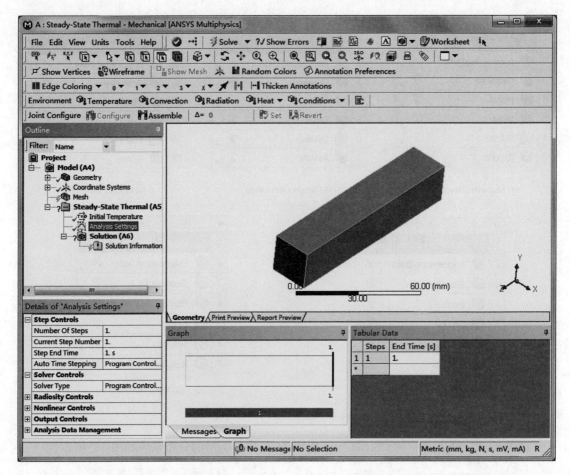

图 5-3　Mechanical 组件操作界面

　　Mechanical 界面由菜单栏、工具栏、Outline 面板、Details View 面板、图形显示区、操作提示和状态信息栏以及 Graph/Animation/Messages、Tabular Data 等几个部分组成，此操作界面与 ANSYS Mesh 的界面基本一致，因此本节对重复的部分不再进行详细介绍。Graph/Animation/Messages 是一个多用途面板。Graph 用于显示 Mechanical 的荷载在各载荷步之间变化的历史曲线，或显示后处理变量的历程曲线等；如果当前显示区域为计算结果图形，则此面板中出现 Animation 工具条，用于动画播放的控制；切换至 Messages 标签，则显示计算过程输出的信息。Tabular Data 是一个多用途的表格面板，可以用于列出荷载-时间历程数据、自振频率列表、计算结果项目时间历程数据等。

　　Mechanical 界面的操作原理与 ANSYS Mesh 界面是类似的，即以 Outline 面板中的"Project"树为核心的操作方式。整个分析过程都是围绕"Project"树展开的，首先在"Project"树中根据分析需要插入不同的对象分支，如网格分支、连接关系（接触对）分支、荷载分支、计算结果分支等。在各分支的"Details View"面板中设置这些分支的各种属性，完成各分支的定义。Solution 分支下的结果后处理分支需要进行求解才能完全确定。当"Project"树中的各分支都完成时（分支前面显示一个绿色的√标志），则整个分析也就完成了。在定义 Mechanical 各分支的属性过程中，很多场合需要借助于对象的选择，需要经常用到选择类型过滤按钮、点选框选模式切换按钮等；在图形显示区域的选择方块，则可用于选择当前视图方向被挡住的对象，这一点与 DM 类似。

5.3 Mechanical 界面中的结构分析方法简介

本节介绍基于 Mechanical 界面的结构分析实现过程。

5.3.1 前处理

在 Mechanical 界面中，前处理的任务主要包括几何模型特征指定、部件之间连接关系指定以及网格划分，这些任务通过"Project"树中的 Geometry、Connection 及 Mesh 分支来实现。下面对这些分支的操作内容进行简单讲解。

1. Geometry 分支操作内容

Geometry 分支为模型的几何分支，导入 Mechanical 中的所有的几何体都在 Geometry 分支下以一个子分支的形式列出。Mechanical 中可以导入的几何体包括线体、面体、实体三类，线体用于模拟框架，面体用于模拟板壳，实体用于模拟一般 2D 或 3D 结构。2D 结构的典型代表是平面应力、平面应变以及轴对称结构，在导入之前需要在 Workbench 项目分析流程中指定 Geometry 组件的属性为 2D。

在 Mechanical 的 Geometry 分支下，选择每一个导入的几何体子分支，在其 Details View 中可以为其指定体的显示颜色、透明度、刚柔特性（刚体不变形、柔性体能发生变形）、材料类型、参考温度等。在每一个体的 Details View 列表中还给出了此几何体的统计信息，如体积、质量、质心坐标位置、各方向的转动惯量。如果进行了网格划分，还能列出这个体所包含的单元数、节点数以及网格质量指标等。

几何体的材料属性是在 Engineering Data 中定义的，具体方法在第一章中已经介绍过。如果需要指定新的材料类型，可在材料属性 Material 中选择 Assignment 材料列表右侧的三角箭头，在弹出菜单选项中选择"New Material…"，如图 5-4 所示，打开 Engineering Data 界面定义新的材料类型及其参数。如果需要对已有的材料模型参数进行修改，比如要修改图中的 Structural Steel 的参数，可选择"Edit Structural Steel…"，打开 Engineering Data 界面进行参数修改。修改完毕后返回 Workbench 环境。但是要特别注意，修改了 Engineering Data 的材料数据后，回到 Mechanical 界面时，需通过 File＞Refresh All Data 菜单进行刷新操作，把这些材料模型方面的变化传递给 Mechanical 组件。

图 5-4 选择新材料或编辑材料参数

除了上述通用属性之外，对于在 DM 中没有指定厚度的面体，还需要在 Mechanical 中指定其厚度或截面属性，支持多层复合材料壳截面的，即 Layered Section，可以为其每一层指定材料属性、厚度及材料角度。

属性定义完成后的几何体分支左侧会出现"绿色√",表示几何体的信息已经完整;对于定义不完整的几何体分支,则显示一个"?",表示其缺少某些属性。

2. Connection 分支操作内容

Project 树的 Connection 分支是一个用于指定部件之间的连接关系的前处理分支。

当 Geometry 分支下包含多个体(部件)时,需要在 Connection 分支下指定模型各部件之间的连接关系,最常见的连接关系是接触关系 Contact。除了接触外,各部件之间还可以通过 Spot Weld(焊点)、Joint(铰链)、Spring(弹簧)、Beam(梁)等方式进行连接。

在 Mechanical 中可以进行接触连接关系的自动识别,也可进行手工的接触对指定。自动识别通常是在模型导入过程中自动完成的,Connection 分支下出现 Contact 子分支,Contact 子分支下列出识别到的接触对(或称为接触区域,Contact Region)。一个接触对包含界面两侧的 Contact 以及 Target 表面,这些表面在选择了接触对分支时会分别以红色和蓝色显示,红色为 Contact 一侧表面,而蓝色为 Target 一侧表面,如图 5-5 所示。与当前所选择的接触对无关的体(部件)则采用半透明的方式显示。

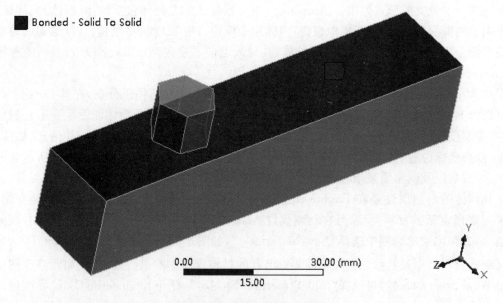

图 5-5 接触对示意图(红蓝面)

如果选择部分或全部手工指定接触关系(接触对),可选择 Connection 分支,弹出右键菜单,鼠标停放在 Insert 右键菜单上,此时会弹出二级菜单,如图 5-6 所示,这些菜单项目可用于部件之间的连接关系的指定。

如果在模型导入过程中设置为不自动识别接触对,或需要选择一部分体之后自动形成这些所选择体之间的接触区域,则可在图 5-6 所示的右键菜单中选择"Create Automatic Connections",这时还可以自动识别接触关系并形成接触区域分支,这些接触区域会出现在 Project 树中,用户在每一个接触的 Details View 中确认或修改接触的类型及属性即可。如果需要手工方式定义接触区域,可以通过上述右键菜单的"Insert>Manual Contact Region",在 Connection 分支下即可加入新的接触区域子分支,但此时用户需要在 Details 中为每一个新加入的接触对手工选择接触面和目标面,然后再指定其类型及属性。

第 5 章 Mechanical 组件及其操作方法

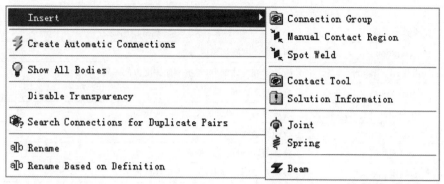

图 5-6 Connection 分支右键菜单

对于任意一个接触区域,可在工具栏上点击 Body View 按钮,则可观察连接关系两侧的体对象。以接触区域为例,图 5-7(a)、(b)分别为接触面一侧以及目标面一侧的体对象,这种观察方式可以有助于用户更清晰地检查连接关系是否正确定义。

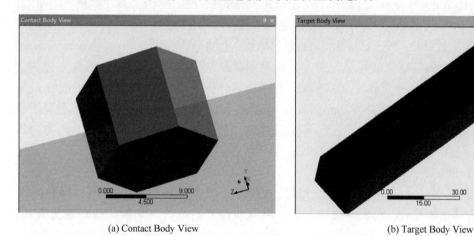

(a) Contact Body View (b) Target Body View

图 5-7 Body View 视图

对于其他类型连接关系的指定,如 Spot Weld、Joint、Spring、Beam 等,则通常采用手工方式指定。在 Connection 分支下添加这些连接类型分支,然后定义其 Details 选项。设置完成后,也可以通过 Body View 进行直观检查。

3. Mesh 网格划分分支

确定连接关系后,接下来的分支就是网格划分的 Mesh 分支了。在 Mechanical 组件中的网格划分与 ANSYS Mesh 组件的操作完全等同,请参考上面一章的内容,这里不再重复介绍。

5.3.2 载荷、约束及分析设置

完成前处理操作后,接下来的任务就是施加载荷、约束以及进行分析设置了。本节介绍 Mechanical 中常见的载荷约束类型和施加方法以及基于 Analysis Settings 分支进行分析设置。

1. Mechanical 中的载荷类型及其施加方法

Mechanical 中的载荷通过在分析类型分支下添加载荷子分支来施加,Mechanical 中可施加的载荷类型及其作用描述见表 5-2。

表 5-2 Mechanical 中的常用载荷类型

载荷类型名称	载荷作用描述
Acceleration	通过加速度施加惯性力
Standard Earth Gravity	施加标准地球重力,与重力加速度方向一致
Rotational Velocity	施加转动速度
Pressure	施加表面力,缺省情况下为法向压力
Hydrostatic Pressure	施加静水压力
Force	施加力,可分配至线或面上
Remote Force	施加模型的体外力,可分配至线或面上
Bearing Load	施加螺栓或轴承荷载,不接触的一侧不受力
Bolt Pretension	施加在螺栓杆轴线方向的预紧力
Moment	施加力矩,可分配至线或面上
Line Pressure	施加于线体(梁)上的分布荷载,其量纲为力/长度

其中,Acceleration、Standard Earth Gravity、Rotational Velocity 为分布在体积上的荷载;Pressure、Hydrostatic Pressure 为分布在表面上的荷载;Bearing Load、Bolt Pretension 为施加到圆柱表面上的荷载;Line Pressure 为施加到线体(梁)上的分布荷载;Force、Remote Force、Moment 可以是施加到梁单元或板单元端点上的集中荷载,也可以作为分布力的合力施加到表面上或线段上。施加各种荷载时,在 Project 树中选择分析类型分支(如 Static Structural 分支),右键菜单上选择 Insert,选择所需要的载荷类型,随后在分析类型分支下即出现载荷子分支。在这些插入的载荷分支的 Details View 中选择施加的几何对象并指定载荷大小、方向等属性即可。下面简单介绍常用载荷类型及其属性参数。

(1) Acceleration

加速度荷载类型可通过向量方式或分量方式指定。图 5-8 所示为通过分量(Define By Components)方法来指定,X、Y、Z 各加速度分量可点属性栏右端的三角箭头选择定义方式。常用载荷定义方式有 Constant(常量加速度)、Tabular(表格形式的加速度)、Function(函数形式的加速度)。在函数形式加载前,通过 Units 菜单选择角度单位是 Radians(弧度)或 Degrees(角度),函数表达式中时间变量为 time。

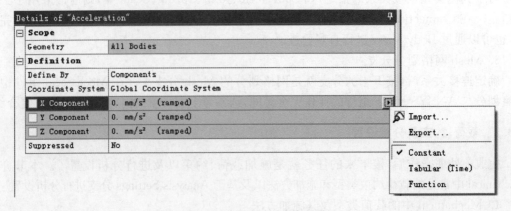

图 5-8 分量方式施加加速度

第5章 Mechanical 组件及其操作方法

(2) Standard Earth Gravity

标准地球重力载荷的数值是根据选择的单位制自动计算的,如采用 kg-mm-s 单位制,标准地球重力为 9 806.6 mm/s²,重力加速度方向缺省为 −Z Direction,即沿 Z 轴负方向,如图 5-9 所示。可以根据实际情况选择重力方向,但要注意重力方向与实际受力方向一致。

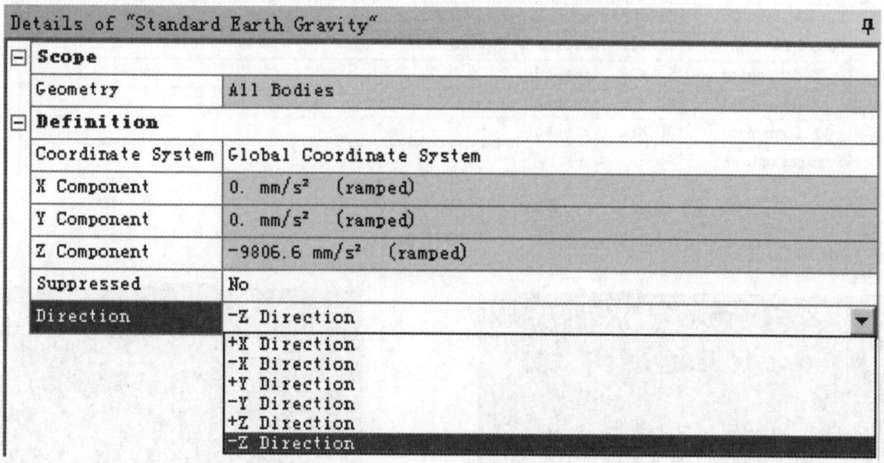

图 5-9　指定标准地球重力

(3) Rotational Velocity

转动角速度惯性载荷 Rotational Velocity 的 Details 属性如图 5-10 所示,可选择施加到几何对象上或命名集合(Named Selection)上。可以按向量方式或分量方式来定义转动速度,如采用向量方式,需要选择 Axis 并输入合转速;如采用分量方式,则需要指定各分量的值。

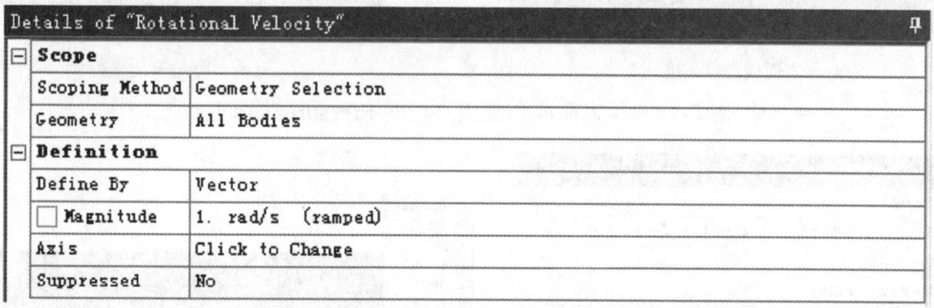

图 5-10　施加旋转速度

(4) Pressure

Pressure 为表面荷载,其 Details 属性如图 5-11 所示,可选择 Scoping Method 为 Geometry Selection(选择几何对象)或 Named Selection(命名选择集合)。可通过 Vector、Component 以及 Normal to 三种方式定义压力载荷。其中 Vector、Component 方式允许指定与表面成任意角度或与施加表面相平行的表面力,如图 5-12 所示。

(5) Hydrostatic Pressure

Hydrostatic Pressure 为液体静压荷载,可以施加到 Geometry Selection(选择几何对象)或 Named Selection(命名选择集合)上,其 Details 属性如图 5-13(a)所示。需要为其指定液体的密度、重力加速度以及自由液面位置。如图 5-13(b)所示为按照等值线显示的静水压力载荷在表面的分布情况。

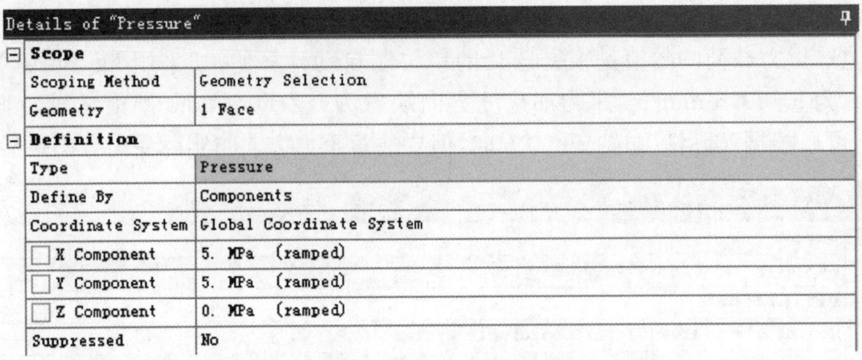

图 5-11 施加 Pressure

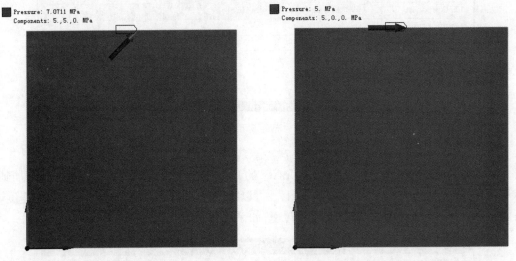

(a) 与表面成任意角度　　　　　　　　(b) 与表面平行

图 5-12　与表面成角度或平行的 Pressure 表面力

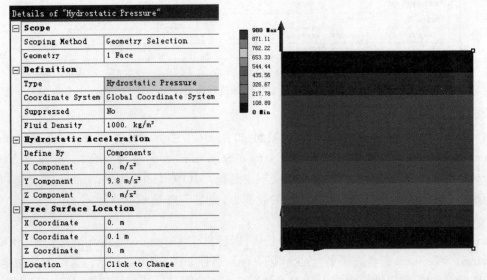

(a) 明细设置　　　　　　　　(b) 静水压力载荷分布情况

图 5-13　施加静水压力

第 5 章 Mechanical 组件及其操作方法

(6) Force

Force 为集中力或合力,单位为 N,其 Details 属性如图 5-14 所示。对于 Force 载荷类型,可选择 Scoping Method 为 Geometry Selection(选择几何对象)或 Named Selection(命名选择集合)。可通过向量或分量方式定义。被定义到几何模型的线或面上时,Mechanical 会自动进行分配。向量定义时需要指定其施加的方向和合力;如果采用分量形式,可通过指定局部坐标系。

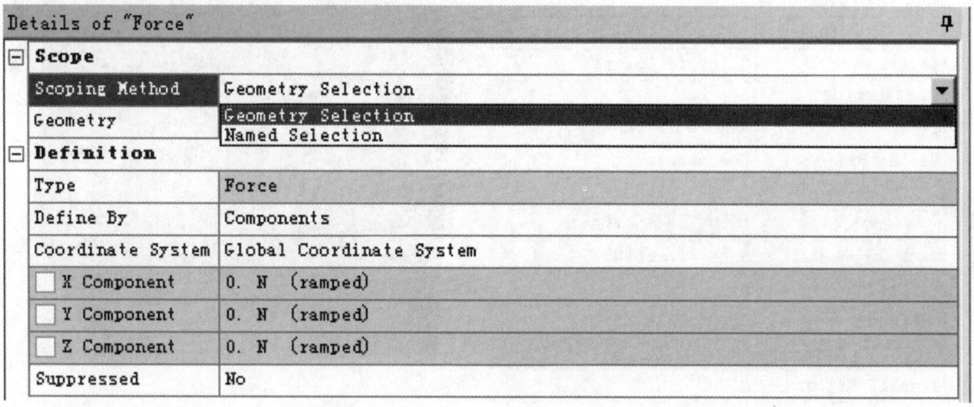

图 5-14 施加 Force

(7) Remote Force

Remote Force 即远程荷载,其 Details 属性如图 5-15(a)所示,可选择 Scoping Method 为 Geometry Selection(选择几何对象)或 Named Selection(命名选择集合)。此外,还需要指定其 Behavior 为 Deformable 还是 Rigid。通过 Advanced 属性下的 Pinball Region,可指定一个形成有关约束方程的半径范围。

Remote Force 荷载的特点是可指定作用位置,此作用位置可以在体上,也可以在体外。可通过向量或分量方式定义力的大小和方向。施加远程荷载后会显示其大小、方向及作用位置,如图 5-15(b)所示。

(8) Bearing Load

Bearing Load 即轴承荷载,通过 Static Structural 分支右键菜单插入 Project 树,其 Details 属性如图 5-16 所示,可选择 Scoping Method 为 Geometry Selection(选择几何对象)或 Named Selection(命名选择集合)。此荷载的特点是仅作用于接触的一侧。Bearing Load 可通过向量或分量方式定义。

(9) Bolt Pretension

Bolt Pretension 即螺栓的预紧力,通过 Static Structural 分支右键菜单插入 Project 树,其 Details 属性如图 5-17(a)所示,可选择 Scoping Method 为 Geometry Selection(选择几何对象)或 Named Selection(命名选择集合),可通过施加预紧载荷(Load)或预紧位移(Adjustment)定义。

如图 5-17(b)所示,施加螺栓预紧力通常通过两个载荷步来实现,在第一个载荷步加载(Load),在后续的载荷步锁定(Lock)的同时施加其他荷载。

(10) Moment

Moment 为力矩,通过 Static Structural 分支右键菜单插入 Project 树,其 Details 属性如图 5-18(a)所示。力矩的 Scoping Method 可以为 Geometry Selection(选择几何对象)或

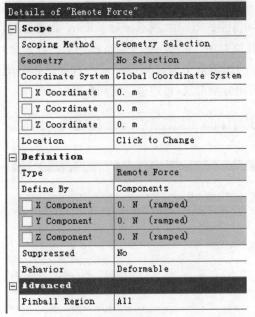

(a) 明细设置 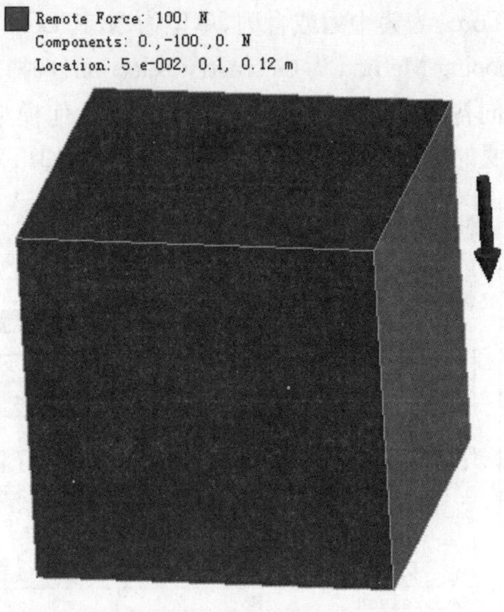　　　　　　　　　　　　　　　(b) 施加远程荷载

图 5-15　施加远程荷载

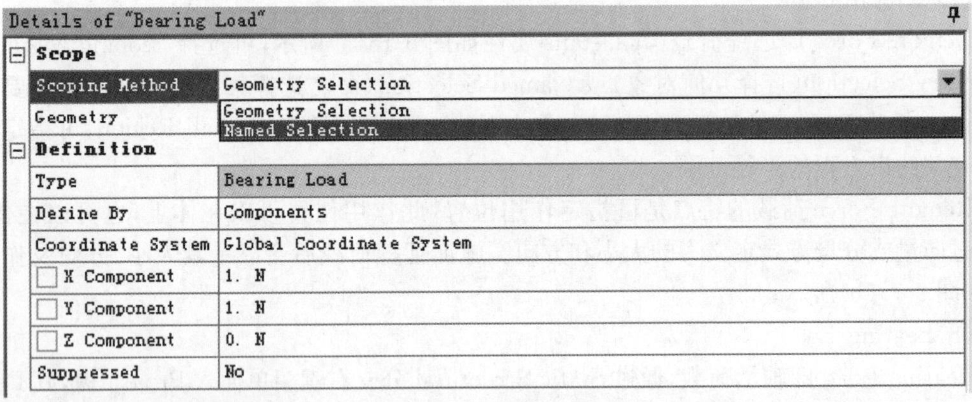

图 5-16　施加轴承荷载

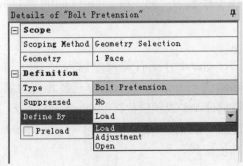

(a) 明细设置 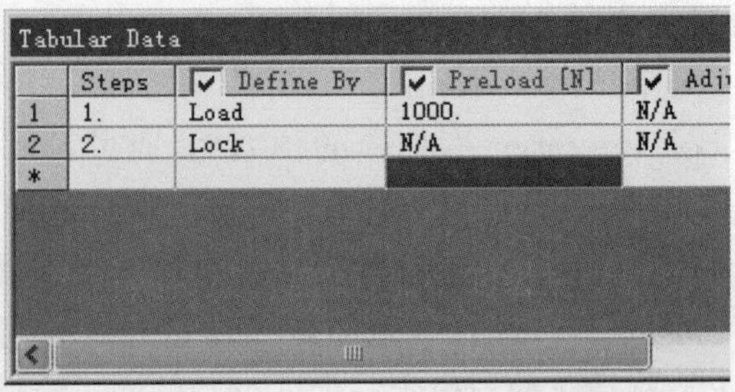　　　　　　　　　　　　　　　(b) 施加预紧力

图 5-17　施加螺栓预紧力

Named Selection(命名选择集合)。可以通过向量或分量方式指定力矩。施加力矩后,在模型中能显示力矩的标志,如图 5-18(b)所示。此外,还需要指定其 Behavior 为 Deformable 还是 Rigid。通过 Advanced 下的 Pinball Region,可指定一个形成有关约束方程的半径范围。

Details of "Moment"	
⊟ Scope	
Scoping Method	Geometry Selection
Geometry	1 Face
⊟ Definition	
Type	Moment
Define By	Components
Coordinate System	Global Coordinate System
X Component	0. N·m (ramped)
Y Component	-1050. N·m (ramped)
Z Component	1100. N·m (ramped)
Suppressed	No
Behavior	Deformable
⊞ Advanced	

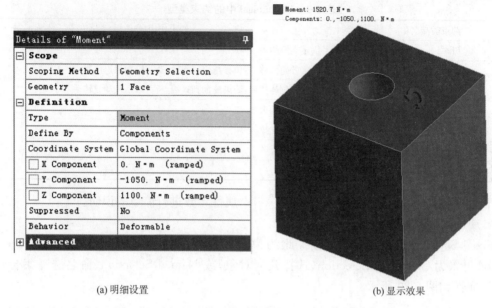

(a) 明细设置　　(b) 显示效果

图 5-18　施加力矩

(11)Line Pressure

Line Pressure 用于施加梁上的分布荷载,通过 Static Structural 分支右键菜单插入 Project 树,其 Details 属性如图 5-19(a)所示。Line Pressure 的量纲为力/长度。Scoping Method 可以为 Geometry Selection(选择几何对象)或 Named Selection(命名选择集合)。可以通过向量或分量方式指定线分布荷载。图 5-19(b)为施加在框架工字形横梁上的分布载荷。

Details of "Line Pressure"	
⊟ Scope	
Scoping Method	Geometry Selection
Geometry	1 Edge
⊟ Definition	
Type	Line Pressure
Define By	Components
Coordinate System	Global Coordinate System
X Component	0. N/m (ramped)
Y Component	0. N/m (ramped)
Z Component	-10. N/m (ramped)
Suppressed	No

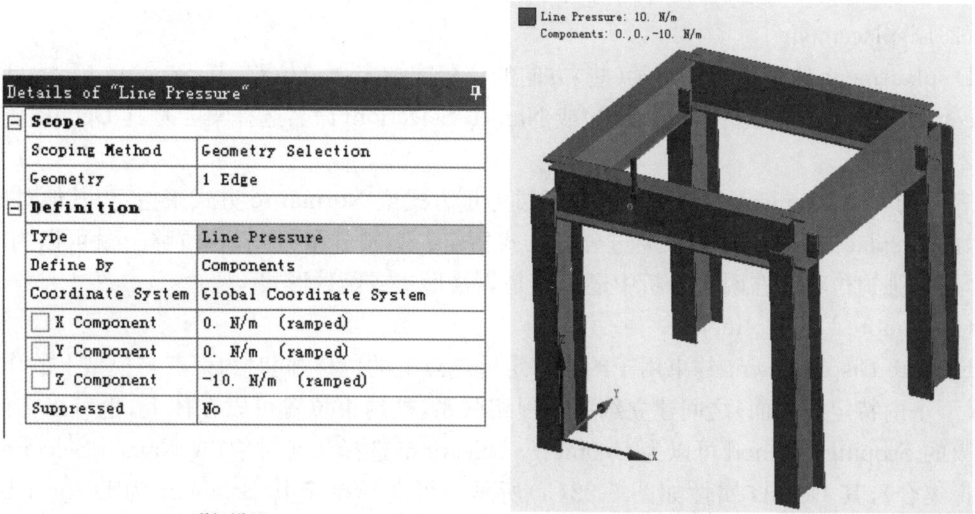

(a) 明细设置　　(b) 施加在框架工字形横梁上的分布载荷

图 5-19　施加梁的均布荷载

2. 约束的施加

约束的施加要符合结构的实际受力状况,表 5-3 列出了 Mechanical 中常用的约束类型及其作用。

表 5-3 Mechanical 中的约束类型

约束类型名称	约束作用描述
Fixed Support	固定支座约束
Displacement	固定方向位移,零位移与固定等效,非零则为强迫位移
Remote Displacement	远端点位移约束,约束施加到远端点,可以是平动或转动
Frictionless Support	光滑法向约束
Compression Only Support	仅受压的支撑
Cylindrical Support	圆柱面约束
Elastic Support	弹性支撑

下面对以上各种约束类型及其 Details View 属性参数进行简单的说明。

(1) Fixed Support

Fixed Support 即固定位移约束,此约束类型用于固定所有的位移自由度,Scoping Method 可以为 Geometry Selection(选择几何对象)或 Named Selection(命名选择集合),其 Details 属性如图 5-20 所示。

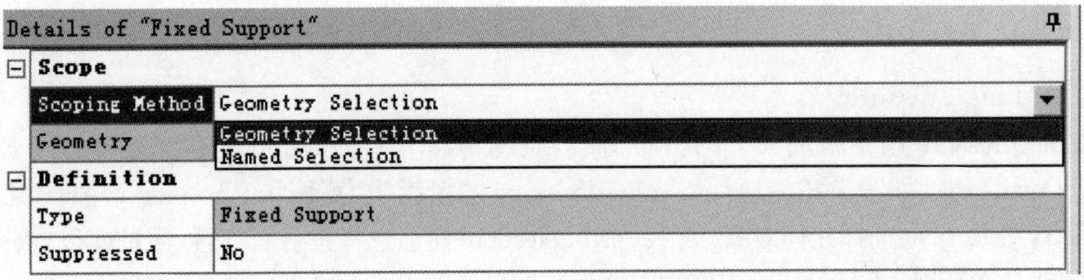

图 5-20 施加固定支座约束

(2) Displacement

Displacement 约束用于固定某(些)方向的位移或指定强迫位移,其 Scoping Method 可以为 Geometry Selection(选择几何对象)或 Named Selection(命名选择集合),其 Details 属性如图 5-21 所示。

表面的 Displacement 位移约束可以通过分量方式或 Normal to 方式来指定,其他对象(点或线)的 Displacement 位移约束通过分量方式指定。对于分量方式,各位移分量可以为 0(固定)、常数(强迫位移),在瞬态分析中还可以是表格形式或函数形式。

(3) Remote Displacement

Remote Displacement 约束用于约束特定远端点上的位移,同时约束点与模型上的作用部位(模型上的特定线和面)之间建立约束方程相联系,被约束位置可以在体上,也可以在体外。此约束的 Scoping Method 可以为 Geometry Selection(选择几何对象)或 Named Selection(命名选择集合),其 Details 属性如图 5-22(a)所示。可选择指定其 Behavior 为 Deformable 或 Rigid。通过 Advanced 下的 Pinball Region,可指定一个形成有关约束方程的半径范围。图 5-22(b)所示为被约束位置与作用对象面之间建立的约束方程显示。

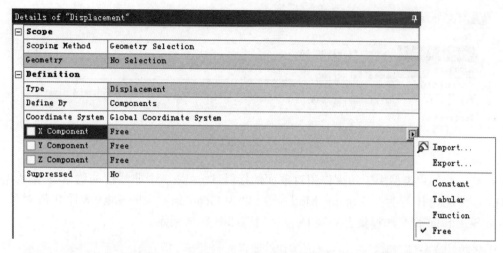

图 5-21　施加位移约束

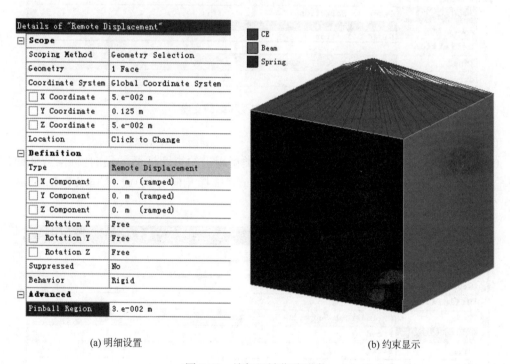

(a) 明细设置　　　　　　　　　　　　(b) 约束显示

图 5-22　施加远端位移约束

(4) Frictionless Support

Frictionless Support 即光滑面法向约束，此约束类型用于固定作用对象面的法向自由度，Scoping Method 可以为 Geometry Selection（几何模型中的面）或 Named Selection（基于表面的命名选择集合），其 Details 属性如图 5-23 所示。在实际应用中，此约束类型可用于模拟结构中的对称面。

(5) Compression Only Support

Compression Only Support 即仅受压的约束，通过 Static Structural 分支右键菜单插入

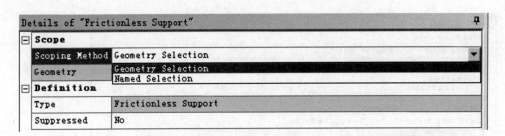

图 5-23 施加无摩擦支撑

Project 树。此约束类型用于约束作用对象面的接触部分,是一个非线性的约束类型,会导致计算的非线性迭代行为。Scoping Method 可以为 Geometry Selection(选择几何对象)或 Named Selection(命名选择集合),其 Details 属性如图 5-24 所示。

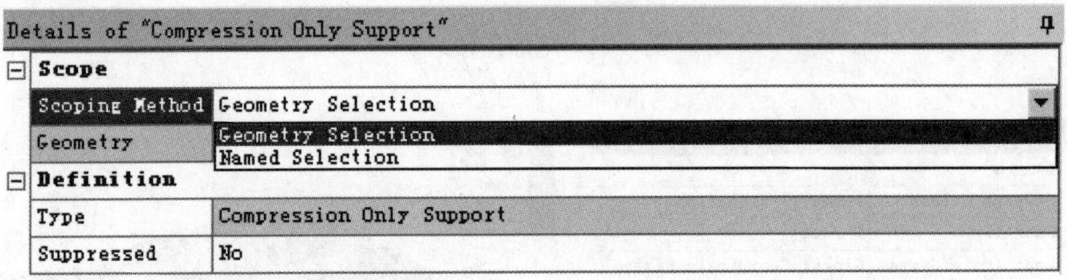

图 5-24 施加仅受压缩的支座

(6) Cylindrical Support

Cylindrical Support 即圆柱面约束,此约束类型用于约束圆柱面的径向、轴向或切向的自由度。Scoping Method 可以为 Geometry Selection(选择几何对象)或 Named Selection(命名选择集合),其 Details 属性如图 5-25 所示。

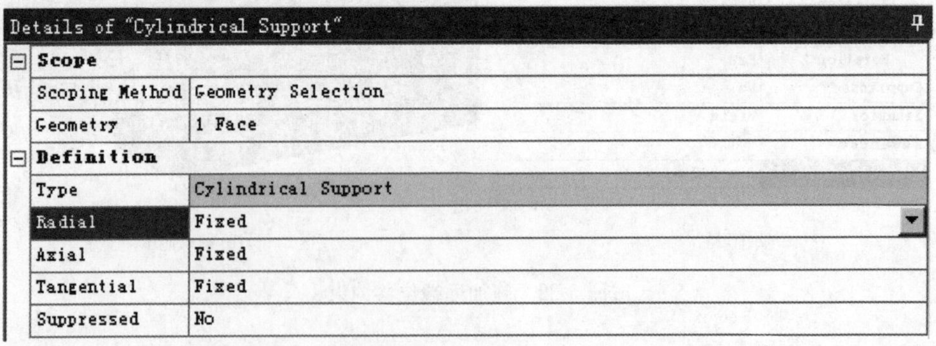

图 5-25 施加圆柱面支座

(7) Elastic Support

Elastic Support 即弹性支座约束,通过分析类型分支右键菜单插入 Project 树。Elastic Support 的 Details 属性如图 5-26 所示,Scoping Method 可以为 Geometry Selection(选择几何对象)或 Named Selection(命名选择集合),需要为其指定 Foundation Stiffness(支撑的刚度),其量纲为力/体积,物理意义为单位面积上提供的刚度。如采用国际单位制,其单位为 N/m^3。

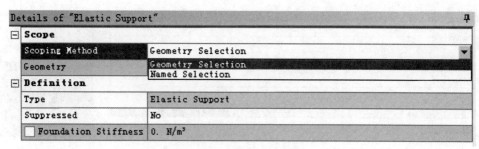

图 5-26　施加弹性支座

3. 常用的分析设置选项

通过 Analysis Settings 分支的 Details 进行分析设置,设置内容包括载荷步控制、求解器控制、重启动控制、非线性控制、输出控制、分析数据管理等 6 个方面,下面逐项进行简要的介绍。

(1) 载荷步控制

载荷步与加载相关,常用于指定载荷-时间历程。载荷步的设置选项包括载荷步数、每一载荷步的结束时间、自动时间步等。图 5-27 为一个分析中的载荷步设置示例,分析过程包含 3 个载荷步,图(a)、图(b)、图(c)分别为载荷步 1、载荷步 2、载荷步 3 的设置情况。各步均采用了 Auto Time Stepping,且均通过 Substeps 来定义,Initial(初始)、Minimum(最小)以及 Maximum(最大)Substpes 都采用了 1、1 以及 10,其意义为:各载荷步初始均采用 1 个子步,实际子步数在 1～10 之间由程序来自动选择。所谓子步是当前载荷步的细化,一个载荷步可以包含多个子步。载荷步以及子步的时间,对瞬态分析而言就是实际时间,对静态分析而言不具有实际意义。静态(稳态)分析中的时间可用于表示加载次序,也可用于表示加载的百分数。无论何种分析类型,载荷步的时间总是单调增加的。

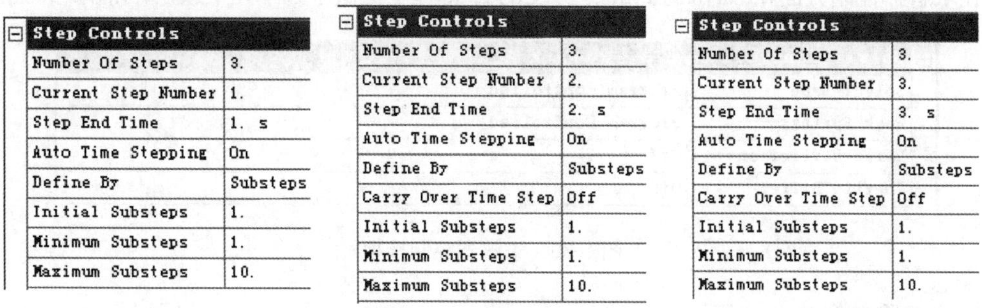

(a) LS1　　　　(b) LS2　　　　(c) LS3

图 5-27　3 个载荷步的控制设置

在 Mechanical 中,载荷步的时间跨度能够用图表的方式直观地显示出来,对于上面的示例,载荷步的直观图示如图 5-28 中的 Graph 区域所示。由图可以清楚地看到,此分析包含 3 个载荷步,当前载荷步(高亮度显示的时间区段)为第 3 载荷步,在图示的右侧 Tabular Data 中还有各载荷步 End Time 的表格信息,列出各载荷步的时间段。如果在一个分析中定义了多个载荷,在此载荷步直观图示中还能显示出各个载荷随时间的变化历程或函数曲线关系。

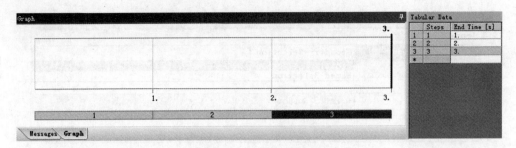

图 5-28　载荷步的直观显示

对于横跨多个载荷步的载荷,可以在 Graph 或 Tabular Data 中选择某个载荷步,然后在右键菜单选择 Activate/Deactivate at this step 可以在当前载荷步中激活或使其失效,如图 5-29 所示。

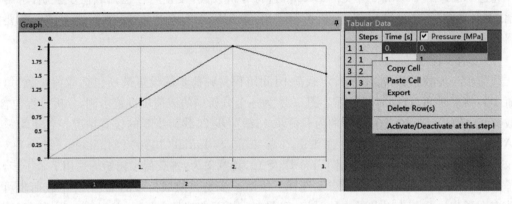

图 5-29　Activate/Deactivate at this step 选项

(2) 求解器控制

在求解器控制方面,Analysis Settings 分支的 Details 中提供了如下几个选项,如图 5-30 所示。

Solver Controls	
Solver Type	Program Controlled
Weak Springs	Program Controlled
Large Deflection	Off
Inertia Relief	Off

图 5-30　求解器控制选项

1) 求解器类型 Solver Type

Solver Type 域用于指定求解器的类型选项,可选择 Direct(直接求解器)或 Iterative(迭代求解器)。

2) 弱弹簧选项 Weak Springs

Weak Springs 域为弱弹簧选项,可选择 Off 或 On。弱弹簧用于在模型中没有刚度的方向添加刚度很低的弹簧,以稳定求解。

3) 大变形开关 Large Deflection

Large Deflection 域为大变形开关,可选择 Off 或 On,此开关实际上为几何非线性求解的开关,选择 On 则计算刚度矩阵计入几何非线性因素。

第 5 章 Mechanical 组件及其操作方法

4)惯性解除开关 Inertia Relief

Inertia Relief 域用于指定惯性解除求解的开关。惯性解除分析可用于计算与施加载荷反向平衡的加速度。

(3)重启动控制

Analysis Settings 分支的 Details 中包含 Restart Controls(重启动控制)选项。重启动控制主要用于提供重启动点选项及文件保留选项,如图 5-31 所示。

Restart Controls	
Generate Restart Points	Manual
Load Step	All
Substep	Specified Recurrence Rate
--- Value	1
Maximum Points to Save Per Step	All
Retain Files After Full Solve	No

图 5-31 重启动控制选项

Generate Restart Points 选项用于指定形成重启动点的方法,选择 Off 表示不产生重启动点,选择 Manual 表示人工指定,可选择 Load Step 和 Substep 域为 Last,表示仅产生在最后一个载荷步最后一个子步处的重启动点,用户也可以选择 Load Step 域为 All,然后选择 Substep 可以为 Last(最后一个子步)、All(所有子步)、Specified Recurrence Rate(指定各载荷步的第几个子步)以及 Equally Spaced Points(每隔几个子步)。Retain Files After Full Solve 选项用于指定在完成求解后是否保留重启动文件。

(4)非线性控制

Analysis Settings 分支的 Details 中包含的 Nonlinear Controls(非线性控制)选项用于指定分析的各种非线性选项,如图 5-32 所示。

Nonlinear Controls	
Force Convergence	Program Controlled
Moment Convergence	Program Controlled
Displacement Convergence	Program Controlled
Rotation Convergence	Program Controlled
Line Search	Program Controlled
Stabilization	Off

图 5-32 非线性控制选项

Force Convergence、Moment Convergence、Displacement Convergence、Rotation Convergence 域分别用于指定非线性分析的力收敛准则、力矩收敛准则、位移收敛准则以及转动收敛准则,通常采用程序控制"Program Controlled"即可,也可手动定义各种收敛准则。Line Search 域用于指定线性搜索的选项开关,可选择 On 或 Off,缺省为程序自动控制。Stabilization 域用于指定非线性稳定性开关,缺省为 Off,可选择 Constant(阻尼系数在载荷步中保持不变)或者 Reduce(阻尼系数线性渐减,载荷步结束时减到 0)。

(5)输出控制

Analysis Settings 分支的 Details 中的 Output Controls(输出控制)选项用于设置计算输

出结果及文件选项,如图 5-33 所示。

Output Controls	
Stress	Yes
Strain	Yes
Nodal Forces	No
Contact Miscellaneous	No
General Miscellaneous	No
Store Results At	All Time Points
Max Number of Result Sets	1000.

图 5-33　输出控制选项

对于静力分析,可选择的输出选项包括:
1)Stress
此选项用于指定是否输出单元的节点应力结果到结果文件,缺省为 Yes。
2)Strain
此选项用于指定是否输出单元的弹性应变结果到结果文件,缺省为 Yes。
3)Nodal Forces
此选项用于指定是否输出单元节点力结果到结果文件,缺省为 No;如选择 Yes,则输出所有节点的节点力。如果要通过 Command 对象使用 Mechanical APDL 的 NFORCE 命令、FSUM 命令,此选项须设置为 Yes。
4)Contact Miscellaneous
此选项用于控制接触结果的输出,当计算接触反力时需要选择 Yes,缺省为 No。
5)General Miscellaneous
此选项用于控制单元结果的输出,当需要 SMISC/NMISC 单元结果时(详见 ANSYS 单元手册中各单元的输出项目描述),此选项设置为 Yes,缺省选项为 No。
6)Max Number of Result Sets
此选项用于指定最大结果文件 set 数。缺省为 0,显示为 Program Controlled。
(6)分析数据管理
Analysis Data Management(分析数据管理)的各选项用于指定 ANSYS 结构分析文件及单位系统等相关的计算数据设置,如图 5-34 所示。

Analysis Data Management	
Solver Files Directory	D:\working_dir\test_files\dp0\SYS\MECH\
Future Analysis	None
Scratch Solver Files Directory	
Save MAPDL db	No
Delete Unneeded Files	Yes
Nonlinear Solution	No
Solver Units	Active System
Solver Unit System	mmm

图 5-34　分析数据管理选项

可用的选项包括：

1) Solver Files Directory

Solver Files Directory 域用于指定求解文件的路径信息，通常由 Workbench 根据 Project 文件保存路径自动指定。通过 Project Tree 的 Solution 分支右键菜单，选择"Open Solver Files Directory"菜单项，即可打开求解目录，如图 5-35 所示。

2) Future Analysis

Future Analysis 域用于指定分析结果是否会用于后续分析作为载荷或初始条件，缺省为 None；对于静力分析，其结果可用于后续特征值屈曲或预应力模态分析，此时选择 Prestressed Analysis 选项。

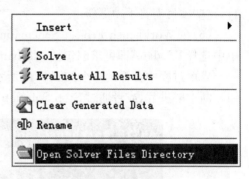

图 5-35　打开求解目录

3) Scratch Solver Files Directory

Scratch Solver Files Directory 选项在计算过程中会显示临时文件读写路径。

4) Save MAPDL db

Save MAPDL db 选项用于指定 Mechanical 计算时是否保存 Mechanical APDL 数据库文件（db 文件），缺省为 No。

5) Delete Unneeded Files

Delete Unneeded Files 选项用于指定是否删除不需要的文件，缺省为 Yes。如果用户希望保存所有的文件，则选择 No。

6) Nonlinear Solution

Nonlinear Solution 选项是分析是否包含非线性因素的指示选项，如果存在非线性则显示为 Yes，否则为 No。

7) Solver Units

Solver Units 选项用于选择求解器单位，可选择当前活动单位制系统（Active Units 选项），也可人工选择（Manual 选项），在 Solver Unit System 域下拉列表中选择所需的求解器单位系统。

5.3.3　求解及后处理

分析设置完成后，下面的任务是求解并对计算结果进行后处理。

1. 求解

可通过如下方式进行求解：

(1) 通过 Mechanical 界面工具栏的"Solve"按钮，程序即调用 Mechanical Solver 进行求解，这是最为常用的求解方式。

(2) 通过 Static Structural 分支右键菜单，选择"Solve"，即可开始求解。

(3) 通过 Solution 分支右键菜单，选择"Solve"，即可开始求解。

(4) 通过 Workbench 界面工具栏的"Update Project"按钮，即可求解此项目中包含的各个分析系统。

(5)在 Workbench Project Schematic 中,选择带求解分析系统的 Solution 单元格,右键菜单中选择"Update"即可求解,但此时不能计算 Mechanical 中 Solution 分支下插入的单元解项目,这些项目需要手动更新。

(6)在 Workbench Project Schematic 中,选择带求解分析系统的 Results 单元格,右键菜单中选择"Update"即可求解包括 Mechanical 中 Solution 分支下插入的单元解项目。

求解过程中会弹出一个如图 5-36 所示的计算进度条,用户可以通过 Interrupt Solution 按钮打断求解进程,或者通过 Stop Solution 按钮停止求解过程。

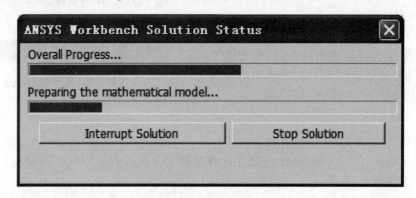

图 5-36　求解进度条

2. 后处理

Mechanical 提供了丰富的结果后处理功能,可以在计算之前或之后,在 Project 树的 Solution 分支右键菜单 Insert 插入要查看的结果项目,如图 5-37 所示,其中凡是右侧带三角箭头的项目,表示下面还有子项。

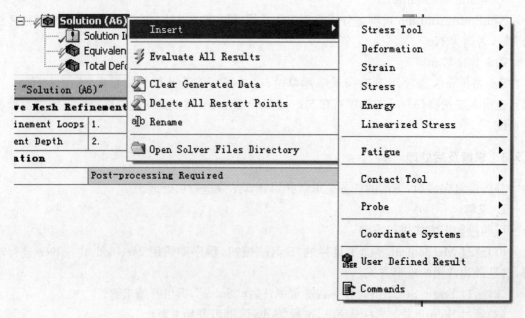

图 5-37　后处理查看项目

在求解前后，用户所加入的结果项目分支左侧状态标志会有所变化。求解之前，各待求解分支的标志均为黄色闪电符号，表示有待计算；求解过程中，Solution 分支下的各子分支状态图标均为绿色闪电，表示该项目正在计算评估中；求解结束后，这些分支状态图标变为绿色对勾，表示这些结果已经计算完成；如果求解失败，则这些分支的状态图标为红色的闪电标志。

在 Mechanical 中，用于后处理查看的常见结果项目、其包含的子项目及各项目的意义见表 5-4。

表 5-4 Mechanical 中可以查看的结果项目

结构项目名称	包含子项目	意义
Deformation	Total、Directional	总体变形及方向变形
Strain	Equivalent(Von-Mises)	Von-Mises 等效应变
	Maximum/Middle/Minimum Principal、Vector Principal	最大、中间、最小主应变主应变向量
	Maximum Shear、Intensity	最大剪应力、应变强度
	Normal、Shear	正应变、剪应变
	Thermal、Equivalent Plastic、Equivalent Total	热应变、等效塑性应变、等效总应变
Stress	Equivalent(Von-Mises)	Von-Mises 等效应力
	Maximum/Middle/Minimum Principal、Vector Principal	最大、中间、最小主应变主应变向量
	Maximum Shear、Intensity	最大剪应力、应力强度
	Normal、Shear	正应力、剪应力
	Membrane Stress、Bending Stress	薄膜应力、弯曲应力
Beam Results	Axial Force Bending Moment Torsional Moment Shear Force Shear-Moment Diagram	梁轴力 梁弯矩 梁扭矩 梁剪力 剪力-弯矩图

除了上述结果外，Mechanical 还提供了一些方便应用的工具箱，比如 Fatigue Tool 用于评估疲劳性能，Contact Tool 用于显示接触分析结果，Beam Tool 用于计算线体中的应力等。

在后处理过程中，可对各结果项目进行等值线图显示、向量图显示（仅用于向量结果）、探针、曲线显示、动画显示等操作方法，以便全方位地展现和评价计算结果。下面对这些操作方法进行简单介绍。

（1）Contour results

即采用等值线图的方式显示结果，可以是整个模型的等值线图，也可以是单个选择部位的等值线图。在工具条上有一系列等值线图的控制按钮，如图 5-38 所示。

图中这些按钮的功能见表 5-5。其中，Capped IsoSurfaces 通过如图 5-39 所示的工具条来加以控制。X 出现在水平线上方表示超过右侧数值的部分不被显示；X 出现在水平线下方表示不超过右侧数值的部分不被显示；X 同时出现在水平线上、下两侧，则仅绘制右侧数值等值面。

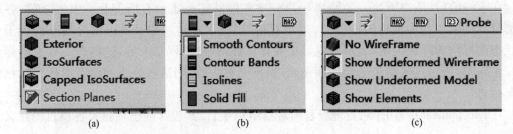

图 5-38 等值线图控制按钮

表 5-5 Contour 控制按钮功能

按钮名称	按钮功能
Exterior	表示只显示外部轮廓
IsoSurfaces	仅显示若干个等值面
Capped IsoSurfaces	不显示超过某一上限值或低于某一下限值的模型
Smooth Contours	绘制光滑过渡的等值线图
Contours Bands	绘制条带状的等值线图
Isolines	在模型上仅绘制若干条彩色的等值线
Solid Fill	模型实体填充不显示等值线
No WireFrame	在显示变形后的模型上直接显示等值线图
Show Undeformed WireFrame	在显示等值线图的同时显示变形前的结构外轮廓线
Show Undeformed Model	在显示等值线图的同时显示变形前的结构外轮廓实体（半透明显示）
Show Elements	在显示等值线图的同时显示变形的单元

图 5-39 Capped IsoSurfaces 控制条

上述各种不同形式的等值线汇总列举如图 5-40 所示。

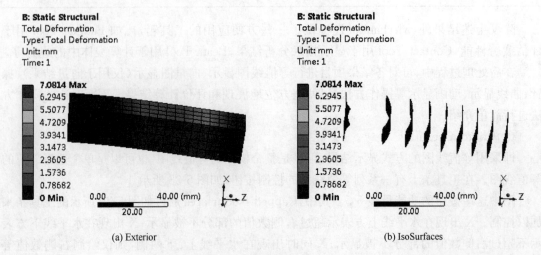

(a) Exterior (b) IsoSurfaces

图 5-40

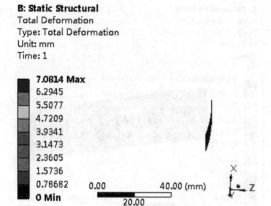

(c) Capped IsoSurfaces(显示X=5)

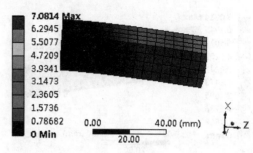

(d) Capped IsoSurfaces(显示X<5)

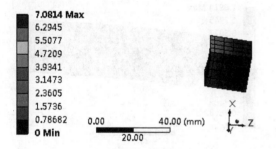

(e) Capped IsoSurfaces(显示X>5)

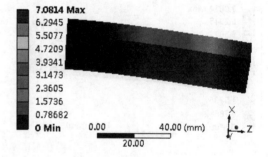

(f) Smooth Contours

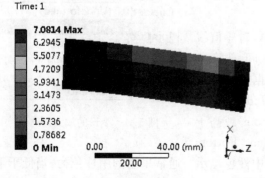

(g) Contours Bands

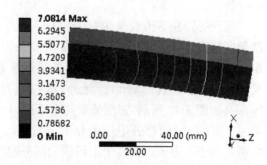

(h) Isolines

图 5-40

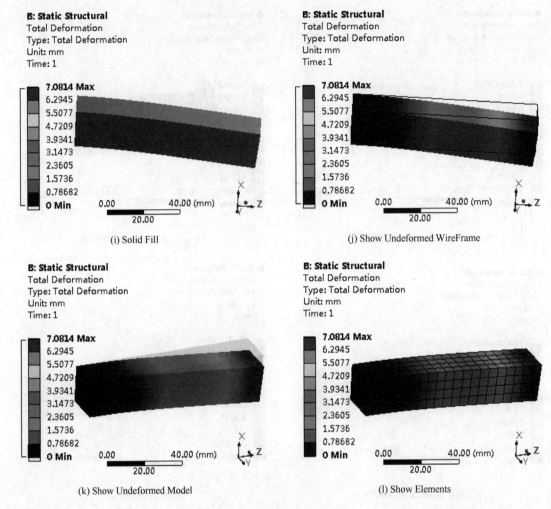

图 5-40 各种 Contour 图

等值线图的变形控制通过工具栏 Results 右侧下拉列表来选择,也可直接在文本框中输入变形的放大比例,如图 5-41 所示。

用户可以在等值线条带打开鼠标右键菜单,对等值线条带进行设置,比如:增加或减少等值线条带区间、改变条带标尺数据为科学计数显示、改变条带标尺数据为对数标尺、改变数据位数(Digit)。此外,可以通过 Independent Bands(如图 5-42 所示)实现低于某个下限(Bottom)或高于某一上限(Top)的部分中性色显示;通过 Top and Bottom 选项对低于下限值以及高于上限值的部分都用中性色显示。通常采用的中性色为:当低于下限时显示为棕色,而当高于上限时显示为紫色。

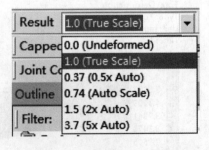

图 5-41 变形的放大比例

(2) Vector Plots

即向量图显示结果,必须应用于向量性质的结果(如位移、速度等),用带颜色的箭头显示

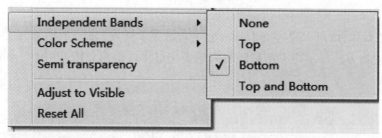

(a) Independent Bands 设置

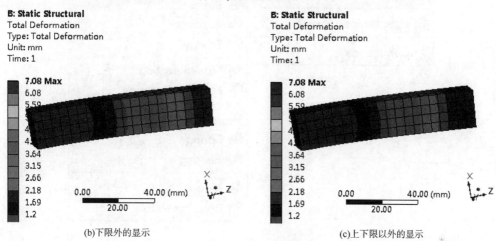

(b) 下限外的显示　　　　　　　　　　　(c) 上下限以外的显示

图 5-42　Independent Bands 功能

向量结果,箭头的颜色或长短表示向量的大小。在工具栏上按下矢量图按钮时,下方出现如图 5-43 所示的矢量图控制条。图 5-44 为位移的两种不同显示风格的矢量图。

图 5-43　矢量图控制条

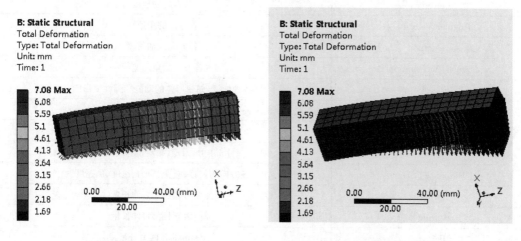

(a) 平面箭头矢量图　　　　　　　　　　(b) 立体箭头矢量图

图 5-44　矢量图

(3) Probe

Probe 即结果探针,可以通过 Solution 分支右键菜单插入,如图 5-45 所示。Probe 采用曲线图以及数据表格方式显示相关结果随时间的变化过程。结构分析可用的 Probe 类型及其简单说明见表 5-6。

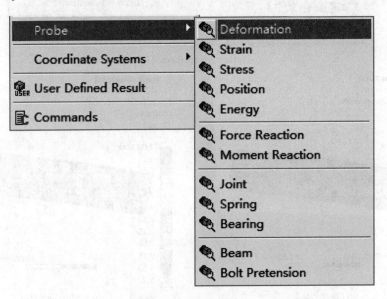

图 5-45 插入 Probe

表 5-6 结构分析可用的 Probe 类型

Probe 类型	输出参数或分量
Deformation	各方向的变形量
Strain	应变
Stress	应力
Position	位置
Velocity	各方向的速度
Angular Velocity	各方向的角速度
Acceleration	各方向的加速度
Angular Acceleration	各方向的角加速度
Energy	各种能量,如变形体的动能和弹性变形能
Force Reaction	各方向的支反力
Moment Reaction	各方向的支反力矩
Joint	Joint 力、力矩、相对位移转动等
Response PSD	各方向的位移、应变、应力、速度、加速度
Spring	弹性力、阻尼力、伸长量
Bearing	弹性力、阻尼力、伸长量
Beam	Beam 的各内力分量
Bolt Pretension	调整量或预紧力

（4）Chart

Chart 用来显示多个变量随时间的变化曲线，或显示一个结果相对于另一个结果变化的关系曲线。要使用 Chart，在工具栏中选择 Chart 按钮 ，随后在 Outline 中出现 Chart 分支，在 Details 中为此 Chart 指定一个或多个结果对象，如图 5-46 所示。

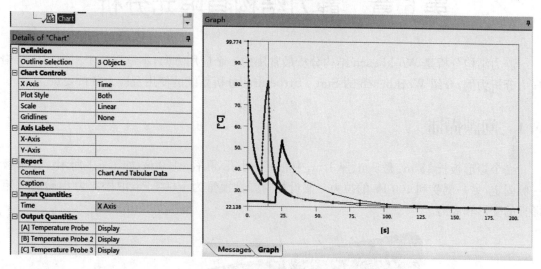

图 5-46　Chart 设置及显示

（5）Animation

通过动画方式显示结构的变形情况，在模态分析、特征值屈曲分析中使用较多，在瞬态过程或非线性过程显示中也较为常用。动画显示通过 Animation 条进行控制，如图 5-47 所示。基于此控制条可设置动画的帧数、时间、时步间隔方式等选项，也可播放或暂停动画。

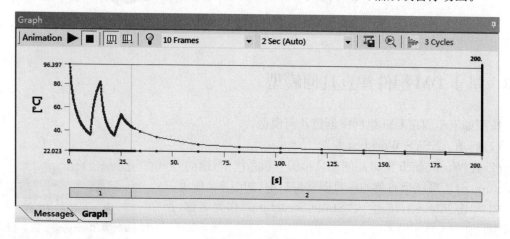

图 5-47　动画控制条

第 6 章　静力结构有限元分析

静力结构分析是 Workbench 结构分析最常用的一个应用方向,本章以一个三维实体结构静力分析为例,介绍 Workbench 的 Static Structural 分析系统的使用及应力分析要点。

6.1　问题描述

一个矩形板长 15 m、宽 5 m、厚 1 m,中心有一小孔,孔径 ø1.0 m,如图 6-1 所示。矩形板一侧固定,另一侧受到 100 Pa 的拉力。假设材料弹性模量为 1 000 Pa,泊松比为 0,分析此矩形板的变形和应力。

图 6-1　矩形板结构

6.2　基于 DM 组件建立几何模型

按照如下步骤在 DM 组件中创建几何模型:
(1)启动 ANSYS Workbench。
(2)在 Workbench 窗口左侧工具箱的分析系统中,拖动 Static Structural 分析系统至右侧的项目图解窗口中,如图 6-2 所示。
(3)单击 File→Save,输入"Static Structural"作为名称,保存分析项目。
(4)创建名为"Material_1"的材料,具体操作如下:
1)双击 A2 Engineering Data 单元格;
2)在已有 Structural Steel 下方表格中,输入"Material_1"作为材料名称;
3)在左侧工具箱中,鼠标左键双击 Linear Elastic→Isotropic

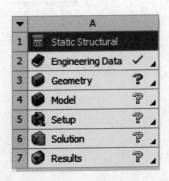

图 6-2　静力分析系统

Elasticity；

4)在"Material_1"属性表格中，输入 Young's Modulus 为 1 000 Pa，Poisson's Ratio 为 0，如图 6-3 所示；

图 6-3　创建"Material_1"材料

5)单击 Return To Project，返回 Workbench 界面。

(5)双击 A3 Geometry 进入 DM，在弹出的单位选择面板中选择"m"作为基本单位，然后单击 OK。

(6)选中结构树中的 XY Plane，单击 Sketching 标签打开草图绘制工具箱，然后在 XY 平面上绘制矩形板草图，具体操作如下：

1)单击 Draw→Rectangle，以坐标原点为矩形的一个角点绘制矩形（鼠标放置于原点位置时会出现"P"字符）；

2)单击 Draw→Circle，在矩形里面绘制一个圆；

3)单击 Dimension→General，对矩形长边、宽边和圆环进行标注；

4)单击 Dimension→Vertical，标注圆心距 X 轴的距离；

5)单击 Dimension→Horizontal，标注圆心距 Y 轴的距离；

6)在左侧明细栏中，按图 6-4 所示输入各标注尺寸的数值。

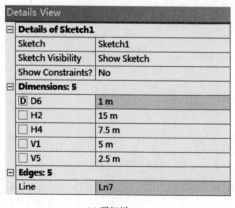

(a) 明细栏

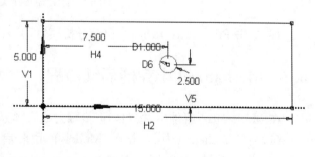

(b) 草图

图 6-4　定义草图尺寸

(7)鼠标左键单击 D6(圆孔直径)前的复选框，在弹出的对话框中输入"Diameter"作为参数名，如图 6-5 所示。

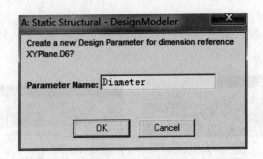

图 6-5 输入参数名称

(8)单击工具栏中的 Extrude 工具,拉伸矩形板草图,创建矩形板实体模型,具体操作如下:
1)在明细栏中的 Geometry 项中选定矩形板草图 Sketch1;
2)确保 Operation 为 Add Material,Direction 为 Normal,Extent Type 为 Fixed;
3)输入 FD1,Depth(>0)为 1 m;
4)单击工具栏中的 Generate 工具,完成矩形板实体模型的创建,如图 6-6 所示。

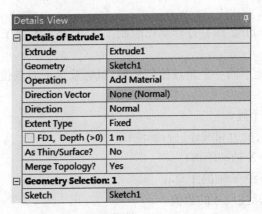

(a) 明细栏

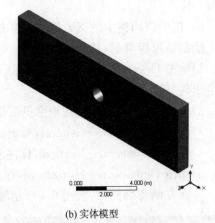

(b) 实体模型

图 6-6 创建矩形板实体模型

(9)单击 File→Save Project,保存分析项目,关闭 DM。

6.3　Mechanical 中完成后续流程

在 Mechanical 组件中,按照如下步骤完成后续分析流程:
(1)在 Workbench 中,双击 A4 Model 单元格,启动 Mechanical 应用程序。
(2)选中结构树中的 Model→Geometry→Solid,在其明细栏中将 Material→Assignment 改为"Material_1"。
(3)选中结构树中的 Model→Mesh 分支,在其明细栏中更改 Sizing 下的 Use Advanced Size Function 为 On,Proximity and Curvature、Relevance Center 为 Fine,其他选项采用缺省设置。
(4)选中 Mesh 分支,在上下文工具栏中选择 Mesh Control→Method,然后在明细栏中进行如下设置:

1) Scope→Geometry 中选择矩形板实体；

2) 更改 Definition→Method 为 Sweep；

3) 更改 Src/Trg Selection 为 Manual Source，选择矩形板＋Z 方向的侧面作为 Source 项的内容；

4) 输入 Sweep Num Divs 为 1，如图 6-7 所示。

(5) 选中 Mesh 分支，在上下文工具栏中选择 Mesh Control→Sizing，然后在明细栏中进行如下设置：

1) 在 Scope→Geometry 中选择任意一个圆孔边；

2) 确保 Definition→Type 为 Element Size，并输入 Element Size 为 0.1 m；

3) 更改 Behavior 为 Hard，如图 6-8 所示。

Details of "Sweep Method" - Method

Scope	
Scoping Method	Geometry Selection
Geometry	1 Body
Definition	
Suppressed	No
Method	Sweep
Element Midside Nodes	Use Global Setting
Src/Trg Selection	Manual Source
Source	1 Face
Target	Program Controlled
Free Face Mesh Type	Quad/Tri
Type	Number of Divisions
Sweep Num Divs	1
Sweep Bias Type	No Bias
Element Option	Solid

图 6-7　扫略网格控制明细设置

Details of "Edge Sizing" - Sizing

Scope	
Scoping Method	Geometry Selection
Geometry	1 Edge
Definition	
Suppressed	No
Type	Element Size
Element Size	0.1 m
Behavior	Hard
Bias Type	No Bias

图 6-8　边尺寸控制明细设置

(6) 鼠标右键单击结构树中的 Mesh 分支，选择 Generate Mesh 执行网格划分，离散后有限元模型如图 6-9 所示，共计包括 10 749 个节点、1 462 个单元。请注意不同的软件版本划分的网格数量可能会有细微的差别。

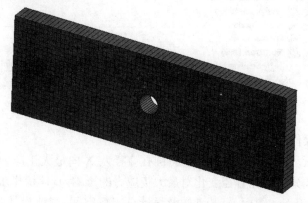

图 6-9　矩形板有限元模型

(7) 选中结构树的 Static Structural(A5)分支,在上下文工具栏中选择 Supports→Fixed Support,选择-X 方向的端面作为明细栏中 Scope→Geometry 项的内容。

(8) 选中结构树的 Static Structural(A5)分支,在上下文工具栏中选择 Loads→Pressure,选择+X 方向的端面作为明细栏中 Scope→Geometry 项的内容,确保 Definition→Define By 为 Normal To,输入 Magnitude 为-100 Pa。

(9) 鼠标右键单击结构树中的 Solution(A6)分支,选择 Solve 执行求解。

(10) 求解完成后,按照如下步骤进行后处理操作:

1) 选中结构树中的 Solution(A6)分支,在上下文工具栏中选择 Stress→Normal,确保明细栏中 Definition→Orientation 为 X Axis;

2) 右键单击 Solution(A6)分支,选择 Evaluate All Results,此时图形显示窗口中绘出矩形板 X 方向的正应力分布云图,圆孔周边 X 向最大正应力为 311.38 MPa,如图 6-10 所示;

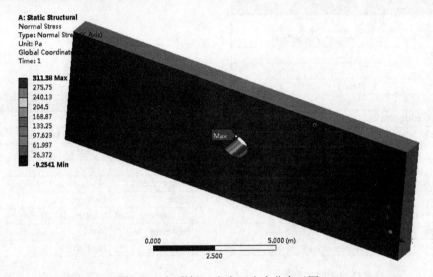

图 6-10 矩形板 X 方向正应力分布云图

3) 选中结构树中 Solution(A6)中的 Normal Stress,单击 Results→Maximum 前的复选框,将最大正应力提升为参数,如图 6-11 所示;

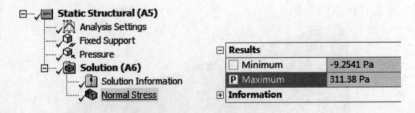

图 6-11 提升最大正应力为参数

4) 完成后处理操作后,关闭 Mechanical。

(11) 参数化分析。由于前面操作中已将圆孔直径及 X 向最大正应力提升为参数,下面通过添加设计点的方式分析圆孔直径变化对最大正应力的影响,具体操作步骤如下:

1) 双击 Parameter Set 图标,打开参数及设计点工作空间,当前设计为 Current,在窗口右侧的设计点表格中新增设计点 1：圆孔直径为 0.75 m，设计点 2：圆孔直径为 0.5 m，如图 6-12 所示；

	A	B	C	D	E	F
1	Name	Update Order	P1 - Diameter	P2 - Normal Stress Maximum	Exported	Note
2	Units			Pa		
3	Current	1	1	311.38		
4	DP 1	2	0.75	⚡	☐	
5	DP 2	3	0.5	⚡	☐	
*					☐	

图 6-12 新增设计点

2）选择工具栏中的 Update All Design Points，更新所有设计点，更新完后的设计点表格如图 6-13 所示；

	A	B	C	D	E	F
1	Name	Update Order	P1 - Diameter	P2 - Normal Stress Maximum	Exported	Note
2	Units			Pa		
3	Current	1	1	311.38		
4	DP 1	2	0.75	306.07	☐	
5	DP 2	3	0.5	300.41	☐	

图 6-13 设计点更新后

3）在设计点表格中鼠标右键单击 DP1，选择 Copy inputs to Current，将设计点 1 拷贝为当前设计，单击 Return to Project，然后选择 Update Project；

4）更新完毕后，双击 A7 Results 单元格，进入 Mechanical，此时图形窗口中绘出圆孔直径为 0.75 m 时矩形板 X 向的正应力分布云图，最大正应力为 306.07 Pa，如图 6-14 所示；

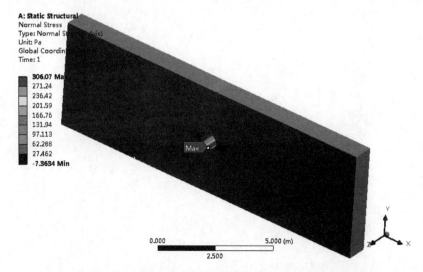

图 6-14 圆孔直径为 0.75 m 时矩形板 X 方向正应力分布云图

5)参照上面两步,将设计点 2 拷贝为当前设计,绘制其应力云图,最大正应力为 300.41 Pa,如图 6-15 所示。

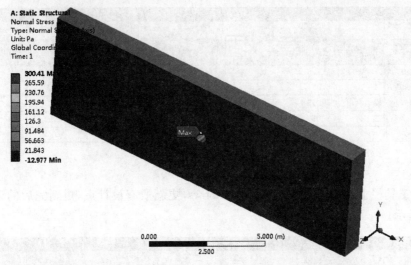

图 6-15　圆孔直径为 0.5 m 时矩形板 X 方向正应力分布云图

第 7 章　固体热传递分析

固体结构的热传递分析是 Workbench 结构分析的又一个应用方向。本章以一个瞬态分析为例,介绍在 Workbench 中进行固体结构热分析的具体实现方法。在计算中以一个稳态分析开始,并以稳态分析的结果作为瞬态分析的初始温度场。

7.1　问题描述

方形长杆截面为 25 mm×25 mm,长度为 490 mm,杆端部有一发热元件,厚度为 10 mm,如图 7-1 所示。长杆及发热元件均为铜合金材料,长杆表面与周围环境的对流换热系数为 100 W/(m^2 · ℃),发热元件初始温度为 50 ℃,环境温度为 20 ℃,在 20~25 s 及 50~55 s 内,发热元件内部热功率为 6e7 W/m^3,求 300 s 内结构的温度变化。

图 7-1　方形长杆及发热片示意图

7.2　基于 DM 建立几何模型

在 Workbench 中首先创建项目分析流程,然后在 DM 中创建问题的几何模型,具体操作步骤如下:

(1)启动 ANSYS Workbench。

(2)在 Workbench 窗口左侧工具箱的分析系统中,拖动 Steady-State Thermal 分析系统至右侧的项目图解窗口中。

(3)拖动 Transient Thermal 分析系统至 A6 Solution 单元格上,创建瞬态热分析系统,如图 7-2 所示。

(4)单击 File→Save,输入"Transient Thermal"作为名称,保存项目。

(5)添加铜合金材料,具体操作如下:

1)双击 A2 Engineering Data 单元格;

2)单击 Engineering Data Sources 按钮 ;

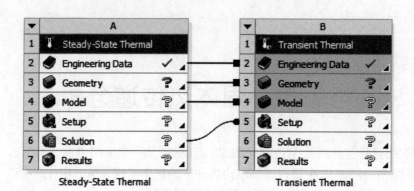

图 7-2 瞬态热分析系统

3) 单击 Engineering Data Sources 表格中的 General Materials；

4) 在 Contents of General Material 表格中找到 Copper Alloy 并单击右侧的"＋"号，将 Copper Alloy 添加至当前项目，如图 7-3 所示；

5) 单击工具栏按钮 Return to Project，返回 Workbench 界面。

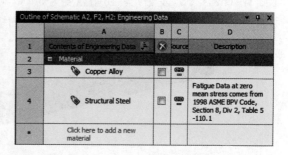

图 7-3 添加铜合金材料

(6) 双击 A3 Geometry 进入 DM，在弹出的单位选择面板中选择"mm"作为基本单位，然后单击 OK。

(7) 选中结构树中的 XY Plane，单击 Sketching 标签打开草图绘制工具箱，然后在 XY 平面上绘制方形长杆草图，具体操作如下：

1) 单击 Draw→Rectangle，以坐标原点为矩形的一个角点绘制矩形（鼠标放置于原点位置时会出现"P"字符）；

2) 单击 Dimension→General，对矩形长边、宽边进行标注；

3) 在左侧明细栏中，按图 7-4 所示输入各标注尺寸的数值。

(8) 单击工具栏中的 Extrude 工具，拉伸方形长杆草图，创建方形长杆实体模型，具体操作如下：

1) 在明细栏中的 Geometry 项中选定方形长杆草图 Sketch1；

2) 确保 Operation 为 Add Material，Direction 为 Normal，Extent Type 为 Fixed；

3) 输入 FD1，Depth（＞0）为 490 mm；

4) 单击工具栏中的 Generate 工具，完成方形长杆实体模型的创建，如图 7-5 所示。

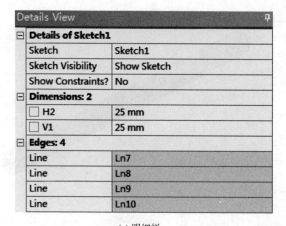 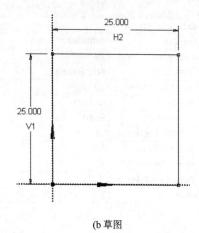

(a) 明细栏   (b) 草图

图 7-4　绘制方形长杆草图

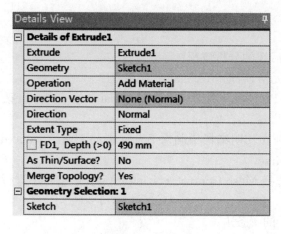 

(a) 明细栏   (b) 实体模型

图 7-5　创建方形长杆实体模型

(9) 单击工具栏中的 Extrude 工具，拉伸方形长杆端面，创建发热元件实体模型，具体操作如下：

1) 在明细栏中的 Geometry 项中选择＋Z方向长杆端面；

2) 更改 Operation 为 Add Frozen；

3) Direction Vector 中选择方形长杆沿 Z 向的任意一侧边，并调整方向为＋Z方向；

4) 确保 Direction 为 Normal，Extent Type 为 Fixed；

5) 输入 FD1，Depth(＞0) 为 10 mm；

6) 单击工具栏中的 Generate 工具，完成发热元件实体模型的创建，如图 7-6 所示。

(10) 在结构树中，选中方形长杆及发热元件模型，单击鼠标右键选择 Form New Part，创建多体部件，保证后续网格连续。

(11) 至此，几何建模已经完成，关闭 DM 返回 Workbench。

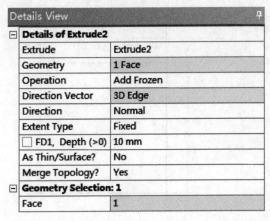
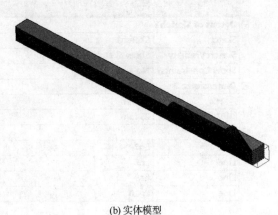

(a) 明细栏　　　　　　　　　　　　　　(b) 实体模型

图 7-6　创建发热元件实体模型

7.3　Mechanical 中完成后续流程

在 Mechanical 组件中按照如下步骤完成后续的分析流程：

(1)在 Workbench 中，双击 A4 Model 单元格，启动 Mechanical 应用程序。

(2)选中结构树中的 Model→Geometry→Part，在其明细栏中将 Material→Assignment 改为 Cooper Alloy。

(3)选中结构树中的 Model→Mesh 分支，在其明细栏中确保 Sizing 下的 Use Advanced Size Function 为 Off，Relevance Center 为 Coarse。

(4)选中 Mesh 分支，在上下文工具栏中选择 Mesh Control→Sizing，然后在明细栏中进行如下设置：

1)Scope→Geometry 中选择-Z 方向杆端的 4 条边；

2)确保 Definition→Type 为 Number of Divisions，并输入 Number of Divisions 为 2，如图 7-7 所示。

(5)选中 Mesh 分支，在上下文工具栏中选择 Mesh Control→Sizing，然后在明细栏中进行如下设置：

1)Scope→Geometry 中选择方形长杆沿 Z 向的任意一条侧边；

2)确保 Definition→Type 为 Element Size，并输入 Element Size 为 10 mm，如图 7-8 所示。

图 7-7　杆端边线尺寸控制明细设置　　　　　图 7-8　杆长度方向尺寸控制明细设置

(6)鼠标右键单击结构树中的 Mesh 分支,选择 Generate Mesh 执行网格划分,离散后有限元模型如图 7-9 所示,共计包括 1 551 个节点、204 个单元。

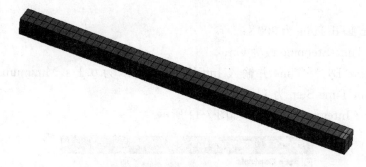

图 7-9 离散后的有限元模型

(7)选中结构树中的 Model 分支,鼠标右键选择 Insert→Named Selection,创建 Z=250 mm 杆件中心处节点的命名选择,具体操作如下:

1)更改明细栏中 Scope→Scoping Method 为 Worksheet;

2)在 Worksheet 中,鼠标右键选择 Add Row,更改 Action 为 Add,Entity Type 为 Mesh Node,Criterion 为 Location Z,Operator 为 Equal,Value 为 250,然后单击 Generate;

3)在 Worksheet 中,鼠标右键选择 Add Row,更改 Action 为 Filter,Entity Type 为 Mesh Node,Criterion 为 Location X,Operator 为 Equal,Value 为 12.5,然后单击 Generate;

4)在 Worksheet 中,鼠标右键选择 Add Row,更改 Action 为 Filter,Entity Type 为 Mesh Node,Criterion 为 Location Y,Operator 为 Equal,Value 为 12.5,然后单击 Generate,如图 7-10 所示。

	Action	Entity Type	Criterion	Operator	Units	Value	Lower Bound	Upper Bound	Coordinate S...
☑	Add	Mesh Node	Location Z	Equal	mm	250.	N/A	N/A	Global Coor...
☑	Filter	Mesh Node	Location X	Equal	mm	12.5	N/A	N/A	Global Coor...
☑	Filter	Mesh Node	Location Y	Equal	mm	12.5	N/A	N/A	Global Coor...

图 7-10 Z=250 mm 杆件中心节点命名选择设置

(8)参照上一步创建 Z=450 mm 杆件中心处节点的命名选择。

(9)选中结构树中的 Steady-State Thermal(A5)→Initial Temperature,在明细栏中输入 Initial Temperature Value 为 20 ℃。

(10)选中结构树中的 Steady-State Thermal(A5)分支,在上下文工具栏中选择 Temperature,在明细栏中进行如下设置:

1)在 Scope→Geometry 项中选择发热元件实体;

2)在 Definition→Magnitude 中输入 50 ℃。

(11)选中结构树中的 Steady-State Thermal(A5)分支,在上下文工具栏中选择 Convection,在明细栏中进行如下设置:

1)在 Scope→Geometry 项中选择方形长杆−Z 方向的端面及 4 个侧面;

2)在 Definition→Film Coefficient 中输入 100 W/(m² · ℃);

3)在 Definition→Ambient Temperature 中输入 20 ℃。

(12)选中结构树中的 Transient Thermal(B5)→Analysis Settings,在明细栏进行如下设置:

1)输入 Step End Time 为 300 s;

2)将 Auto Time Stepping 改为 On;

3)确保 Define By 为 Time 并输入 Initial Time Step 为 0.1 s,Minimum Time Step 为 0.01 s,Maximum Time Step 为 1 s;

4)确保 Time Integration 为 On,如图 7-11 所示。

Details of "Analysis Settings"	
Step Controls	
Number Of Steps	1.
Current Step Number	1.
Step End Time	300. s
Auto Time Stepping	On
Define By	Time
Initial Time Step	0.1 s
Minimum Time Step	1.e-002 s
Maximum Time Step	1. s
Time Integration	On
Solver Controls	
Solver Type	Program Controlled

图 7-11 瞬态热分析设置

(13)选中结构树中的 Transient Thermal(B5)分支,在上下文工具栏中选择 Convection,在明细栏中进行如下设置:

1)在 Scope→Geometry 项中选择方形长杆-Z 方向的端面及 4 个侧面;

2)在 Definition→Film Coefficient 中输入 100 W/(m^2 · ℃);

3)在 Definition→Ambient Temperature 中输入 20 ℃。

(14)选中结构树中的 Transient Thermal(B5)分支,在上下文工具栏中选择 Heat→Internal Heat Generation,在明细栏中进行如下设置:

1)在 Scope→Geometry 项中选择发热元件实体;

2)更改 Definition→Magnitude 为 Tabular Data,并按图 7-12 所示定义内部热生成数据。

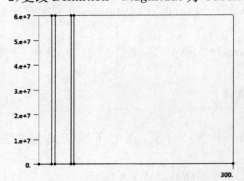

图 7-12 定义内部热生成

(15)鼠标右键单击结构树中的 Solution(B6)分支,选择 Solve 执行求解。

(16)按如下步骤进行计算结果的后处理:

1)选中结构树中的 Solution(A6)分支,在上下文工具栏中选择 Thermal→Temperature;

2)右键单击 Solution(A6)分支,选择 Evaluate All Results,此时图形显示窗口中绘出在发热元件为 50 ℃时方形长杆的温度分布云图,方形杆端最低温度为 22.607 ℃,如图 7-13 所示;

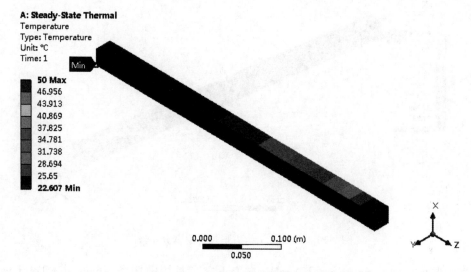

图 7-13　初始条件下的温度分布云图

3)选中结构树中的 Solution(B6)分支,在上下文工具栏中选择 Thermal→Temperature,在明细栏 Scope→Geometry 项中选择方形长杆实体;

4)右键单击 Solution(B6)分支,选择 Evaluate All Results,此时窗口下方绘出了方形长杆的温度变化曲线,如图 7-14 所示,从图中可以看出,当 $t=54.061$ s 时最高温度的最大值为 69.686 ℃,300 s 末时最高温度的最大值为 24.851 ℃,接近于环境温度;

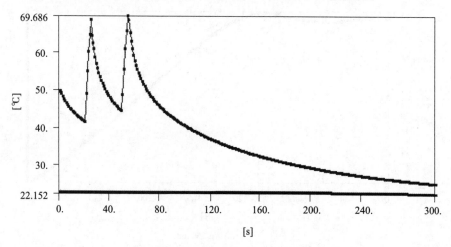

图 7-14　方形长杆温度变化曲线

5)在 Solution(B6)→Temperature 的明细栏中,将 Definition→Display Time 改为 54.061;

6)右键单击 Solution(B6)分支,选择 Evaluate All Results,此时图形显示窗口中绘出 $t=54.061$ s 的温度分布云图,如图 7-15 所示;

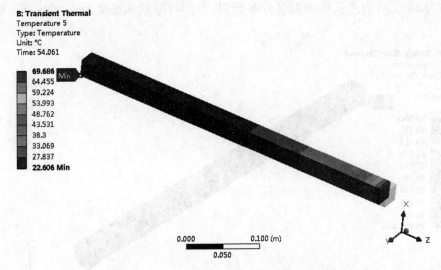

图 7-15　$t=54.061$ s 方形长杆温度分布云图

7)选中结构树中的 Solution(B6)分支,在上下文工具栏中选择 Thermal→Temperature,在明细栏中将 Scope→Scoping Method 改为 Named Selection,指定 Named Selection 为 Selection(Z=250 mm 节点命名选择);

8)参照上一步插入 Z=450 mm 杆件中心节点处的温度结果;

9)右键单击 Solution(B6)分支,选择 Evaluate All Results,此时窗口下方绘出了 Z=250 mm 和 Z=450 mm 杆件中心节点处的温度变化曲线,如图 7-16 所示。

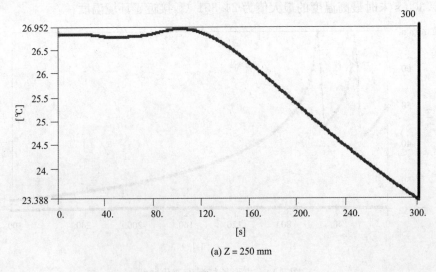

(a) Z = 250 mm

图　7-16

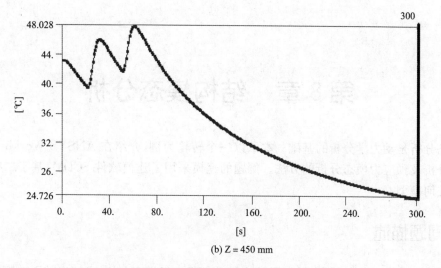

(b) Z = 450 mm

图 7-16 杆件截面的温度变化曲线

第 8 章 结构模态分析

模态分析是动力学分析的基础。本章以一个转轮为例,介绍在 ANSYS Workbench 中进行模态分析及预应力模态分析的方法。例题的建模采用了建模软件 SCDM,基于二维图纸形成三维几何模型。

8.1 问题描述

在进行高速旋转部件的设计时,需要对转动部件进行模态分析,求解出其固有频率和相应的模态振型,通过合理的设计使其工作转速尽量远离转动部件的固有频率。对于高速旋转的部件,工作时由于受到离心力的影响,其固有频率跟静止时相比有一定的变化。为此,在进行模态分析时需要考虑离心力的影响。在 ANSYS Workbench 中,用户可以很方便地对这类问题进行分析。

本节将首先对某转轮进行模态分析,然后再进行考虑离心载荷时的预应力的模态分析,以期获得该转轮的前 6 阶固有频率及其对应的模态振型。转轮的截面形状如图 8-1 所示,进行预应力模态分析时其转速为 12 000 r/min,转轮材料为结构钢。

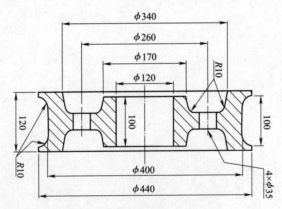

图 8-1 转轮截面形状及几何参数

8.2 基于 SCDM 创建几何模型

一般地,对于一个机械零件,在仅有二维设计图纸的情况下,进行有限元分析前首先要做的就是,基于这张图纸利用某个 CAD 软件(比如 SolidWorks、Cero、UG、DM、SCDM 等)创建出其几何模型。但建模过程中草图的再次录入往往会产生额外的建模成本,特别是在已有几何结构比较复杂的情况下。由于 ANSYS SCDM 可以直接读取图纸文件,并对读入的图纸进行操作,本节将采用 ANSYS SCDM 快速完成转轮从图纸(2D)到三维(3D)的几何建模过程。

(1)绘制转轮图纸。在任意一个绘图软件(比如 AutoCAD)中,根据题目给出的转轮信息绘制转轮图纸,然后将其保存为"转轮.dwg"。因附件中已给出该图纸文件,读者可省略此步。

(2)单击开始→ANSYS SCDM,启动 ANSYS SCDM。

(3)在 ANSYS SCDM 窗口中,单击主菜单插入标签下的"文件"选项,在弹出的对话框中选择"转轮.dwg"并将其打开,如图 8-2 所示。

(4)将窗口左上方的面板标签切换至图层面板,找到标注所在图层(本题中为 AM_5),单击 图标将该图层隐藏,如图 8-3 所示。

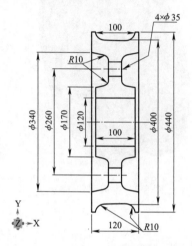

图 8-2　读入 ANSYS SCDM 的转轮图纸

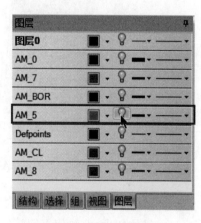

图 8-3　图层控制面板

(5)将主菜单切换至设计标签,鼠标左键单击"编辑"下的"选择"工具(或直接按 S 键),进入选择模式。

(6)填充回转域:

1)按住 Ctrl 键,利用框选及点选的方式依次选中如图 8-4 所示的加深显示的直线(转轮剖面边线);

2)单击"编辑"下的"填充"工具(或直接按 F 键),填充包围区域,如图 8-5 所示。

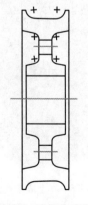

图 8-4　选择直线段

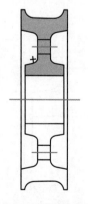

图 8-5　填充包围区域

(7)生成回转体:

1)在结构树中选中填充生成的表面;

2)单击设计标签下的"拉动"工具,选择窗口左侧工具向导中的 旋转工具;

3)选择转轮中心线为旋转轴,拖动鼠标并按空格键然后输入360°,生成回转体,如图8-6及图8-7所示。

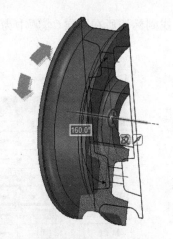
图8-6 拉动转轮草图

图8-7 生成回转体

(8)创建圆孔:

1)在结构树中,取消代表回转体的实体前的复选框,将其隐藏;

2)参照第(6)步,生成半个开孔处的填充表面,如图8-8所示;

3)参照第(7)步,选择小孔中线为回转轴线;

4)在结构树中勾选回转体实体前的复选框,将其显示出来;

5)在窗口左下方的拉动选项中,选中 ■ 切割选项;

6)拖动鼠标左键,按空格键然后输入360°,此时在回转体上生成一个孔,如图8-9所示。

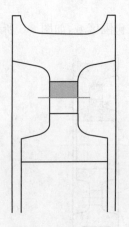
图8-8 填充半个孔

图8-9 生成小孔

(9) 创建孔阵列:

1) 在结构树中,隐藏除实体外的所有对象;

2) 切换至选择模式,选中小孔,然后单击设计标签下的"移动"工具;

3) 拖动"移动图标"的原点至回转体内圆柱面上,如图 8-10 所示;

4) 在窗口左下方的移动选项中,勾选"创建阵列"前的复选框;

5) 拖动绕回转轴旋转的光标,按 Tab 键分别输入阵列数目 4 个及角度 90°,创建的孔阵列如图 8-11 所示。

6) 单击空白区域完成转轮几何模型的创建。

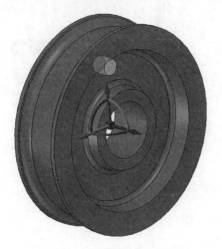

图 8-10　改变移动光标原点位置

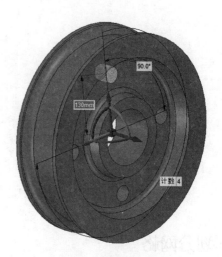

图 8-11　创建小孔阵列

8.3　搭建项目分析流程

按照如下步骤搭建项目分析流程:

(1) 在 ANSYS SCDM 中,单击主菜单准备标签下"ANSYS Workbench"中的 ANSYS 14.5 图标,进入 ANSYS Workbench;

(2) 在 Workbench 左侧工具箱的分析系统中,拖动 Static Structural 分析系统至项目图解窗口中已存在的 Geometry 组件系统的 A2 单元格上;

(3) 从工具箱中拖动 Modal 分析系统至 Static Structural 分析系统的 B4 Solution 单元格上,创建模态分析系统;

(4) 从工具箱中拖动 Modal 分析系统至 Static Structural 分析系统的 B6 Solution 单元格上,搭建预应力模态分析系统,然后双击鼠标左键将 D 分析系统名称改为"Pre-stress_Modal";

(5) 单击 File→Save,输入"Modal_and_Pre-stress Modal"作为项目名称,保存分析项目。

搭建完成的项目分析流程如图 8-12 所示。

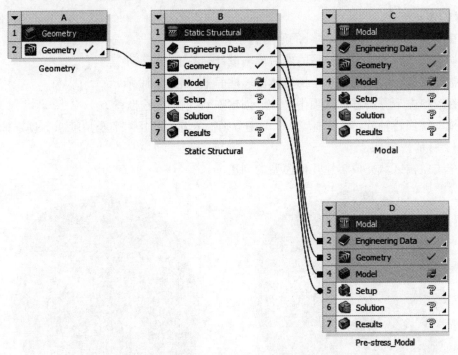

图 8-12　项目分析流程

8.4　划分网格

因转轮结构比较复杂,本节采用四面体网格对其进行划分,具体操作步骤如下:

(1)启动 Mechanical 界面。双击 B4 Model 单元格,进入 Mechanical。

(2)设置网格参数。在结构树中选中 Project→Model(B4,C4)→Mesh,在其明细栏中进行如下设置,如图 8-13(a)所示:

1)将 Defaults→Relevance 改为 100;

2)将 Sizing→Use Advanced Size Function 改为 On:Curvature。

(3)划分网格。鼠标右键单击 Mesh,选择 Generate Mesh,对转轮进行离散。

划分网格后的转轮模型如图 8-13(b)所示,共计包含 41 959 个 Nodes、26 805 个 Elements。

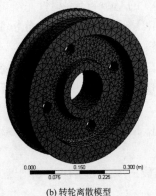

(a)网格设置　　　　　　　　　　(b)转轮离散模型

图 8-13　网格划分

8.5 模态分析

在 Mechanical 中,按照如下步骤完成模态分析的设置和求解:

1. 模态分析设置及求解

(1) 在结构树中单击 Modal(C5)→Analysis Settings,在其明细栏中将 Options 下的 Max Modes to Find 改为 6,其他选项采用缺省设置,如图 8-14 所示;

(2) 在结构树中单击 Modal(C5),在上下文工具栏中选择 Supports→Cylindrical Support,然后选择转轮内圆柱面作为 Scope→Geometry 项的内容,将 Definition 下的 Radial 改为 Free,如图 8-15 所示;

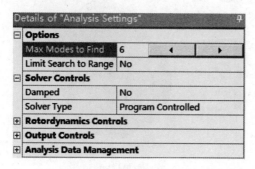

图 8-14　模态分析设置　　　　　　　图 8-15　边界条件设置

(3) 鼠标右键单击结构树中的 Solution(C6),选择 Solve,执行求解。

2. 后处理

求解结束后,按照如下步骤进行后处理操作:

(1) 选中结构树中的 Solution(C6),窗口下方的 Graph 及 Tabular Data 中给出了转轮前 6 阶自振频率,如图 8-16 所示;

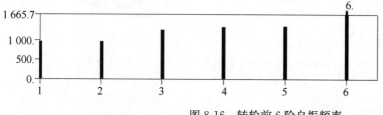

图 8-16　转轮前 6 阶自振频率

(2) 在频率表格中单击鼠标右键,选择 Select All,再次单击鼠标右键,然后选择 Creat Modal Shape Results;

(3) 右键结构树中的 Solution(C6),选择 Evaluate All Results,获得各频率下的振型;

(4) 单击 File→Save Project,保存分析项目。

转轮前 6 阶模态振型如图 8-17 所示。

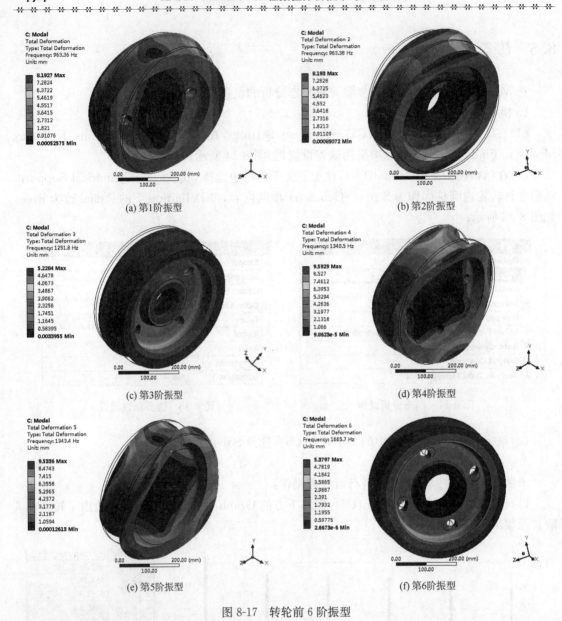

图 8-17 转轮前 6 阶振型

8.6 预应力模态分析

本节介绍转轮在转动条件下的预应力模态分析。因建模过程中模型的坐标原点不在转轮轴线上,为便于加载,需要创建一个坐标轴轴线在转轮中心的局部坐标系,然后再添加边界条件并求解,具体的操作步骤如下:

1. 创建局部坐标系

(1) 选中结构树中的 Coordinate Systems;

(2) 在图形显示窗口中选中转轮内圆柱面;

(3) 单击鼠标右键选择 Insert→Coordinate System,会生成一个新的局部笛卡尔坐标系,如图 8-18 所示。

Details of "Coordinate System"	
Definition	
Type	Cartesian
Coordinate System	Program Controlled
Origin	
Define By	Geometry Selection
Geometry	Click to Change
Origin X	2709.6 mm
Origin Y	2315.3 mm
Origin Z	-3.6739e-015 mm
Principal Axis	
Axis	X
Define By	Global X Axis

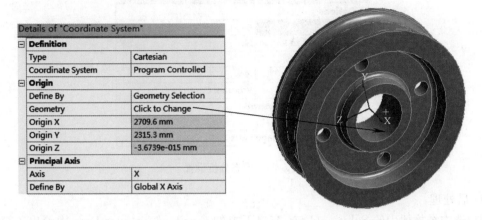

图 8-18　局部笛卡尔坐标系

2. 静力分析设置

(1)选中结构树中的 Static Structural(B5)分支；

(2)单击上下文工具栏中的 Supports→Cylindrical Support，在其明细栏中选择转轮内圆柱面作为 Geometry 项的内容，将 Definition 中的 Radial 改为 Free，如图 8-19 所示；

(3)单击主菜单中的 Units，将旋转速度单位 rad/s 改为 RPM；

(4)单击上下文工具栏中的 Inertial→Rotational Velocity，在明细栏中将 Definition 下的 Define By 改为 Componets，Coordinate System 改为新创建的局部坐标系，输入 X Component 值为 12 000 RPM，如图 8-20 所示。

Details of "Cylindrical Support"	
Scope	
Scoping Method	Geometry Selection
Geometry	1 Face
Definition	
Type	Cylindrical Support
Radial	Free
Axial	Fixed
Tangential	Fixed
Suppressed	No

图 8-19　Cylindrical Support 设置

Details of "Rotational Velocity"	
Scope	
Scoping Method	Geometry Selection
Geometry	All Bodies
Definition	
Define By	Components
Coordinate System	Coordinate System
X Component	12000 RPM (ramped)
Y Component	0. RPM (ramped)
Z Component	0. RPM (ramped)
X Coordinate	0. mm
Y Coordinate	0. mm
Z Coordinate	0. mm
Suppressed	No

图 8-20　Rotational Velocity 设置

3. 预应力模态分析设置及求解

(1)选中结构树中 Modal(D5)→Analysis Settings，在明细栏中将 Options→Max Modes to Find 改为 6，其他选项采用缺省设置，如图 8-21 所示；

(2)鼠标右键单击 Modal(D5)，选择 Solve，执行求解；

(3)单击 File→Save Project，保存分析项目。

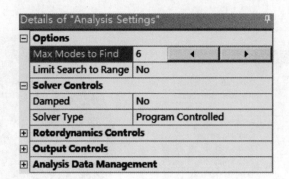

图 8-21　模态分析设置

4. 后处理

(1)选中结构树中的 Solution(D6),窗口下方的 Graph 及 Tabular Data 中给出了离心力作用下转轮的前 6 阶频率,如图 8-22 所示;

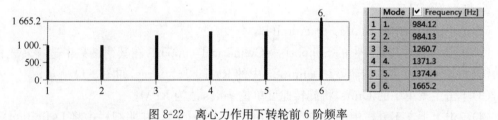

图 8-22　离心力作用下转轮前 6 阶频率

(2)在频率表格中单击鼠标右键,选择 Select All,再次单击鼠标右键,然后选择 Creat Modal Shape Results;

(3)右键结构树中的 Solution(D6),选择 Evaluate All Results,获得各频率下的振型;

(4)单击 File→Save Project,保存分析项目。

离心力作用下转轮的前 6 阶模态振型,如图 8-23 所示。

对照无预应力模态分析中的转轮频率值及振型图可以看出,在离心力作用下,转轮的前 6 阶振动频率值均有所提高。

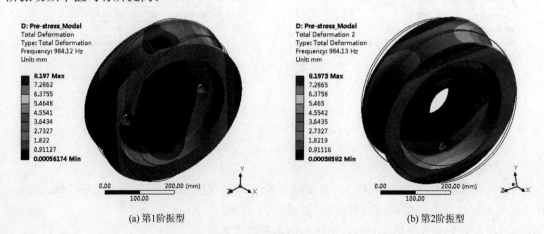

(a) 第1阶振型　　　　　　　　　　　　(b) 第2阶振型

图　8-23

第 8 章 结构模态分析

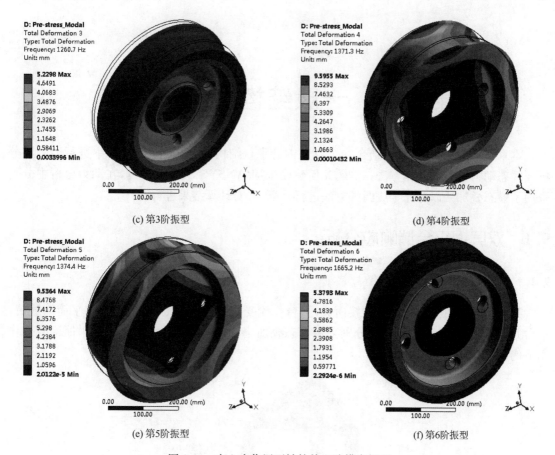

(c) 第3阶振型 (d) 第4阶振型

(e) 第5阶振型 (f) 第6阶振型

图 8-23　离心力作用下转轮前 6 阶模态振型

第 9 章 一般结构动力学分析

本章在模态分析基础上,结合一个双层钢管平台结构,介绍 Workbench 中进行谐响应分析及瞬态动力分析的操作方法。例题几何建模采用 ANSYS SCDM 工具,在动力分析中分别采用了模态叠加法以及完全法两种方法进行计算,并对计算结果进行对比。

9.1 双层钢平台谐响应分析

9.1.1 问题描述

某双层平台由型钢及钢板焊接而成,平台一侧受到幅值为 1.5×10^5 N 的水平简谐载荷,平台几何参数如图 9-1 所示,请分别采用模态叠加法和完全法计算该平台在水平简谐载荷作用下的动力响应。

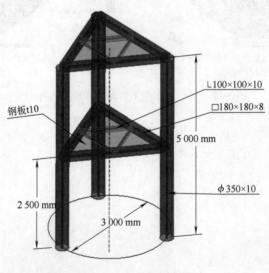

图 9-1 平台几何参数

9.1.2 基于 SCDM 创建几何模型

本节将采用 ANSYS SCDM 对该平台进行建模,下面给出建模的基本过程:

(1)单击 Windows 开始菜单→ANSYS SCDM,启动 ANSYS SCDM。

(2)单击设计标签下"草图"工具中的多边形工具,绘制一个三角形,具体设置如下:

1)在窗口左下方的"多边形选项-草绘"中取消"使用内圆半径"前的复选框,改为通过定义外接圆来定义多边形;

2)在图形显示窗口中,以任一点为中心点绘制多边形,按平面图工具▦(或按 V 键)直视草图,利用 Tab 键切换各参数,并输入多边形边数为3,外接圆直径为 3 m,顶点与水平线的夹角为 90°;

3)单击"模式"下的三维模式工具▢(或按 D 键),此时设计环境将由草绘模式切换至三维模型,三角形变成一个表面,如图 9-2 所示。

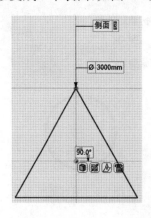 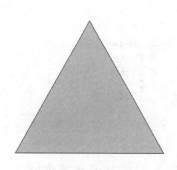

图 9-2 绘制三角形

(3)创建上层平台:
1)单击"设计"下的"移动"工具,按住鼠标中键旋转视角至合适方位;
2)选择三角形表面,单击垂直于三角形的箭头并按住 Ctrl 键向上拖动鼠标;
3)拖动一段距离后按空格键锁定距离输入窗口,输入值为 2.5 m,如图 9-3 所示。

(4)创建立柱直线:
1)单击"设计"下的"拉动"工具,按住 Ctrl 键选择上层三角形的 3 个顶点;
2)单击窗口左侧的拉动方向工具向导✏(或按 Alt 键),然后选择下层三角形,指定拉动方向,如图 9-4 所示;
3)向下拖动鼠标,按空格键锁定距离输入窗口,输入值为 5 m;
4)单击空白区域,完成拉动操作。

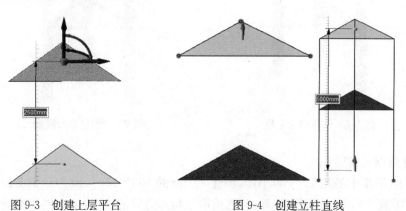

图 9-3 创建上层平台　　图 9-4 创建立柱直线

(5)创建圆形立柱:
1)单击准备标签下"横梁"工具中的轮廓工具▯,然后选择圆形管道截面○;

2)在结构树中展开"横梁轮廓",鼠标右键单击"圆形管道",选择"编辑横梁轮廓",如图9-5所示,此时程序将自动打开名为"圆形管道"的文件;

3)在"圆形管道"文件编辑窗口左上角的组标签下,将R_o和R_i分别改为175 mm、165 mm,如图9-6所示;

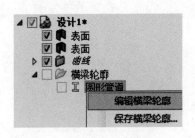
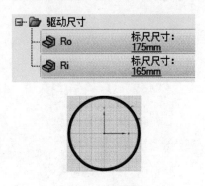

图 9-5　结构树中展开"横梁轮廓"　　　　图 9-6　编辑截面

4)关闭"圆形管道"文件;

5)单击"横梁"工具中的创建工具,然后分别点选3根立柱,此时立柱将深色显示;

6)将"横梁"工具中的显示选项由"线型横梁"改为"实体横梁",此时图形界面如图9-7所示。

(6)创建矩形横梁:

1)参照第(5)步中的第1)～4)小步,创建一个新的180×180×10的矩形截面;

2)单击"横梁"工具中的创建工具,然后分别点选三角形的边线,共计6条,此时图形截面如图9-8所示。

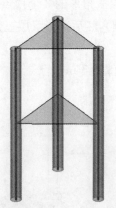
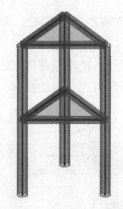

图 9-7　创建圆形立柱　　　　　　图 9-8　创建矩形横梁

(7)创建角钢次横梁:

1)参照第(5)步中的第1)～4)小步,创建一个新的100×100×10的角钢截面;

2)单击"横梁"工具中的创建工具,分别拾取三角形边线的中点,依次创建次横梁,如图9-9所示;

3)隐藏平台板,单击"横梁"工具中的定向工具,拾取上层的3根次横梁,拖动旋转箭头,按空格键锁定角度值,输入-90°,以使角钢摆正,如图9-10所示;

图 9-9　创建角钢次横梁

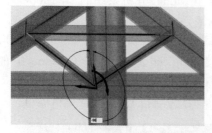

图 9-10　角钢定向

4)参照上一步对下层次横梁进行相同操作,摆正角钢朝向。

(8)定义平台板厚度:

1)在结构树中,按住 Ctrl 键选择两个平台板表面,在窗口左下方属性设置中的中间面厚度中输入 10 mm,如图 9-11 所示;

2)在结构树中,鼠标右键单击选中的两个平台表面,选择将这二者移到新部件中,此时结构树如图 9-12 所示。

(9)模型共享拓扑。在结构树中,选中名为"设计 1"的根目录(导入 Mechanical 后变成 Geom),在其属性设置中将分析中的共享拓扑结构改为"共享",如图 9-13 所示,以使后续离散时各部件之间的网格连续。

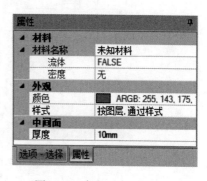

图 9-11　定义平台板厚度

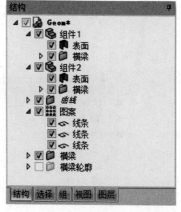

图 9-12　结构树　　　　图 9-13　共享拓扑设置

9.1.3 搭建项目分析流程

按照如下步骤搭建项目的分析流程：

(1) 在 ANSYS SCDM 中，单击主菜单准备标签下"ANSYS Workbench"中的 ANSYS 14.5 图标，进入 ANSYS Workbench；

(2) 在 Workbench 左侧工具箱中的分析系统中，拖动 Modal 分析系统至项目图解窗口中已存在的 Geometry 组件系统的 A2 单元格上；

(3) 从工具箱中拖动 HarmonicResponse 系统至 Modal 分析系统的 B6 Solution 单元格上，然后将 C 分析系统改名为"Mode Superposition_Harmonic Response"；

(4) 从工具箱中拖动 HarmonicResponse 系统至 Modal 分析系统的 B4 Model 单元格上，然后将 D 分析系统改名为"Full_Harmonic Response"；

(5) 鼠标右键单击 A2 Geometry 单元格，选择 Properties，确保 Basic Geometry Options 中的 Surface Bodies 及 LineBodies 已被勾选，将 Advanced Geometry Options 中的 Mixed Import Resolution 改为 Surface and Line，如图 9-14 所示；

(6) 单击 File→Save，输入"Harmonic Response"作为项目名称，保存分析项目。

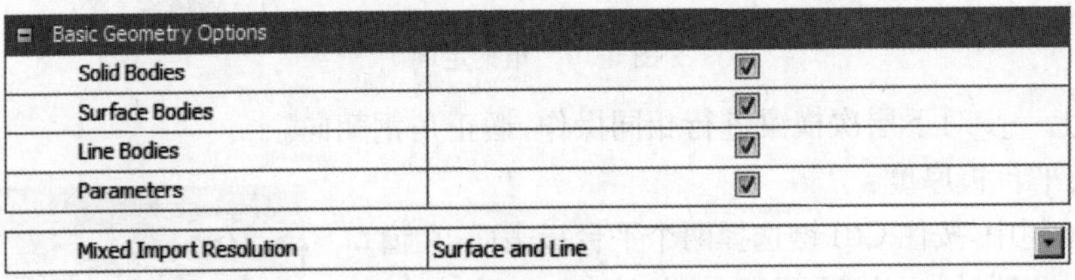

图 9-14 模型导入设置

搭建完成的项目分析流程如图 9-15 所示。

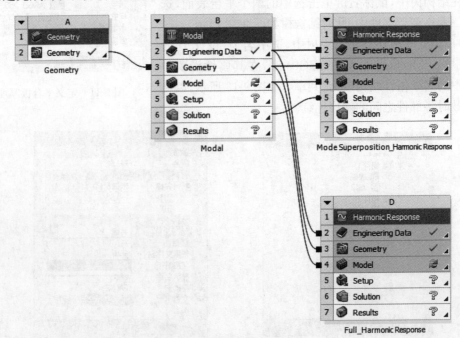

图 9-15 谐响应项目分析流程

9.1.4 划分网格

在 Mechanical 中按照如下步骤划分网格：
(1)双击 B4 Model 单元格，进入 Mechanical。
(2)在结构树中选中 Project→Model→Mesh，在其明细栏中进行如下设置：
1)将 Sizing→Use Advanced Size Function 改为 On:Curvature；
2)在上下文工具栏中选择 Mesh Control→Sizing，在明细栏中进行如下设置：
①拾取除立柱外的所有边作为 Scope 中的 Geometry；
②将 Definition 中的 Type 改为 Number of Divisions 并输入其值为 10；
③将 Behavior 改为 Hard，如图 9-16 所示。

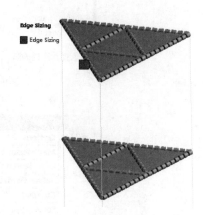

图 9-16　网格尺寸控制

3)在上下文工具栏中选择 Mesh Control→Mapped Face Meshing，在明细栏中拾取所有面作为 Scope 中的 Geometry。
(3)鼠标右键单击 Mesh，选择 Generate Mesh，对钢平台进行离散。
(4)单击 File→Save Project，保存分析项目。
(5)将菜单工具中的 Edge Coloring 由 By Body Color 改为 By Connection，以通过颜色查看网格是否连续，如图 9-17(a)所示。
(6)单击主菜单 View→Thick Shells and Beams，打开外形显示，如图 9-17(b)所示。离散后的钢平台模型，共包含 980 个 Nodes、783 个 Elements。

9.1.5 模态叠加法求解

在 Mechanical 中按照如下步骤进行模态叠加法谐响应分析：
1. 模态分析设置及求解
(1)在结构树中单击 Modal(B5)→Analysis Settings，在其明细栏中将 Options→Max Modes to Find 改为 12，如图 9-18 所示；
(2)选中 Modal(B5)，在上下文工具栏中选择 Supports→Fixed Support，选择平台底部的 3 个点作为其明细栏中 Scope 中的 Geometry 项的内容，如图 9-19 所示；
(3)鼠标右键单击 Solution(B6)，选择 Solve，执行求解；

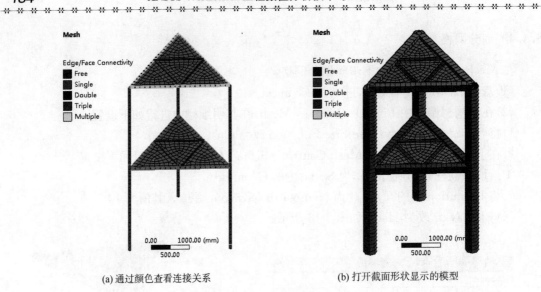

(a) 通过颜色查看连接关系　　　　(b) 打开截面形状显示的模型

图 9-17　钢平台有限元模型

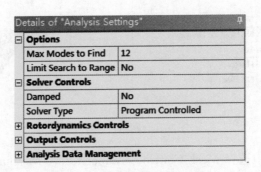

图 9-18　定义最大模态搜寻数

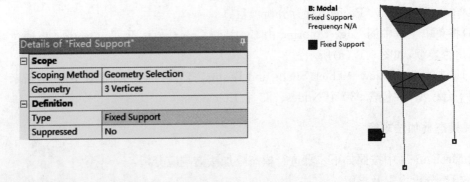

图 9-19　施加固定约束

(4) 选中结构树中的 Solution(B6)，窗口下方的 Graph 及 Tabular Data 中给出了钢平台前 12 阶自振频率，如图 9-20 所示；

(5) 在频率表格中单击鼠标右键，选择 Select All，再次单击鼠标右键，然后选择 Creat Modal Shape Results；

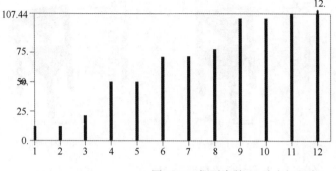

图 9-20 钢平台前 12 阶自振频率

(6) 右键结构树中的 Solution(C6)，选择 Evaluate All Results，获得各频率下的振型；

(7) 单击 File→Save Project，保存分析项目。

钢平台的前 12 阶模态振型如图 9-21 所示。从模态振型图中可以看出，第 1、2 阶振型表现为钢平台水平方向的摆动，第 3、6 阶振型表现为钢平台的扭转，第 4、5 阶振型表现为平台的弯曲，剩余振型表现为钢平台平台板法向的振动。

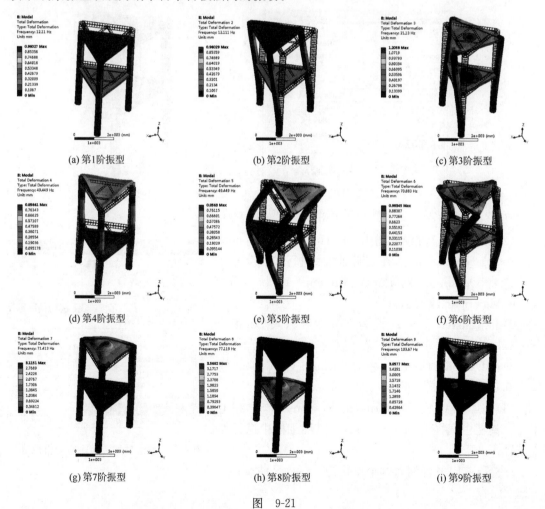

(a) 第1阶振型　　　　　　　(b) 第2阶振型　　　　　　　(c) 第3阶振型

(d) 第4阶振型　　　　　　　(e) 第5阶振型　　　　　　　(f) 第6阶振型

(g) 第7阶振型　　　　　　　(h) 第8阶振型　　　　　　　(i) 第9阶振型

图 9-21

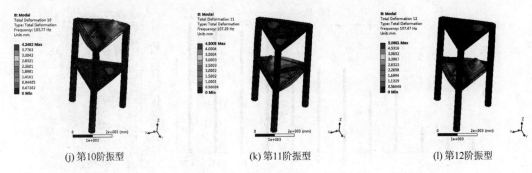

(j) 第10阶振型　　(k) 第11阶振型　　(l) 第12阶振型

图 9-21　钢平台前 12 阶模态振型

2. 模态叠加法谐响应分析设置及求解

(1)创建局部坐标系：

1)在结构树中，鼠标右键单击 Model→Coordinate Systems，选择 Insert→Coordinate System；

2)在明细栏中，确保 Definition→Type 为 Cartesian，在 Origin→Geometry 中选择上层平台侧面的两根立柱，如图 9-22 所示。

Details of "Coordinate System"	
Definition	
Type	Cartesian
Coordinate System	Program Controlled
Origin	
Define By	Geometry Selection
Geometry	Click to Change
Origin X	2249.9 mm
Origin Y	13.089 mm
Origin Z	-1203. mm
Principal Axis	
Axis	X
Define By	Global X Axis

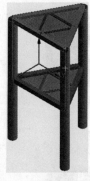

(a) 明细栏设置

(b) 图形显示

图 9-22　局部坐标系明细栏设置及图形显示

(2)分析设置。在结构树中单击 Harmonic Response(C5)→Analysis Settings，在其明细栏中进行如下设置：

1)将 Options 中的 Range Minimum 改为 0 Hz，Range Maximum 改为 70 Hz；

2)将 Cluster Results 设为 No，然后输入 Solution Intervals 值为 70；

3)在 Damping Controls 中的 Stiffness Coefficient 中输入 0.005，如图 9-23 所示。

Details of "Analysis Settings"	
Options	
Range Minimum	0. Hz
Range Maximum	70. Hz
Solution Intervals	70
Solution Method	Mode Superposition
Include Residual Vector	No
Cluster Results	No
Store Results At All Frequencies	Yes
Output Controls	
Damping Controls	
Constant Damping Ratio	0.
Stiffness Coefficient Define By	Direct Input
Stiffness Coefficient	5.e-003
Mass Coefficient	0.

图 9-23　模态叠加法谐响应分析设置

(3)施加荷载。选中 Harmonic Response(C5)，在上下文工具栏中选择 Loads→Force，在其明细栏中进行如下设置：

1)拾取上层平台侧面六个点作为 Scope 下 Geometry 的选项内容；

2）将 Definition 中的 Define By 改为 Components；
3）更改 Coordinate System 为新创建的局部坐标系；
4）输入 X Component 为 −1.5e5 N，如图 9-24 所示。

(a) 明细栏设置　　　　　　　　　　　　　(b) 图形显示

图 9-24　载荷设置明细及图形显示

（4）单击 File→Save Project，保存分析项目。
（5）右键单击 Solution(C6)，选择 Solve，执行求解。

3. 后处理

（1）选中 Solution(C6)，在上下文工具栏中选择 Frequency Response→Deformation，然后在其明细栏中进行如下设置：

1）在图形显示窗口中选择上层平台加载侧中间点作为 Scope→Geometry 的选项内容；
2）更改 Definition→Orientation 为 X Axis，如图 9-25 所示。

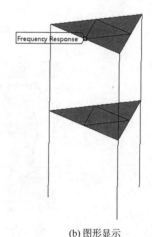

(a) 明细栏设置　　　　　　　　　　　　　(b) 图形显示

图 9-25　频率响应明细栏设置

（2）在结构树中鼠标右键单击 Solution(C6)，然后选择 Evaluate All Results，此时图形窗口中绘制出振幅及相位角随频率的变化曲线，如图 9-26 所示。

与此同时，窗口右下方的 Tabular Data 表格中列出了不同频率下的振幅及相位角具体数值，如图 9-27 所示。

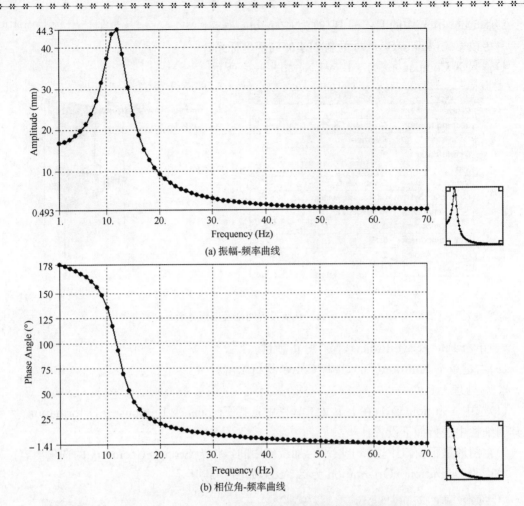

图 9-26　幅值及相位角随频率的变化曲线(模态叠加法)

Tabular Data	Frequency [Hz]	Amplitude [mm]	Phase Angle [°]
10	10.	37.302	135.28
11	11.	43.097	116.75
12	12.	44.272	92.618
13	13.	38.373	69.372
14	14.	30.238	52.368
15	15.	23.531	41.149
16	16.	18.661	33.662
17	17.	15.163	28.433

图 9-27　不同频率下的振幅及相位角(模态叠加法)

从上述计算结果可以看出,侧面水平载荷作用下钢平台的最大响应频率为 12 Hz,这与模态分析所得的第二阶频率值相近。

(3)在结构树中选中 Solution(C6)→Frequency Response,单击鼠标右键并选择 Create Contour Results,此时结构树中自动创建了 Directional Deformation 结果分支。

第 9 章　一般结构动力学分析

(4) 在上下文工具栏中选择 Stress→Equivalent(von-Mises),在其明细栏中将 Definition 中的 Frequency 改为 12 Hz,输入相位角为 −92.618°。

(5) 鼠标右键单击 Solution(C6)选择 Evaluate All Results,此时图形窗口中将绘制出钢平台最大振幅(12 Hz、92.618°)时的位移及应力分布云图,如图 9-28 及图 9-29 所示。

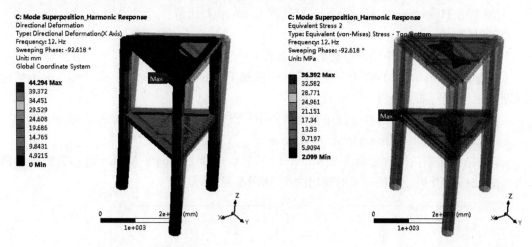

图 9-28　钢平台位移分布云图　　　　图 9-29　钢平台应力分布云图

9.1.6　完全法求解

本节采用完全法求解平台结构的简谐荷载响应,具体操作步骤如下:

1. 完全法谐响应分析设置及求解

(1) 分析设置

在结构树中单击 Harmonic Response2(D5)→Analysis Settings,在其明细栏中进行如下设置:

1) 将 Options 中的 Range Minimum 改为 0 Hz,Range Maximum 改为 70 Hz;

2) 输入 Solution Intervals 值为 70;

3) Solution Method 选择 Full;

4) 在 Damping Controls 中的 Stiffness Coefficient 中输入 0.005,如图 9-30 所示。

(2) 施加约束及荷载

选择 Harmonic Response2(D5)分支,在上下文工具栏中选择 Supports→Fixed Support,选择平台底部的 3 个点作为其明细栏中 Scope→Geometry 的对象,点击 Apply。

图 9-30　完全法谐响应分析设置

选择 Harmonic Response2(D5)分支,在上下文工具栏中选择 Loads→Force,在其明细栏中进行如下设置:

1) 拾取上层平台侧面六个点作为 Scope 下 Geometry 的选择内容;

2) 将 Definition 中的 Define By 改为 Components；
3) 更改 Coordinate System 为新创建的局部坐标系；
4) 输入 X Component 为 −1.5e5 N。

(3) 求解

右键单击 Harmonic Response2(D6)，选择 Solve，执行求解。

2. 后处理

计算完成后，按照如下步骤进行后处理操作：

(1) 选中 Solution(D6)，在上下文工具栏中选择 Frequency Response→Deformation，然后在其明细栏中进行如下设置：

1) 在图形显示窗口中选择上层平台加载侧中间点作为 Scope→Geometry 的选项内容；
2) 更改 Definition→Orientation 为 X Axis。

(2) 在结构树中鼠标右键单击 Solution(D6)，然后选择 Evaluate All Results，此时图形窗口中绘制出振幅及相位角随频率的变化曲线，如图 9-31 所示。

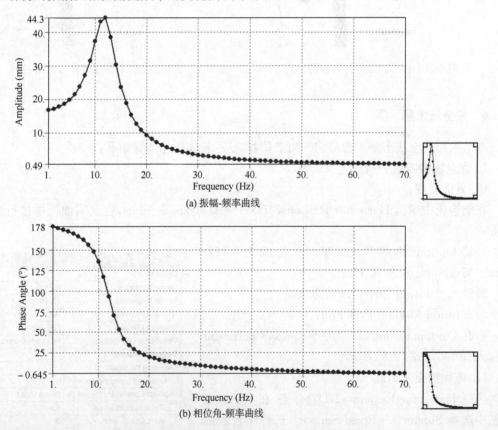

(a) 振幅-频率曲线

(b) 相位角-频率曲线

图 9-31 振幅及相位角随频率的变化曲线（完全法）

与此同时，窗口右下方的 Tabular Data 表格中列出了不同频率下的振幅及相位角具体数值，如图 9-32 所示。

从上述计算结果可以看出，水平载荷作用下钢平台最大响应频率为 12 Hz，与模态叠加法所得结论一致。

第9章 一般结构动力学分析

Frequency [Hz]	Amplitude [mm]	Phase Angle [°]
10 10.	37.316	135.29
11 11.	43.108	116.76
12 12.	44.278	92.637
13 13.	38.374	69.395
14 14.	30.234	52.397
15 15.	23.525	41.183
16 16.	18.654	33.702
17 17.	15.155	28.481

图 9-32　不同频率下的振幅及相位角（完全法）

9.2　双层钢平台瞬态结构分析

9.2.1　问题描述

双层钢平台侧面承受随时间变化的载荷，载荷曲线如图 9-33 所示，求该平台的瞬态动力响应。

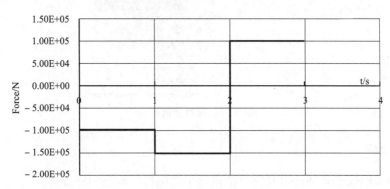

图 9-33　钢平台载荷

9.2.2　搭建项目分析流程

因本题所用模型与"双层钢平台谐响应分析"模型一致，故此处将基于已完成的谐响应分析项目重新搭建瞬态结构项目分析流程。

瞬态结构分析的求解方法包括模态叠加法和完全法，而加载方式又有多载荷步法和载荷时间历程法两种类型，本题将采用不同的求解方法和加载方式计算钢平台的瞬态响应。具体步骤如下：

(1) 打开"双层钢平台谐响应分析"保存的分析项目"Harmonic Response.wbpj"；

(2) 鼠标右键分别单击 C1、D1 Harmonic Response 单元格，选择 Delete 将这两个谐响应分析系统删除；

(3) 从左侧工具箱中拖动 Transient Structural 分析系统至 B Modal 分析系统的 B6 Solution 单元格上，然后将 C 分析系统改名为"Mode Superposition_Transient Structural"；

(4)从左侧工具箱中拖动 Transient Structural 分析系统至 C Transient Structural 分析系统的 C4 Model 单元格上,然后将 D 分析系统改名为"Full_Transient Structural";

(5)从左侧工具箱中拖动 Transient Structural 分析系统至 B Modal 分析系统的 B6 Solution 单元格上,然后将 E 分析系统改名为"Mode Superposition_Transient Structural";

(6)单击 File→Save As,输入"Transient Structural"作为项目名称,保存分析项目。

搭建完成的项目分析流程如图 9-34 所示,其中 C、E 分析系统采用模态叠加法求解,D 分析系统采用完全法求解;C、D 分析系统采用多载荷步法加载方式,E 分析系统采用载荷时间历程法加载方式。

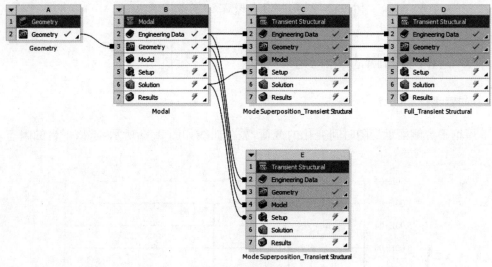

图 9-34 项目分析流程

9.2.3 瞬态分析

下面分别采用模态叠加法以及完全法进行平台结构的瞬态响应分析。

1. 模态叠加法

本节将分别采用多载荷步法和载荷时间历程法两种加载方式进行求解。

(1)多载荷步法加载

按照如下步骤进行多载荷步加载与分析:

1)分析设置

双击 C5 Setup 单元格进入 Mechanical 应用程序,在结构树中单击 Transient(C5)→Analysis,在明细栏中进行如下设置:

①输入 Number Of Steps 为 3;

②分别定义第 1~3 个载荷步的结束时间为 1 s、2 s、3 s;

③更改 Define By 为 Time,输入 Time Step 为 0.004 s;

④确保 Output Controls 下的 General Miscellaneous 为 Yes;

⑤在 Damping Controls→Stiffness Coefficient 中输入 0.005,如图 9-35 所示。

2)加载

①选中 Transient(C5),在上下文工具栏中单击 Loads→Force,在明细栏中进行如下设

第 9 章 一般结构动力学分析

Details of "Analysis Settings"	
Step Controls	
Number Of Steps	1.
Current Step Number	1.
Step End Time	3. s
Auto Time Stepping	Off
Define By	Time
Time Step	4.e-003 s
Time Integration	On
Options	
Output Controls	
Stress	Yes
Strain	Yes
Nodal Forces	No
Calculate Reactions	Yes
Expand Results From	Program Controll...
-- Expansion	Modal Solution
General Miscellaneous	Yes
Store Results At	All Time Points
Max Number of Result Sets	Program Controll...
Damping Controls	
☐ Constant Damping Ratio	0.
Stiffness Coefficient Define By	Direct Input
☐ Stiffness Coefficient	5.e-003
☐ Mass Coefficient	0.
Numerical Damping	Program Controll...

Tabular Data		
	Steps	End Time [s]
1	1	1.
2	2	2.
3	3	3.
*		

(a) 明细栏设置　　　　　　　　　　　　　　(b) 3 个载荷步设置

图 9-35　多载荷步分析设置（模态叠加法）

置：选中钢平台侧面 6 个点作为在 Scope→Geometry 项的内容；更改 Definition→Define By 为 Components；Coordinate System 改为定义的局部坐标系；输入 X Component 值为 −1e5 N；在窗口下方的 Tabular Data 表格中选中第 2、3 个载荷步，单击鼠标右键选择 Activate/Deactivate at this step! 将它们抑制，仅激活第 1 个载荷步，如图 9-36 所示。

Details of "Force"	
Scope	
Scoping Method	Geometry Selection
Geometry	6 Vertices
Definition	
Type	Force
Define By	Components
Coordinate System	Coordinate System
☐ X Component	-1.e+005 N (step applied)
☐ Y Component	0. N (step applied)
☐ Z Component	0. N (step applied)
Suppressed	No

Tabular Data					
	Steps	Time [s]	☑ X [N]	☑ Y [N]	☑ Z [N]
1	1	0.	= -1.e+005	= 0.	= 0.
2	1	1.	-1.e+005	0.	0.
3	2	2.	= -1.e+005	= 0.	= 0.
4	3	3.	= -1.e+005	= 0.	= 0.

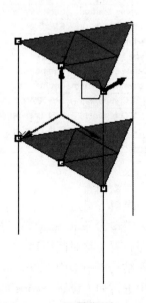

(a) 明细栏设置　　　　　　　　　　　　　　(b) 图形显示

图 9-36　载荷步 1 加载明细

②选中 Transient(C5),在上下文工具栏中单击 Loads→Force,在明细栏中进行如下设置:选中钢平台侧面 6 个点作为在 Scope→Geometry 项的内容;更改 Definition→Define By 为 Components;Coordinate System 改为定义的局部坐标系;输入 X Component 值为-1.5e5 N;在窗口下方的 Tabular Data 表格中选中第 1、3 个载荷步,单击鼠标右键选择 Activate/Deactivate at this step! 将它们抑制,仅激活第 2 个载荷步,如图 9-37 所示。

Details of "Force 2"	
Scope	
Scoping Method	Geometry Selection
Geometry	6 Vertices
Definition	
Type	Force
Define By	Components
Coordinate System	Coordinate System
☐ X Component	-1.e+005 N (step applied)
☐ Y Component	0. N (step applied)
☐ Z Component	0. N (step applied)
Suppressed	No

Tabular Data					
	Steps	Time [s]	☑ X [N]	☑ Y [N]	☑ Z [N]
1	1	0.	= -1.5e+005	= 0.	= 0.
2	1	1.	-1.5e+005	0.	0.
3	2	2.	= -1.5e+005	= 0.	= 0.
4	3	3.	= -1.5e+005	= 0.	= 0.

图 9-37 载荷步 2 加载明细

③选中 Transient(C5),在上下文工具栏中单击 Loads→Force,在明细栏中进行如下设置:选中钢平台侧面 6 个点作为在 Scope→Geometry 项的内容;更改 Definition→Define By 为 Components;Coordinate System 改为定义的局部坐标系;输入 X Component 值为 1e5 N;在窗口下方的 Tabular Data 表格中选中第 1、2 个载荷步,单击鼠标右键选择 Activate/Deactivate at this step! 将它们抑制,仅激活第 3 个载荷步,如图 9-38 所示。

Details of "Force 3"	
Scope	
Scoping Method	Geometry Selection
Geometry	6 Vertices
Definition	
Type	Force
Define By	Components
Coordinate System	Coordinate System
☐ X Component	1.e+005 N (step applied)
☐ Y Component	0. N (step applied)
☐ Z Component	0. N (step applied)
Suppressed	No

Tabular Data					
	Steps	Time [s]	☑ X [N]	☑ Y [N]	☑ Z [N]
1	1	0.	= 1.e+005	= 0.	= 0.
2	1	1.	1.e+005	0.	0.
3	2	2.	= 1.e+005	= 0.	= 0.
4	3	3.	= 1.e+005	= 0.	= 0.

图 9-38 载荷步 3 加载明细

3)求解

右键单击 Solution(C6),选择 Solve,执行求解。

4)查看位移时间历程

在结构树中选中 Solution(C6),单击上下文工具栏中的 Deformation→Directional,在明细栏中进行如下设置:Scope 的 Geometry 区域中选择上层平台加载侧中间点,点击 Apply;更改 Definition→Orientation 为 X Axis;更改 Coordinate System 为新创建的局部坐标系。设置及选择点的位置如图 9-39 所示。

第 9 章 一般结构动力学分析

Details of "Directional Deformation"	
Scope	
Scoping Method	Geometry Selection
Geometry	1 Vertex
Definition	
Type	Directional Deformation
Orientation	X Axis
By	Time
Display Time	Last
Coordinate System	Coordinate System
Calculate Time History	Yes
Identifier	
Suppressed	No

(a) 明细栏设置　　　　　　　　　　(b) 图形显示

图 9-39　定义点方向位移

右键单击 Solution(C6)，选择 Evaluate All Results，窗口下方的 Graph 及 Tabular Data 中给出了上层平台加载侧中间点的位移变化曲线及数据，如图 9-40 所示。$t=2.044$ s 时上层平台加载侧中间点的最大位移为 26.164 mm。

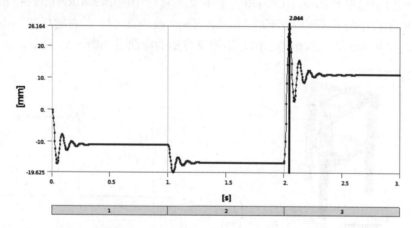

图 9-40　上层平台加载侧中间点位移曲线

5) 查看时间历程最大响应时刻的位移分布

在结构树中选中 Solution(C6)，单击上下文工具栏中的 Deformation→Total，在明细栏中将 Definition 下的 Display Time 改为 2.044 s，右键单击 Solution(C6)，选择 Evaluate All Results 后，图形显示窗口中绘出钢平台的整体变形云图，如图 9-41 所示。

6) 查看框架的内力

① 在结构树中选中 Solution(C6)，单击上下文工具栏中的 Beam Results→Axial

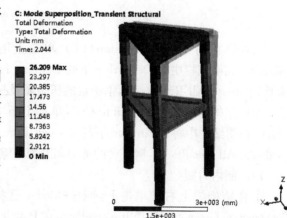

图 9-41　$t=2.044$ s 钢平台应力云图

Force,在明细栏中将 Definition 下的 Display Time 改为 2.044 s,右键单击 Solution(C6),选择 Evaluate All Results 后,钢平台的轴力图及轴力响应曲线如图 9-42 所示。

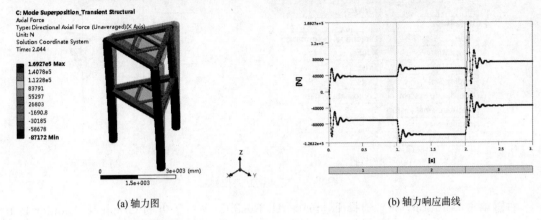

(a) 轴力图　　　　　　　　　　　　(b) 轴力响应曲线

图 9-42　$t=2.044$ s 钢平台轴力图及轴力响应曲线

②在结构树中选中 Solution(C6),单击上下文工具栏中的 Beam Results→Total Bending Moment,在明细栏中将 Definition 下的 Display Time 改为 2.044 s,右键单击 Solution(C6),选择 Evaluate All Results 后,钢平台的弯矩图及弯矩响应曲线如图 9-43 所示。

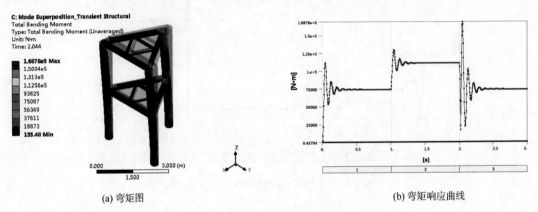

(a) 弯矩图　　　　　　　　　　　　(b) 弯矩响应曲线

图 9-43　$t=2.044$ s 钢平台弯矩图及弯矩响应曲线

③在结构树中选中 Solution(C6),单击上下文工具栏中的 Beam Results→Torsional Moment,在明细栏中将 Definition 下的 Display Time 改为 2.044 s,右键单击 Solution(C6),选择 Evaluate All Results 后,钢平台的扭矩图及扭矩响应曲线如图 9-44 所示。

④在结构树中选中 Solution(C6),单击上下文工具栏中的 Beam Results→Total Shear Force,在明细栏中将 Definition 下的 Display Time 改为 2.044 s,右键单击 Solution(C6),选择 Evaluate All Results 后,钢平台的剪力图及剪力响应曲线如图 9-45 所示。

7) 绘制内力图

①在结构树上右键单击 Project→Model,选择 Insert→Construction Geometry,右键单击 Construction Geometry,选择 Insert→Path,在 Path 明细栏中将 Definition→Path Type 改为 Edge,按住 Ctrl 键选择任意一根立柱的边(2 条)作为 Scope→Geometry 选项内容,如图 9-46 所示;

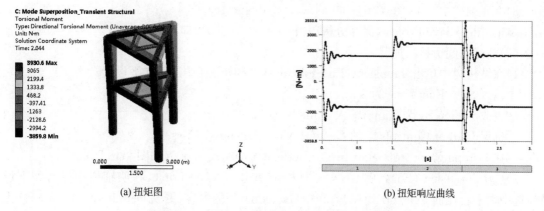

图 9-44　$t=2.044$ s 钢平台扭矩图及扭矩响应曲线

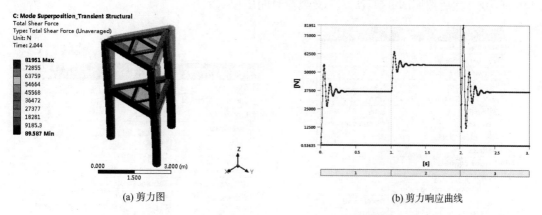

图 9-45　$t=2.044$ s 钢平台剪力图及剪力响应曲线

②在结构树中选中 Solution(C6)，单击上下文工具栏中的 Beam Results→Shear-Moment Diagram，在明细栏中将 Scope 下的 Path 改为新创建的路径，将 Definition 下的 Display Time 改为 2.044 s，右键单击 Solution(C6)，选择 Evaluate All Results 后，钢平台的剪力图及剪力响应曲线如图 9-47 所示。

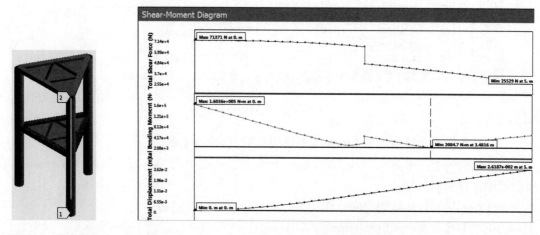

图 9-46　定义路径　　　　　　　　图 9-47　立柱上的剪力-弯矩图

8)保存

单击 File→Save Project,保存分析项目。

(2)载荷时间历程法加载

1)在结构树中单击 Transient(E5)→Analysis,在明细栏中进行如下设置:

①输入 Step End Time 为 3 s;

②更改 Define By 为 Time,输入 Time Step 为 0.004 s;

③确保 Output Controls 下的 General Miscellaneous 为 Yes;

④在 Damping Controls→Stiffness Coefficient 中输入 0.005,如图 9-48 所示。

2)选中 Transient(E5),在上下文工具栏中单击 Loads→Force,在明细栏中进行如下设置:选中钢平台侧面 6 个点作为在 Scope→Geometry 项的内容;更改 Definition→Define By 为 Components;Coordinate System 改为定义的局部坐标系;X Component 改为 Tabular Data;如图 9-49 所示,然后按照图 9-50 所示定义载荷时间历程。

Details of "Analysis Settings"

Step Controls	
Number Of Steps	1.
Current Step Number	1.
Step End Time	3. s
Auto Time Stepping	Off
Define By	Time
Time Step	4.e-003 s
Time Integration	On
Options	
Output Controls	
Damping Controls	
Constant Damping Ratio	0.
Stiffness Coefficient Define By	Direct Input
Stiffness Coefficient	5.e-003
Mass Coefficient	0.

图 9-48 载荷时间历程分析设置

Details of "Force"

Scope	
Scoping Method	Geometry Selection
Geometry	6 Vertices
Definition	
Type	Force
Define By	Components
Coordinate System	Coordinate System
X Component	Tabular Data
Y Component	Tabular Data
Z Component	Tabular Data
Suppressed	No

图 9-49 载荷明细设置

Tabular Data

	Steps	Time [s]	X [N]	Y [N]	Z [N]
1	1	0.	0.	= 0.	= 0.
2	1	1.e-002	-1.e+005	0.	0.
3	1	1.	-1.e+005	= 0.	= 0.
4	1	1.01	-1.5e+005	0.	0.
5	1	2.	-1.5e+005	0.	0.
6	1	2.01	1.e+005	0.	0.
7	1	3.	1.e+005	= 0.	= 0.
*					

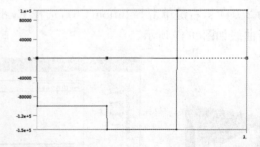

图 9-50 定义载荷时间历程

3)在结构树中右键单击 Solution(E6),选择 Solve,执行求解。

4)在结构树中选中 Solution(E6),单击上下文工具栏中的 Deformation→Directional,在明细栏中进行如下设置:

①选择上层平台加载侧中间点作为 Scope→Geometry 项的内容;

②更改 Definition→Orientation 为 X Axis;

第9章 一般结构动力学分析

③更改 Coordinate System 为新创建的局部坐标系。

5)右键单击 Solution(E6),选择 Evaluate All Results,窗口下方的 Graph 及 Tabular Data 中给出了上层平台加载侧中间点的位移变化曲线及数据,如图 9-51 所示。$t=2.048$ s 时上层平台加载侧中间点的最大位移为 25.805 mm,这与采用多载荷步法加载所得结果基本一致。

图 9-51　上层平台加载侧中间点位移曲线(模态叠加法)

2. 完全法

下面采用多载荷步的完全法求解结构的瞬态响应。

(1)在结构树中单击 Transient(D5)→Analysis,在明细栏中进行如下设置:

1)输入 Number Of Steps 为 3;

2)分别定义第 1~3 个载荷步的结束时间为 1 s、2 s、3 s;

3)将 Auto Time Stepping 改为 On;

4)更改 Define By 为 Time,输入 Initial Time Step 为 0.004 s,Minimum Time Step 为 0.004 s,Maximum Time Step 为 0.01 s;

5)在 Damping Controls→Stiffness Coefficient 中输入 0.005,如图 9-52 所示。

(2)拖动 Transient(C5)中的 Force、Force1 和 Force2 至 Transient(D5)。

(3)选中 Transient(D5),在上下文工具栏中选择 Supports→Fixed Support,选择平台底部的 3 个点作为其明细栏中 Scope 中的 Geometry 项的内容。

(4)右键单击 Solution(D6),选择 Solve,执行求解。

(5)在结构树中选中 Solution(D6),单击上下文工具栏中的 Deformation→Directional,在明细栏中进行如下设置:

1)选择上层平台加载侧中间点作为 Scope→Geometry 项的内容;

2)更改 Definition→Orientation 为 X Axis;

3)更改 Coordinate System 为新创建的局部坐标系。

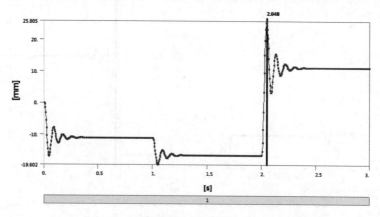

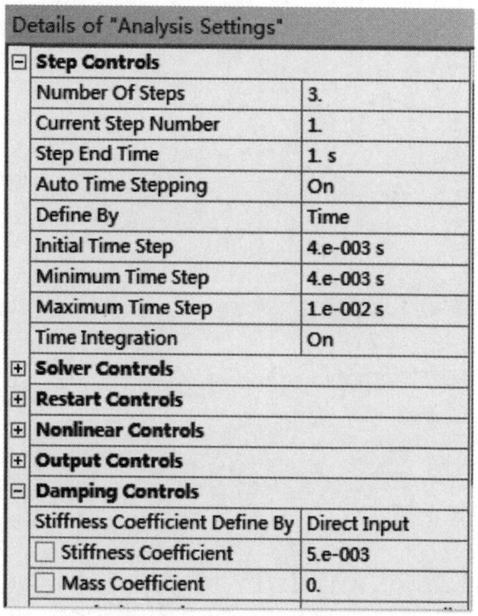

图 9-52　多载荷步分析设置(完全法)

(6)右键单击 Solution(E6),选择 Evaluate All Results,窗口下方的 Graph 及 Tabular Data 中给出了上层平台加载侧中间点的位移变化曲线及数据,如图 9-53 所示。$t=2.044$ s 时上层平台加载侧中间点的最大位移为 26.968 mm,与模态叠加法所得结果一致。

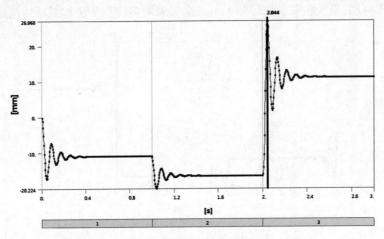

图 9-53　上层平台加载侧中间点位移曲线(完全法)

第 10 章 ANSYS Fluent 的基本使用

ANSYS Fluent 是集成于 Workbench 中的 CFD 分析组件。本章系统介绍了 Fluent 组件的启动与操作要点、分析模型及选项设置方法、流体分析的后处理方法等内容。在后处理部分，介绍了基于 Fluent 自身功能以及基于 CFD-Post 专用后处理器的操作方法。

10.1 Fluent 的操作界面简介

一般通过 Fluent Launcher 来启动 Fluent 软件界面。在 ANSYS Workbench 的项目图解（Project Schematic）视图的 Fluid Flow（Fluent）系统中，双击 Setup 单元格即弹出 Fluent Launcher 软件启动器对话框，如图 10-1 所示。

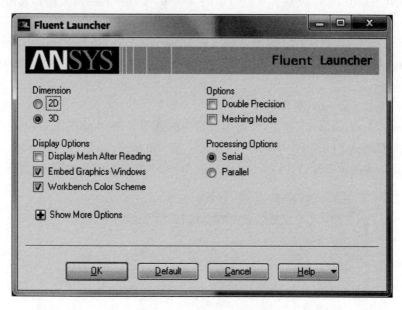

图 10-1　Fluent 启动设置对话框

10.1.1　Fluent 启动选项

Fluent Launcher 包含一系列的 Fluent 软件启动选项，下面对这些选项进行介绍。

1. Dimension 选项

在 Dimension 选项下，有 2D 和 3D 两个选项可供选择。当要处理的为二维问题时，选择 2D；当要处理的为三维问题时，选择 3D。

2. Display Options 选项

在 Display Options 选项下，包含 3 个与图形显示有关的选项。

(1) Display Mesh After Reading

勾选 Display Mesh After Reading（默认情况下禁用）选项后，利用 ANSYS Fluent 读取 mesh 或 case 文件后，在图形显示窗口会自动显示划分的网格。

(2) Embed Graphics Windows

勾选 Embed Graphics Windows（默认情况下启用）选项后，Fluent 图形窗口会嵌入到 Fluent 主体窗口中，否则会单独成为浮动图形窗口。

(3) Workbench Color Scheme

勾选 Workbench Color Scheme（默认情况下启用）选项后，Fluent 图形窗口会使用 ANSYS Workbench 默认的蓝色背景，而不是经典的黑色背景。

3. Options 选项

在 Options 选项下，可以实现如下操作：

(1) Fluent 默认情况下为单精度求解器。在很多情况下，单精度求解器已经足够精确。但是双精度求解器更适合某些特定的情况，例如共轭传热和多相流中的人口平衡模型等。当需要使用双精度求解器进行求解时，勾选 Double Precision 选项即可。

(2) 勾选 Meshing Mode 进入 Fluent 之后所有的菜单及工具栏都是灰的，需要导入几何才会激活。Fluent 的 Meshing 模块其实是以前的 TGrid，可以导入网格文件和几何文件。

4. Processing Options 选项

Processing Options 选项用于设置求解模式是 Serial（串行）还是 Parallel（并行）。如果选择 Parallel 并行计算后，可以通过更改 Number of Processes 选项来指定计算需要使用的 CPU 核数。

5. Show More Options（更多选项）

点击 Show More Options 开关，即可展开更多的选项卡，对更多的 Fluent 选项进行设置。这些选项包括 General Options、Remote、Parallel Settings、Scheduler、Environment 等，如图 10-2 所示。具体请查看 ANSYS Fluent Getting Started 指南的相关内容，这里不再展开介绍。

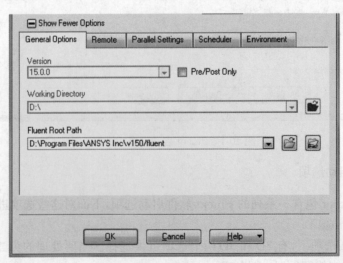

图 10-2　显示更多选项

在图 10-2 中，按下 Show Fewer Options 开关，则关闭更多选项。

10.1.2 Fluent 操作界面

在 Fluent Launcher 中完成相关选项及参数的设置后,点 OK 按钮,即可启动 Fluent 软件的 CFD 分析界面。

Fluent 的操作界面如图 10-3 所示,此界面包括菜单栏、工具栏、分析导航面板、任务页面、图形显示窗口以及控制台等部分。此外,操作过程中很多参数的输入需要在弹出的对话框中完成。

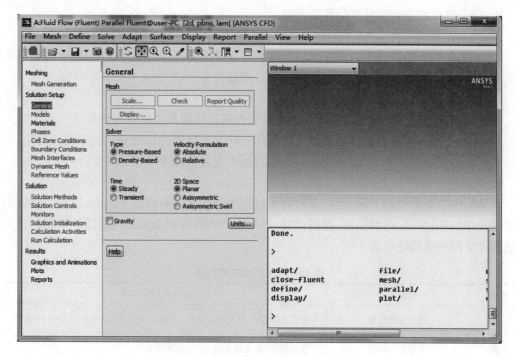

图 10-3　Fluent 操作界面

下面对 Fluent 界面的各部分进行简单介绍。

1. 菜单栏

在操作界面最上侧的为菜单栏,菜单栏包括下列菜单项目:

(1)File 菜单

File 菜单包括 CFD 分析相关文件的读写以及文件的导入导出等功能,Flie 菜单还包含图像窗口的图片输出功能。

(2)Mesh 菜单

Mesh 菜单包括网格检查、网格分割等与网格相关的操作。

(3)Define 菜单

Define 菜单可用于定义物理模型、边界条件、用户定义信息等。

(4)Solve 菜单

Solve 菜单用于定义求解器参数及监控参数等。

(5)Adapt 菜单

Adapt 菜单用于网格自适应设置。

(6) Surface 菜单

Surface 菜单用于定义面,可以监控面上的参数,也可以用于结果后处理。

(7) Display 菜单

Display 菜单多用于后处理操作及显示设置。

(8) Report 菜单

Report 菜单主要用于后处理数据的报告输出。

(9) Parallel 菜单

Parallel 菜单用于并行计算的相关设置。

(10) View 菜单

View 菜单用于界面布局的设置,比如:控制图形界面各部分的显示或隐藏,选择只显示控制台或界面各部分同时显示,还可选择图形窗口拆分为 2 个、3 个或 4 个子窗口等。

(11) Help 菜单

Help 菜单用于打开在线帮助文档,还提供了查看软件版本信息等功能。

需要指出的是,菜单栏包括的部分常用操作实际上也可通过后面介绍的工具栏按钮、导航面板及任务页面等方式来实现,因此实际操作过程中直接使用菜单栏比较少。

2. 工具栏

工具栏位于菜单栏的下面,由一系列操作过程中常用的工具按钮所组成,这些按钮提供了与文件操作、调用帮助、图像输出、视图控制、窗口排列布局等相关的操作功能。常用的工具栏按钮及对应的功能描述见表 10-1。

表 10-1 常用的工具按钮

按钮	按钮名称	按钮的功能描述
	打开文件按钮	包含 File 菜单中的部分内容,更加方便打开 mesh、case、date 等文件
	保存文件按钮	常用按钮,较方便保存 case、date 等文件
	图像输出按钮	将图形显示窗口以合适的图片格式输出,还可以调整图片的长度和高度
	帮助文档按钮	快速调用 Fluent Help
	视图旋转按钮	对图形显示窗口的网格进行旋转操作
	视图平移按钮	对图形显示窗口的网格进行平移操作
	视图放大按钮	对图形显示窗口的网格进行放大操作
	区域放大按钮	对图形显示窗口的某一区域的网格进行放大操作
	鼠标信息按钮	获得鼠标单击位置处的信息
	适应窗口按钮	当对图形显示窗口的网格进行放大或者平移操作后,单击该按钮使网格的显示适应图形显示窗口的大小
	视图显示按钮	单击该按钮会有 7 种坐标系的排列方式,选择合适的坐标系显示方式,方便查看网格文件
	窗口排列按钮	调整 Fluent 操作界面的布局
	图形显示窗口排列设置按钮	调整图形显示窗口的布局

3. CFD 分析导航面板

CFD 分析导航面板位于 Fluent 界面的左侧，由 Meshing（网格）、Solution Setup（物理设置）、Solution（求解选项）和 Results（后处理）四个项目分支组成，每个项目分支又包含一系列的子分支。

CFD 分析导航面板的各分支可引导用户完成 CFD 问题的物理设置、求解以及后处理等分析任务。后面将详细介绍每个导航面板各分支所包含的具体选项和设定方法。

4. 任务选项页面

在分析导航面板中单击某个分支下的子分支时，导航面板右侧会出现相应的任务选项页面，这个页面包含了与当前操作相关的各种参数和选项，通过设置这些参数和选项，即可完成相关的分析任务。

5. 图形显示窗口

图形显示窗口用于显示反映当前操作结果的图形。比如：打开 Fluent 并读入网格后，会在该窗口显示网格；计算完成后，会在该窗口显示所要求的后处理结果等。

6. 控制台窗口

控制台窗口主要用于输入 Fluent 操作命令，也在此窗口中给出命令或菜单操作的执行反馈信息。

10.2 Fluent 分析选项设置及求解

10.2.1 Fluent 分析选项设置

Fluent 求解器的分析设置选项集中于分析导航面板的 Solution Setup 分支下，共包含 General、Models、Materials、Phases、Cell Zone Conditions、Boundary Conditions、Mesh Interfaces、Dynamic Mesh 以及 Reference Values 等 9 个子分支。

1. General 分支

在分析导航面板中选择 General 分支时，在工作区的中部会出现 General 任务选项页面，如图 10-4 所示。General 分支用来设置关于网格和求解器的一般性选项。下面对这些选项进行介绍。

（1）Mesh 操作

General 面板中提供了针对 Mesh 的 Scale（缩放）、Check（检查）、Report Quality（报告网格质量）以及 Display（显示网格）等操作。

（2）Solver 选项

Solver 控制区包括 Type、Velocity Formulation、Time 以及 2D Space 等选项。Type 选项用于选择求解器类型，包括基于压力以及基于密度的求解器。Velocity Formulation 选项用于设置速度公式，

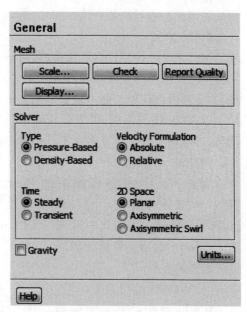

图 10-4 General 任务选项页面

包括 Absolute 和 Relative 两个选项,其中 Relative 选项只能在选择基于压力求解器的情况下使用。Time 选项用于设置所求解的问题是否与时间相关,包括稳态问题(定常问题)以及瞬态问题(非定常问题)两种。2D Space 选项用于设置二维求解域的类型,可选择的选项包括 Planar(平面)、Axisymmetric(轴对称)和 Axisymmetric Swirl(轴对称旋转)三类。当导入的网格为 3D 时,没有该选项。

(3) Gravity 选项

当计算问题需要考虑重力时,勾选 Gravity 复选框,并指定重力加速度的三个分量,如图 10-5 所示。

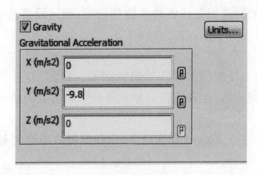

图 10-5 设置重力

2. Models 分支

Models 分支主要用来设置 CFD 分析中所采用的物理模型。在分析导航面板中选择 Models 分支时,在工作区的中部会出现 Models 任务页面,如图 10-6 所示。常用的物理模型主要包括 Multiphase、Energy、Viscous、Radiation 等类型。下面对分析中常用的物理模型进行简单介绍。

(1) Multiphase 模型

Multiphase 模型即多相流模型,可选择的模型包括 VOF 模型、混合模型、Euler 模型。在选择了多相流模型后,还需要在任务页面中设置多相流模型的选项和参数。以 VOF 模型为例,需要设置的项目包括多相流相的数目、体积分数的计算格式及其他相关选项。

(2) Energy 选项

双击 Models 任务页面下的 Energy 选项,出现"Energy"设置对话框。当模拟计算涉及到传热和能量计算时,需要通过勾选其中的"Energy Equation"选项以激活 Energy 选项。勾选此项后,Fluent 在求解过程中会考虑能量方程。

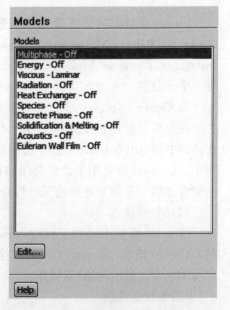

图 10-6 Models 任务页面

(3) Viscous 选项

在 Fluent 中,Viscous 选项用于选择黏性模型,可用的模型包括 Inviscid、Laminar、Spalart-Allmaras、k-epsilon、k-omega、Transition k-kl-omega、Transition SST、Reynolds

Stress、Scale-Adaptive Simulation、Detached Eddy Simulation 及 Large Eddy Simulation 等。利用这些模型，可以实现对无黏流动、层流以及湍流的模拟。表 10-2 列出了一些常用的黏性计算模型，并对其特点和应用范围等作了简单描述。

表 10-2 Fluent 中的 Viscous Model

Viscous 模型	特点及应用范围
Inviscid	用于处理无黏流动问题
Laminar	用于处理层流问题
Spalart-Allmaras	该模型主要用于处理具有壁面边界的空气流动问题，对机翼外部绕流问题具有较好的模拟结果
k-epsilon	该模型在工程上应用较为广泛
k-omega	该模型是基于 Wilcox k-ω 模型发展而来的，对低雷诺数流、可压缩流和剪切流进行了一定的修正
Transition k-kl-omega	该模型用于预测边界层的发展，可以有效的解决边界层从层流过渡到紊流的情况
Transition SST	该模型通过将 SST k-ω 和其他的两个输运方程进行耦合计算求得计算结果
Reynolds Stress	直接求解雷诺平均 N-S 方程中的雷诺应力项，同时求解耗散率方程
Large Eddy Simulation	用瞬时的 N-S 方程直接模拟湍流中的大尺度涡，不直接模拟小尺度涡，而小涡对大涡的影响通过近似的模型来考虑

（4）Radiation 选项

Radiation 选项用于设置辐射模型。在 Fluent 中，主要包括五种辐射模型，即 Rosseland 模型、P1 模型、DTRM 模型、DO 模型及表面辐射（S2S）模型。

（5）Heat Exchanger 选项

Heat Exchanger 选项用于设置热交换模型。

（6）Species 选项

双击 Models 任务页面的 Species 选项，出现"Species Model"设置对话框，如图 10-7 所示。

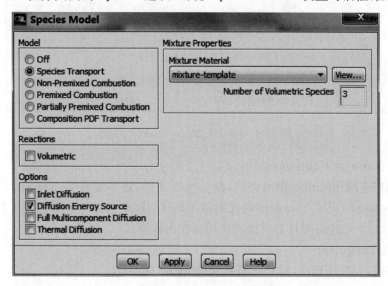

图 10-7 Specise Model 对话框

利用所选择的 Species 模型计算组分输运以及燃烧化学反应过程。在气相反应中可以采用的计算模型有 Species Transport(组分输运及有限速率模型)、Non-Premixed Combustion(非预混燃烧模型)、Premixed Combustion(预混燃烧模型)、Partially Premixed Combustion(部分预混燃烧模型)、Composition PDF Transport(输运燃烧模型)。

以 Species Transport 为例,在 Mixture Material(混合物材料)中选择所计算问题涉及到的反应物,在 Number of Volumetric Species(体积组分数量)中自动显示混合物中的组分数量。如需完整计算多组分的扩散或热扩散,就选择 Full Multicomponent Diffusion(完整多组分扩散)及 Thermal Diffusion(热扩散)选项。

(7)Discrete Phase 选项

Discrete Phase 选项用于设置离散相模型,利用离散相模型可计算散布在流场中的粒子的运动和轨迹。双击 Models 任务页面下的 Discrete Phase 选项,出现"Discrete Phase Model"设置对话框,如图 10-8 所示。需要设置的选项包括:

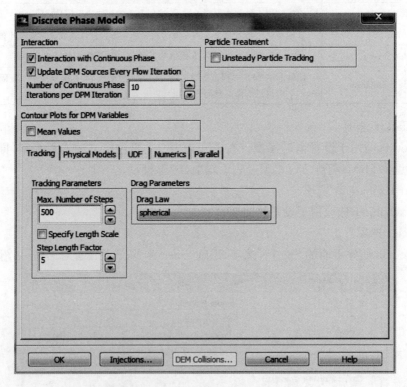

图 10-8　Discrete Phase Model 对话框

1)Interaction with Continuous Phase

即离散相与连续相的相互作用选项,激活该选项后,还需要设置 Number of Continuous Phase Iterations per DPM Iteration(每次离散相迭代间隔的连续相计算迭代次数),缺省设置为 10,即每进行 10 步连续相计算就做一次相互作用计算。

2)Particle Treatment

对瞬态问题,勾选该选项,同时还需要设置追踪时间步长。

(8)Solidification & Melting 选项

Solidification & Melting 选项用于设置流体的固化和溶解模型。双击 Models 任务页面的 Solidification & Melting 选项,出现"Solidification & Melting Model"设置对话框,如图 10-9 所示。激活 Solidification and Melting 模型后,Fluent 将自动启动能量方程的计算。需要设置的选项包括:

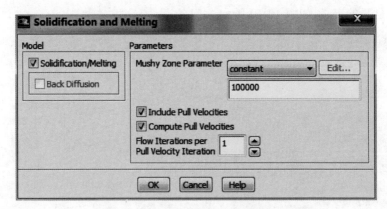

图 10-9　Solidification and Melting 对话框

1) Mushy Zone 参数

Mushy Zone Constant(糊状区域常数)的取值范围一般在 $10^4 \sim 10^7$ 之间,取值越大沉降曲线就越陡峭,固化过程的计算速度就越快,但是取值过大容易引起计算振荡,因此需要在计算中通过试算获得最佳数值。

2) Pull Velocities 选项

如果在计算中需要计算固体材料的拉出速度(pull velocity),则要打开 Include Pull Velocities(包含拉出速度)选项。在计算拉出速度的同时,如果希望用速度边界条件推算拉出速度,则打开 Compute Pull Velocities(计算拉出速度)选项,并定义 Flow Iterations Per Pull Velocity Iteration(拉出速度迭代一次对应的流场迭代次数)。在缺省情况下,流场每迭代一次计算一次拉出速度,即该参数的缺省值为 1。

(9) Acoustics 选项

Acoustics 选项用于选择气动噪声模型。双击 Models 任务页面下的 Acoustics 选项,出现"Acoustics Model"设置对话框,在其中选择所需的模型。Fluent 提供 Ffowcs-Williams & Hawkings(噪声比拟模型)和 Broadband Noise Source(宽频噪声模型)两种气动噪声模型。

(10) Eulerian Wall Films 选项

Eulerian Wall Films 选项用于设置 EWF 模型参数。双击 Models 任务页面下的 Eulerian Wall Films 选项,在打开的"Eulerian Wall Films"设置对话框中进行相关设置。EWF 模型可用于预测壁面上薄液膜的形成和流动,此模型只能用于三维问题。

3. Materials 分支

Materials 分支用来指定流体域或者固体域的材料。在分析导航面板中选择 Materials 分支时,在工作区的中部会出现 Materials 任务页面。在 Fluent 中有两种方法用于指定材料,即自定义材料以及调用数据库材料。

(1) 自定义材料

单击 Materials 任务页面的 Create/Edit 按钮,在弹出的"Create/Edit Materials"对话框中

手工输入各种材料的物性参数值,定义一种新材料。以水这种材料为例,下面介绍自定义材料的具体方法。

在 Name 栏输入 water,在 Density 栏输入密度 1 000(单位 kg/m³),在 Cp 栏输入比热 4 216,在 Thermal Conductivity 输入 0.677,在 Viscosity 输入 0.000 8,单击 Chang/Create 按钮完成水这种材料的定义,如图 10-10 所示。

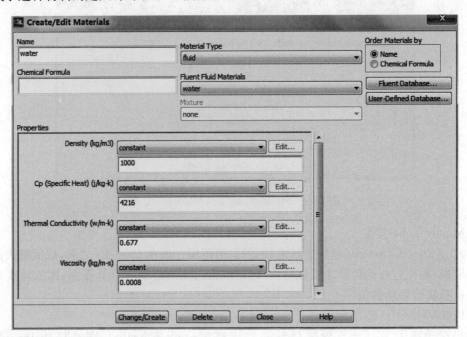

图 10-10　自定义材料(以 water 为例)

(2)调用材料库材料

从 Fluent 提供的材料库中找到所需的材料类型,复制到材料列表中进行调用即可。下面以水为例,介绍如何从材料库中调用材料。单击"Create/Edit Materials"对话框中的 Fluent Database 按钮,弹出如图 10-11 所示的"Fluent Database Materials"对话框,在 Fluent Fluid Materials 下拉列表中选择 water-liquid(h2o<1>),单击对话框下侧的 Copy 按钮,将水复制到分析项目的材料列表中,在后续选项设置的过程中直接调用即可。

4. Phases 分支

Phases 分支只有在 Models 面板中选择多相流模型时才会被激活。激活多相流模型后,在分析导航面板中选择 Phases 分支时,在工作区的中部会出现 Phases 任务页面,如图 10-12 所示。Phases 任务页面主要用来确定多相流中的主相和次相,同时可以单击 Interaction 选项定义相间的相互作用。

5. Cell Zone Conditions 分支

Cell Zone Conditions 分支主要用来确定模型中各区域的类型。在分析导航面板中选择 Cell Zone Conditions 分支时,在工作区的中部会出现 Cell Zone Conditions 任务页面,如图 10-13 所示。下面介绍在该任务页面中需要设置的选项和参数。

第 10 章 ANSYS Fluent 的基本使用

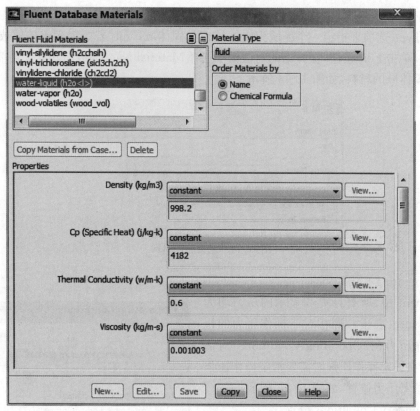

图 10-11 Fluent Database Materials 对话框

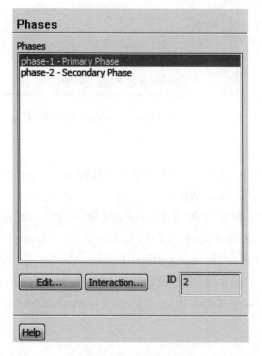

图 10-12 Phases 任务页面

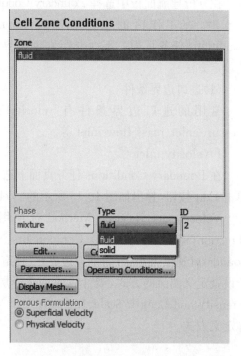

图 10-13 Cell Zone Conditions 任务页面

(1) Type

通过 Type 选项来指定一个区域为流体域还是固体域,同时需要定义流体域或者固体域内的材料。单击 Edit 按钮,在弹出的对话框中选择 Material Name 域,在其下拉菜单中选择流体域或者固体域的材料,如图 10-14 所示。

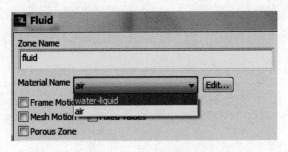

图 10-14 定义域内材料

(2) Operating Conditions

在 Fluent 中,所有计算和显示的压力均为 gauge pressure(表压),即相对于操作压力的相对值。操作压力在"Operating Conditions"对话框中设置,在设定操作压强时需要指定操作压强的数值和参考压力位置,如图 10-15 所示。

6. Boundary Conditions 分支

Boundary Conditions 分支用于定义边界条件。在分析导航面板中选择 Boundary Conditions 分支时,在工作区的中部会出现 Boundary Conditions 任务页面。下面介绍常见边界条件的设定方法。

(1) 进口边界条件

常用的进口边界条件有 velocity-inlet、pressure-inlet、mass-flow-inlet 等。

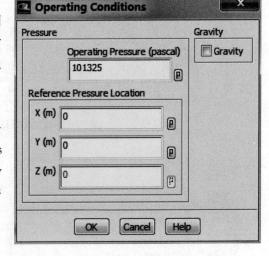

图 10-15 Operating Conditions 对话框

1) velocity-inlet

在 Boundary Conditions 任务页面下选择 Type 选项,在其下拉菜单中选择 velocity-inlet,单击 Edit 按钮,弹出如图 10-16 所示的"Velocity Inlet 对话框。

Velocity Specification Method 选项用来设置定义速度的方式,包括 Magnitude and Direction(速度大小和方向)、Components(X、Y、Z 轴方向的速度)以及 Magnitude,Normal to Boundary(速度大小,方向垂直边界)三种定义方式。Turbulence Specification Method 选项用于设置定义湍流的方式(当计算模型选择层流模型时,则没有该选项),包括 K and Epsilon、Intensity and Length Scale、Intensity and Viscosity Ratio、Intensity and Hydraulic Diameter 等定义方式。

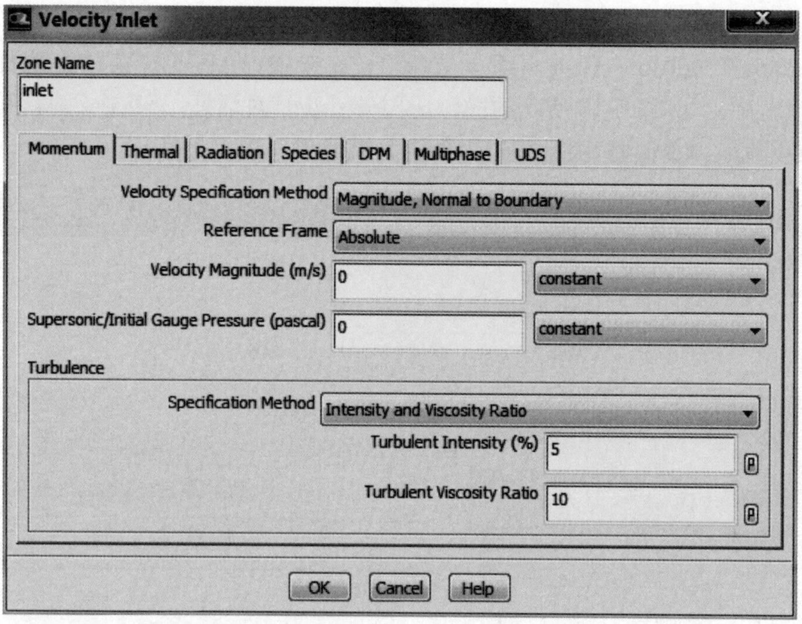

第 10 章 ANSYS Fluent 的基本使用

图 10-16 Velocity Inlet 设置对话框

2) pressure-inlet

在 Boundary Conditions 任务页面下选择 Type 选项，在其下拉菜单中选择 pressure-inlet，单击 Edit，弹出如图 10-17 所示的对话框。

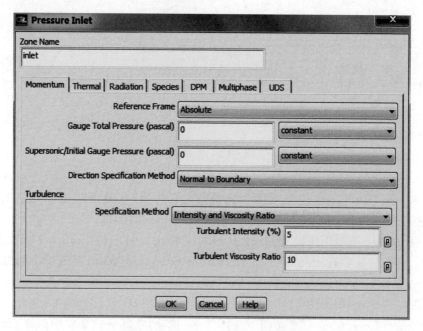

图 10-17 Pressure Inlet 设置对话框

对于不可压缩流体，在 Gauge Total Pressure 和 Supersonic/Initial Gauge Pressure 选项处设置总压和静压。

3) mass-flow-inlet

在 Boundary Conditions 任务页面下选择 Type 选项,在其下拉菜单中选择 mass-flow-inlet,单击 Edit,弹出如图 10-18 所示的"Mass-Flow Inlet"对话框。Mass Flow Rate 参数为质量流率,当质量流率为负值时,表示该边界条件为流量出口边界条件。

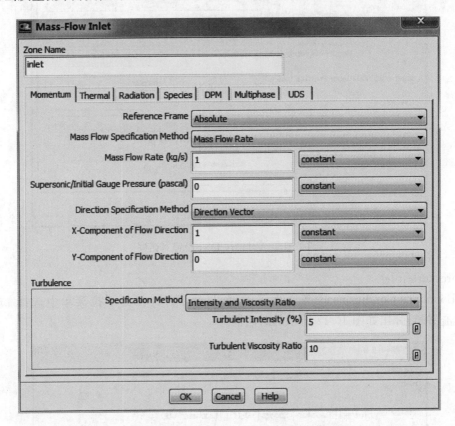

图 10-18 Mass-Flow-Inlet 设置对话框

(2) 出口边界条件

常用的出口边界条件包括 pressure-outlet、outflow 等。

1) pressure-outlet

在 Boundary Conditions 任务页面中选择 Type 选项,在其下拉菜单中选择 pressure-outlet,单击 Edit,弹出如图 10-19 所示的"Pressure Outlet"对话框。

Gauge Pressure 选项用来设置表压。Backflow Direction Specification Method 选项用来定义回流的方向,包括 Direction Vector、Normal to Boundary、Form Neighboring Cell 三种定义方式。

2) outflow

在 Boundary Conditions 任务页面下选择 Type 选项,在其下拉菜单中选择 outflow,单击 Edit,弹出如图 10-20 所示的"Outflow"对话框。当出流边界上的压力或速度未知时,可以将出口设置为自由出流,该边界条件不能与压力进口边界一起使用,且只适用于不可压缩流体。

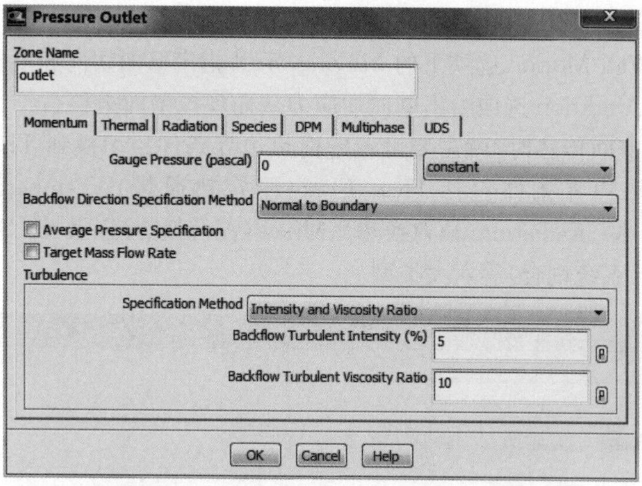

第 10 章　ANSYS Fluent 的基本使用

图 10-19　Pressure Outlet 设置对话框

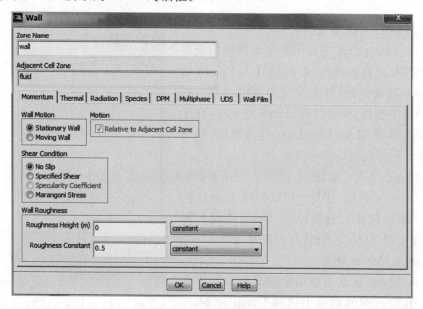

图 10-20　Outflow 设置对话框

(3) 壁面边界条件

在 Boundary Conditions 任务页面下选择 Type 选项，在其下拉菜单中选择 wall，单击 Edit，弹出如图 10-21 所示的"Wall"对话框。

图 10-21　Wall 设置对话框

对于黏性流动问题,Fluent 默认设置是壁面无滑移条件。对于壁面有平移运动或者旋转运动时,可以通过 Wall Motion 选项下的 Moving Wall 指定壁面切向速度分量或旋转角速度,也可以通过 Shear Condition 选项给出壁面切应力从而模拟壁面滑移。

当计算涉及到壁面传热时,就需要设置壁面热边界条件。切换到 Thermal 选项卡,如图 10-22 所示。壁面热边界条件包括 Heat Flux(固定热通量)、Temperature(固定温度)、Convection(对流换热)、Radiation(辐射换热)、Mixed(混合换热)以及 via System Coupling(通过 System Coupling 系统耦合)等六大类型。

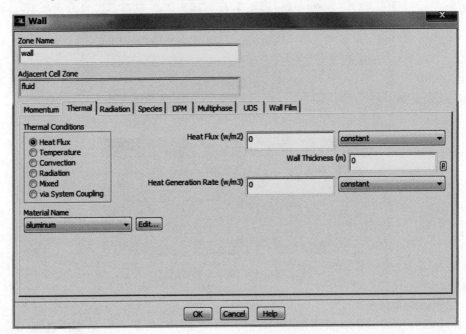

图 10-22 壁面热边界条件

7. Mesh Interfaces 分支

Mesh Interfaces 分支主要用来定义网格的交界面。交界面都是成对出现的,在网格导入 Fluent 后会自动识别一对交界面,并定义交界面的名称。在分析导航面板中选择 Mesh Interfaces 分支时,在工作区的中部会出现 Mesh Interfaces 任务页面,如图 10-23 所示。

单击 Create/Edit 按钮可打开"Create/Edit Mesh Interfaces"对话框,在其中可以创建(Create 按钮)、删除(Delete 按钮)、绘图显示(Draw 按钮)、列表显示(List 按钮)网格交界面,并设置其选项。

8. Dynamic Mesh 分支

Dynamic Mesh 分支主要用来定义和动网格相关的选项。在分析导航面板中选择 Dynamic Mesh

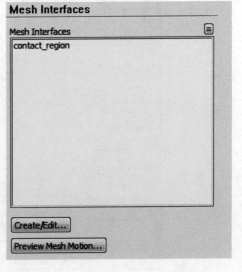

图 10-23 Mesh Interfaces 任务页面

分支时,在工作区的中部会出现 Dynamic Mesh 任务页面,勾选其中的 Dynamic Mesh 选项,可激活动网格选项。在动网格计算过程中,网格的动态变化过程可以用三种模型进行计算,即弹簧光滑模型(Smoothing)、动态分层模型(Layering)和局部重划模型(Remeshing)。指定动网格区域及运动方式的操作步骤如下:

(1)在 Dynamic Mesh 任务页面中勾选 Dynamic Mesh 复选框,单击 Create/Edit 按钮,弹出 Dynamic Mesh Zones(动态区域)对话框,如图 10-24 所示。

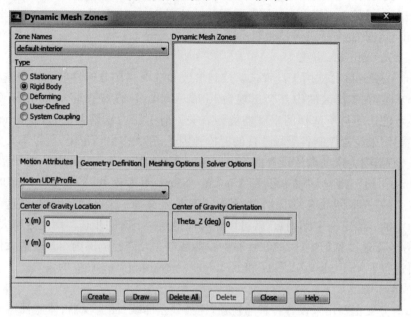

图 10-24　Dynamics Mesh Zones 对话框

(2)在 Zone Names(区域名称)下选择动网格的相关区域。

(3)在 Type(类型)下选择其运动类型,可供选择的运动类型包括:Stationary(静止)、Rigid Body(刚体运动)、Deforming(变形)、User-Defined(用户自定义)以及 System Coupling(系统耦合传递)。

(4)定义 Motion Attributes。在动网格区为刚体运动时,可以用 UDF 或 Profile 来定义其运动;在动网格区为变形区域时,则需要定义其几何特征及局部网格重划参数;如果动网格区既做刚体运动又有变形发生,则只能用 UDF 来定义其几何形状的变化和运动过程。

(5)最后单击 Create(创建)按钮完成定义。

(6)完成上述定义后,首先保存 case 文件,然后单击 Dynamic Mesh 面板中的 Preview Mesh Motion 按钮,预览网格的变化。

9. Reference Values 分支

Reference Values 分支主要用来定义流动变量的参考值。在分析导航面板中选择 Reference Values 分支时,在工作区的中部会出现 Reference Values 任务页面,此页面列出了各种流动变量的参考值。

10.2.2　Fluent 求解设置及计算

Fluent 求解器的求解控制选项集中于分析导航面板的 Solution 分支下,共包含 Solution

Methods、Solution Controls、Monitors、Solution Initialization、Calculation Activities 以及 Run Calculation 等 6 个子分支。

1. Solution Methods 分支

Solution Methods 分支主要用来指定求解方法的算法选项。求解方法包括基于压力以及基于密度两种。对于基于压力求解器来说，主要包括分离式算法和耦合式算法。对于分离式算法，Fluent 提供了四种算法（Scheme），分别是 SIMPLE、SIMPLEC、PISO 和 Fractional Step；对于耦合式算法，Fluent 提供了 Coupled 算法。对于基于密度求解器来说，其 Formulation 可以设置为显式格式和隐式格式。

2. Solution Controls 分支

Solution Controls 分支用于设置求解控制参数和选项。在分析导航面板中选择 Solution Controls 分支时，在工作区的中部会出现 Solution Controls 任务页面。Solution Controls 任务页面所显示的选项与所选择的求解器类型有关。对于压力求解器而言，Solution Controls 任务面板主要用来设置控制各流场迭代的亚松弛因子，在大多数情况下，可以不必修改亚松弛因子的默认设置，因为这些默认设置都是根据各种算法的特点优化得出的。对于密度求解器，Solution Controls 任务面板中需要进行 Courant Number（库朗数）的设置。求解时间步长是由库朗数定义的，而库朗数应处于由线性稳定性理论定义的一个区间范围内，在这个范围内计算格式是稳定的。给定一个库朗数，就可以相应地得到一个时间步长。库朗数越大，时间步长就越长，计算收敛速度就越快，因此在计算中库朗数都在允许的范围内尽量取最大值。对显式格式还需要进行 FAS multigrid level 和 Residual smoothing Iteration 的设置。

3. Monitors 分支

Monitors 分支主要用来设置各种监视器，比如残差曲线、面监视器、体监视器等。在分析导航面板中选择 Monitors 分支时，在工作区的中部会出现 Monitors 任务页面。Residuals 用于监控残差曲线，Fluent 默认的收敛标准是：除了能量的残差值外，当所有变量的残差值都降到低于 10^{-3} 时，就认为计算收敛，而能量的残差值的收敛标准为低于 10^{-6}。利用面监视器（Surface Monitors）可以监视特定面上的变量（比如出口面的温度），面监视器监视的参数趋于稳定值可作为判别计算结果收敛的一个辅助手段。利用体监视器（Volume Monitors）可以监视某个体积域上的变量（比如温度、压力、速度、壁面通量等），体监视器也可作为判断计算结果是否收敛的辅助手段。

4. Solution Initialization 分支

Solution Initialization 分支用于为流场设定初始值。在分析导航面板中选择 Solution Initialization 分支时，在工作区的中部会出现 Solution Initialization 任务页面。在迭代计算开始前，必须为 Fluent 计算涉及到的变量指定初始值。可选择的初始化方法有 Standard Initialization、Patch values、Hybrid Initialization、Full Multigrid Initialization 和 Starting from a previous solution 五种。

5. Calculation Activities 分支

Calculation Activities 分支主要用来设置在计算过程中可以执行的操作，比如自动保存、输出文件、制作动画等。在分析导航面板中选择 Calculation Activities 分支时，在工作区的中部会出现 Calculation Activities 任务页面。

6. Run Calculation 分支

Run Calculation 分支主要用来设置和迭代计算相关的一些选项。在分析导航面板中选择 Run Calculation 分支时,在工作区的中部会出现 Run Calculation 任务页面。稳态问题和瞬态问题的默认设置如图 10-25 所示。

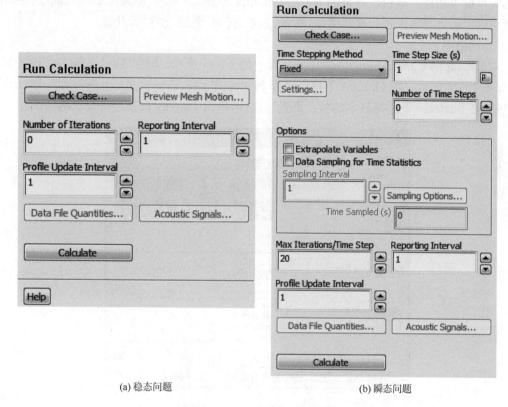

(a) 稳态问题 (b) 瞬态问题

图 10-25 Run Calculation 面板

对于稳态问题,需要设置用于计算的迭代步数、监视器报告迭代间隔、剖面更新间隔等;对于瞬态问题,还需要设置时间步长和时间步数。时间步长可根据所求解的问题合理设置,通常选择一个时间步迭代 5~10 次达到收敛,如果迭代次数过多或过少都需要调整时间步。

当上述各个分支设置完成后,单击 Calculate 按钮,即可开始进行迭代计算。

10.3 Fluent 流体分析后处理

CFD 计算完成后,用户可通过 Fluent 软件自带的后处理功能或 CFD-Post 专用后处理器查看和分析计算结果。

10.3.1 Fluent 自带后处理功能的使用

Fluent 分析界面自带的后处理功能集中于 Fluent 导航面板的 Results 分支下,共包含 Graphics and Animations、Plots 和 Reports 3 个子分支。

1. Graphics and Animations 分支

Graphics and Animations 分支主要用来生成网格图、等值线图、矢量图和迹线图等图形以及基于计算结果生成动画。在分析导航面板中选择 Graphics and Animations 分支时,在工作区的中部会出现 Graphics and Animations 任务页面。

Graphics and Animations 任务页面提供了网格图、等值线图、矢量图、迹线图、粒子追踪以及动画生成等功能。通过任务页面下方的 Options、Scene、Views、Lights、Colormap、Annotate 按钮可以对后处理图形进行显示渲染、场景、视角、光照、色图、注释等设置。

(1)网格图

双击 Graphics and Animations 任务页面中的 Mesh 选项,出现"Mesh Display"设置对话框,如图 10-26 所示。在 Options 下可以选择 Nodes(节点)、Edges(边)、Faces(面)、Partitions(区域),在 Surfaces 下选择显示的面。设置完成后,单击 Display 按钮即可显示网格图。

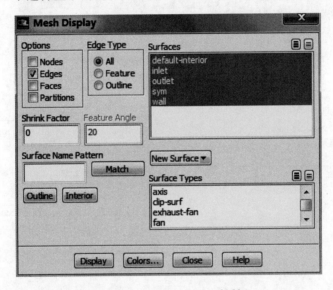

图 10-26 Mesh Display 对话框

用户可在各后处理工具的设置对话框中单击 New Surface 按钮打开下拉菜单选择创建 Surface 的方法,也可在 Surface 菜单栏中选择创建 Surface 的方法,如图 10-27 所示。

(a) 单击New Surface选择

(b) 在Surface菜单栏中选择

图 10-27 创建 Surface 的方法

(2)等值线/轮廓图

双击 Graphics and Animations 任务页面下的 Contours 选项,出现"Contours"设置对话框,如图 10-28 所示。

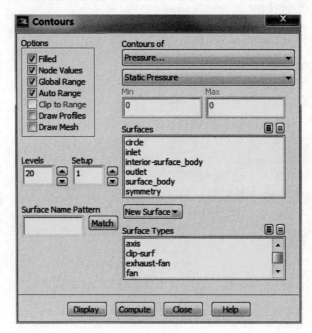

图 10-28　Contours 对话框

等值线/轮廓图绘制的相关步骤如下:

1)设置绘图显示的变量。在 Contours of 下拉列表中选择一个变量或函数作为绘制等值线/轮廓的对象。首先在第一个下拉列表中选择相关分类(包括 Pressure、Density、Velocity 等);然后在第二个下拉列表中选择具体的变量,比如:Pressure 分类下包含的变量有 Static Pressure、Pressure Coefficient、Dynamic Pressure、Absolute Pressure、Total Pressure 及 Relative Total Pressure 等;Velocity 分类下包含的变量有 Velocity Magnitude、X Velocity、Y Velocity、Z Velocity、Axial Velocity、Radial Velocity、Tangential Velocity 等。

2)指定显示的面。在 Surfaces 列表中选择待绘制等值线或轮廓的面;对于 2D 情况,如果没有选取任何面,则会在整个求解对象上绘制等值线或轮廓;对于 3D 情况,至少需要选择一个表面。也可通过 New Surface 下拉列表选择新建平面用于显示等值线。

3)在 Levels 编辑框中指定轮廓或等值线的数目,最大数为 100。

4)如果希望自行设置等值线/轮廓的显示范围,首先不勾选对话框中 Options 下的 Auto Range 选项,此时 Min 和 Max 编辑框则处于可编辑状态,然后可以输入显示的范围。

5)完成设置后,单击 Display 显示等值线/轮廓图。

(3)矢量图

双击 Graphics and Animations 任务页面下的 Vectors 选项,出现"Vectors"设置对话框,如图 10-29 所示。绘制矢量图的步骤与上述等值线/轮廓图类似。其中,Scale 的数值用于指定矢量图中箭头的疏密程度。

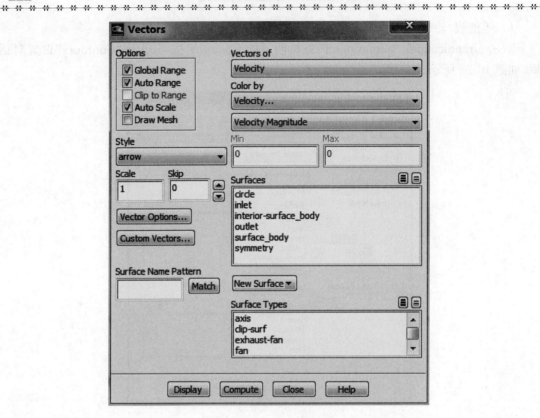

图 10-29 Vectors 对话框

(4) 迹线图

双击 Graphics and Animations 任务页面下的 Pathlines 选项,出现"Pathlines"设置对话框,如图 10-30 所示。在 Release from Surfaces 列表中选择相关平面,设置 Step Size(长度)和 Steps 的最大数目,单击 Display 显示迹线图。

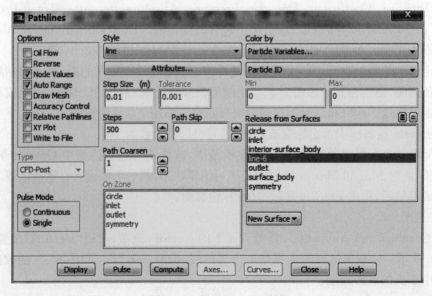

图 10-30 Pathlines 对话框

(5)动画显示

双击 Graphics and Animations 任务页面下的 Sweep Surface 选项,出现"Sweep Surface"设置对话框,如图 10-31 所示。用户可选择一个扫描方向(Sweep Axis),动画观察沿着此方向一系列剖面上预设 Display Type(网格、等值线图或向量图)。

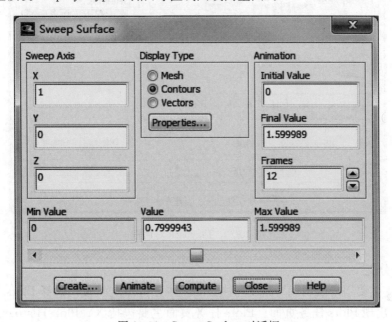

图 10-31　Sweep Surface 对话框

双击 Graphics and Animations 任务页面下的 Scene Animate 选项,出现"Animate"设置对话框,如图 10-32 所示。在此对话框中,只需定义一系列关键 Frame,即可播放这些帧组成的动画。

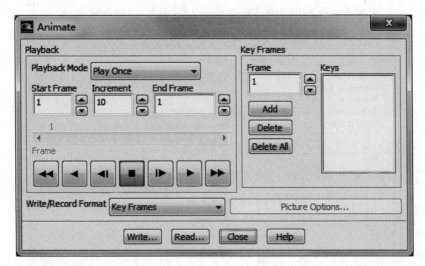

图 10-32　Animate 对话框

双击 Graphics and Animations 任务页面下的 Solution Animation Playback 选项,出现"Playback"设置对话框,如图 10-33 所示。在 Playback 对话框中单击播放按钮,此时会在

Fluent 图形窗口中进行动画回放。

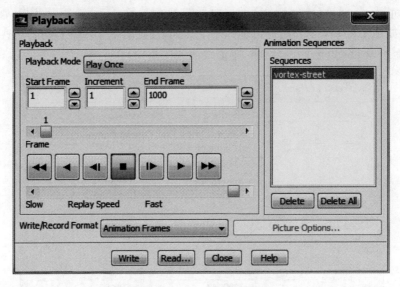

图 10-33　Playback 对话框

2. Plots 分支

Plots 分支主要用来绘制 XY 曲线和柱状图。在分析导航面板中选择 Plots 分支时，在工作区的中部会出现 Plots 任务页面。Plots 任务页面主要包括 XY Plot、Histogram 等数据的输出功能。

(1) XY 曲线

双击 Plots 任务页面下的 XY Plot 选项，出现"Solution XY Plot"设置对话框，如图 10-34 所示。绘制 XY 曲线时，在 Plot Direction 下选择绘图方向，在 Y Axis Function 下选择绘图变量，在 Surfaces 下选择绘制曲线的表面，然后单击 Plot 按钮绘制 XY 曲线。

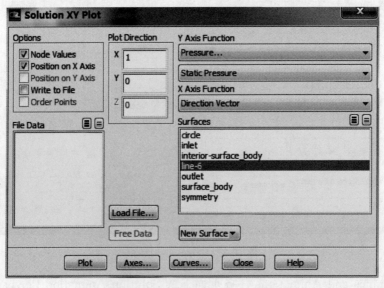

图 10-34　Solution XY Plot 对话框

(2) 柱状图

双击 Plots 任务页面下的 Histogram 选项,出现"Histogram"设置对话框,如图 10-35 所示。绘制柱状图(Histogram)时,在 Divisions 选项下设定数据间隔点,默认情况下为 10 个间隔点,在 Histogram of 选项下选择绘图变量,在 Zones 选项下选择绘图区域,然后单击 Plot 按钮绘制柱状图。

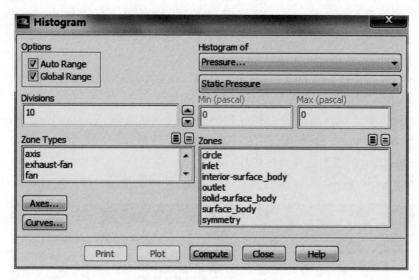

图 10-35 Histogram 对话框

(3) FFT

双击 Plots 任务页面下的 FFT 选项,出现"Fourier Transform"设置对话框,如图 10-36 所示。用户通过对话框中的"Load Input File"按钮可导入信号数据文件,然后通过"Plot FFT"按钮显示变换结果。

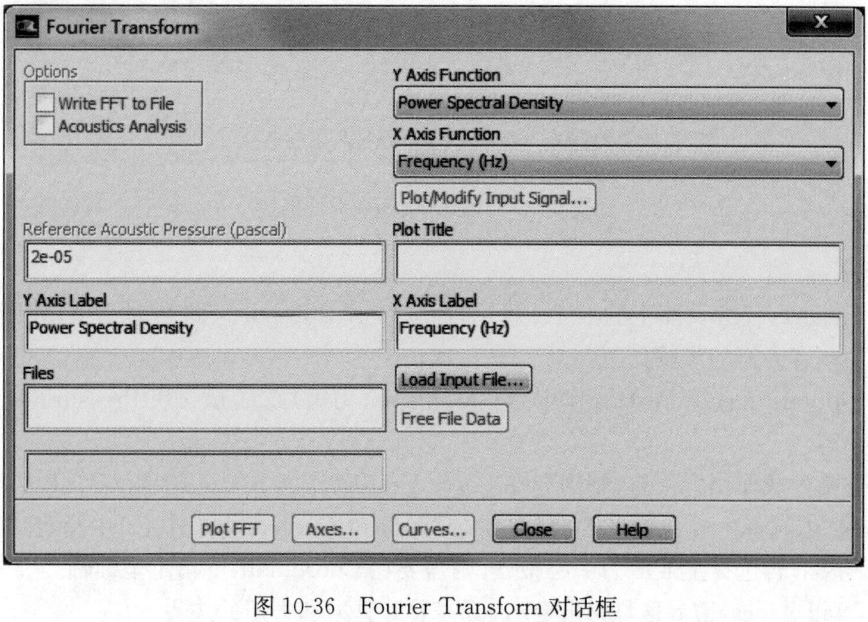

图 10-36 Fourier Transform 对话框

3. Reports 分支

Reports 分支主要用来计算边界上或内部面上各种变量的积分值,可以计算的项目包括边界上的质量流量、热量流量、边界上的作用力和力矩等。在分析导航面板中选择 Reports 分支时,在工作区的中部会出现 Reports 任务页面。Reports 任务页面提供了流量(Fluxes)、Forces(力或者力矩)等变量的计算功能。同时,如果在 Fluent 模型选项设置时选择了离散相(DPM)、热交换器(Heat Exchanger)等模型,该任务页面还可以输出这些模型的计算结果。

(1) Fluxes

双击 Reports 任务页面下的 Flux 选项,出现"Flux Reports"设置对话框,如图 10-37 所示。报告 Flux 的步骤如下:

1)从 Options 中选择计算变量:Mass Flow Rate(质量流量)、Total Heat Transfer Rate(总的热流量)或 Radiation Heat Transfer Rate(辐射换热量);

2)在 Boundaries 列表中选择目标边界;

3)单击 Compute,在 Results 域会显示计算结果,同时在控制台窗口也会显示计算结果。

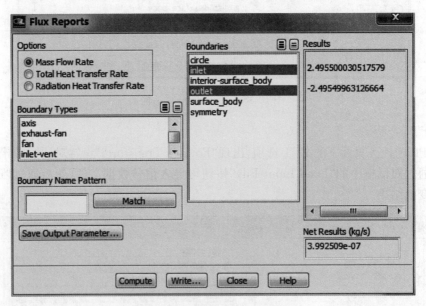

图 10-37 Flux Reports 对话框

(2) Forces

双击 Reports 任务页面下的 Force 选项,出现"Force Reports"设置对话框,如图 10-38 所示。报告力或者力矩的步骤如下:

1)在 Options 下选择 Forces(作用力)、Moments(力矩)或 Center of Pressure(压力中心),设定计算内容。

2)若选择生成作用力报告,则需要在 Force Vector(作用力矢量)中指定作用力方向的 X、Y 和 Z 分量;若选择生成力矩报告,则需要在 Moment Center(力矩中心)中指定力矩中心的 X、Y 和 Z 坐标;若选择生成压力中心报告,则需要在 Coordinate 下指定坐标轴。

3)在 Wall Zones(边界区域)列表中选择需要计算力和力矩的边界。

(3) Projected Areas

Reports 任务页面下的 Projected Areas 选项用于计算所选择的 Surface 在某个坐标方向 (X、Y、Z) 上的投影面积,如图 10-39 所示为计算 c-inlet(Surface 名称)在 X 方向投影面积。

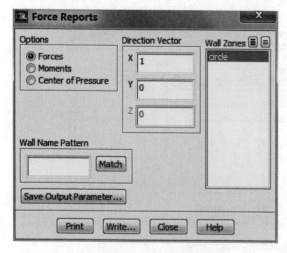

图 10-38　Force Reports 设置对话框

图 10-39　计算投影面积

(4) Surface Integrals

Reports 任务页面下的 Surface Integrals 选项可以显示任意量在任意面上的总量、平均值或者最大和最小值。双击 Reports 任务页面下的 Surface Integrals 选项,出现"Surface Integrals"设置对话框,如图 10-40 所示。

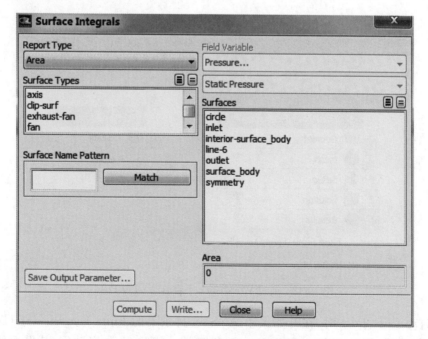

图 10-40　Surface Integrals 对话框

(5) Volume Integrals

Reports 任务页面下的 Volume Integrals 选项可以显示变量在一个区域的总量、平均值或者最大和最小值。双击 Reports 任务页面下的 Volume Integrals 选项，出现"Volume Integrals"设置对话框，如图 10-41 所示。

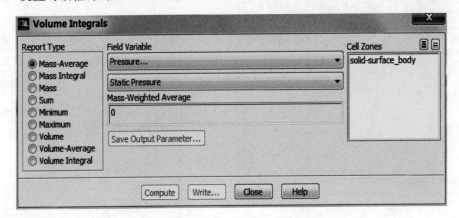

图 10-41　Volume Integrals 设置对话框

10.3.2　CFD-Post 后处理器的使用

CFD-Post 是一个独立的后处理器，包含丰富的后处理功能。CFD-Post 可在 Workbench 环境中启动或独立启动。在 Workbench 环境中启动 CFD-Post 时，双击 Fluid Flow（Fluent）分析系统的 Results 组件或单独的 Results 组件，如图 10-42 所示，即可启动 CFD-Post 后处理器。

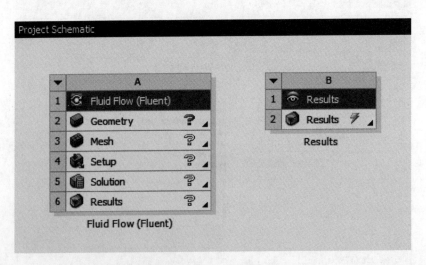

图 10-42　通过 Workbench 平台启动 CFD-Post

独立启动 CFD-Post 时，在开始菜单 ANSYS 目录下的 Fluid Dynamics 子目录下选择 CFD-Post 菜单项，可独立启动 CFD-Post 后处理器。CFD-Post 启动后，其界面如图 10-43 所示。

第10章 ANSYS Fluent 的基本使用

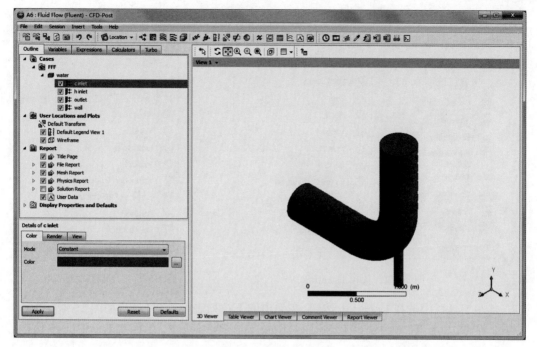

图 10-43 CFD-Post 界面

CFD-Post 界面包含菜单栏、工具条、Outline Tree、Details、Viewer 区域等部分。菜单栏包括 File、Edit、Session、Insert、Tools 和 Help 等选项,通过菜单栏可以调用 CFD-Post 的大部分功能。

工具条位于菜单栏的下方,包括了一些工具按钮,可实现文件操作、常用功能调用(如 Location、矢量图、等值线图、图表、函数等)以及视图控制。

Outline Tree 位于界面左侧,包含了与后处理有关的全部对象(Objects),如读入的模型边界、插入的 Location(位置)及图形项目等。Outline Tree 还可切换到与后处理有关的变量、表达式、计算器等工具面板。其中,Variable 面板列出了所导入数据中包含的变量以及后处理过程建立的变量,Expressions 面板列出了所导入的计算数据中包含的表达式及后处理过程中建立的表达式,Calculators 面板则包含了一些常用的计算功能。

在 Outline Tree 的下方为 Details 面板,此面板显示用户在 Outline Tree 所选中项目的细节选项。当需要插入位置、云图、矢量图、流线图、表格等后处理对象时,都需要在此对象的 Details 中进行相关的参数和选项设置。

Viewer 区域是后处理操作结果的显示区域,可在五种显示类型之间进行切换,即 3D Viewer、Table Viewer、Chart Viewer、Comment Viewer、Report Viewer,其中最常用的是 3D Viewer 图形显示。当建立表格或图表时,则切换到 Table Viewer 或 Chart Viewer 进行显示。

下面介绍 CFD-Post 的基本使用方法。

1. 准备后处理操作相关的 Location

当利用 CFD-Post 进行结果后处理时,首先需要确定用于后处理的位置(Location),数据会在用户选择的位置(Location)处提取出来,然后基于这些数据形成各种变量图形、变量曲线以及表格。可通过以下三种途径创建 Location:

一是在菜单栏中选择 Insert>Location 菜单项创建位置,如图 10-44 所示;

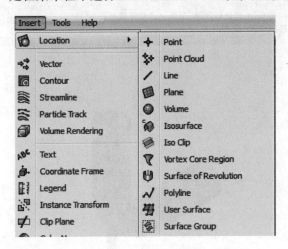

图 10-44 菜单 Location

图 10-45 工具栏 Location

二是在工具栏中选择 Location 按钮,在弹出的下拉列表中创建位置,如图 10-45 所示;

三是在 Outline Tree 中选择 User Locations and Plots 分支,在右键菜单中选择 Insert>Location 菜单项创建位置,如图 10-46 所示。

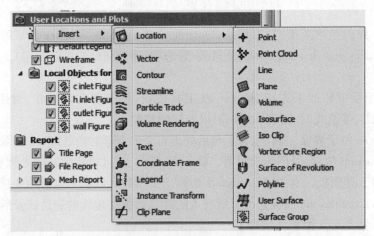

图 10-46 右键菜单 Location

由上述菜单列表可见,可选择的位置(Location)类型有 Point(点)、Point Cloud(点云)、Lines(线)、Plane(平面)、Volume(体)、Isosurface(等值面)等。下面对这些位置类型进行简单介绍。

(1)点、点云

在弹出的菜单中选择 Point,在左侧空白区弹出如图 10-47 所示的对话框。通过 XYZ(坐标系)、Node Number(节点号)、Variable Minimum/Maximum(变量的最小/最大位置)三种方式定义

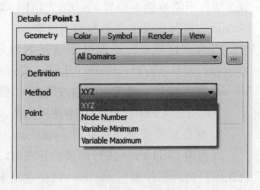

图 10-47 定义点

点。在 Details 中选择合适的定义方式,单击 Apply 形成的点出现在 Outline Tree 中。点云用于创建多个点。

(2)线

在弹出的菜单中选择 Lines,在左侧空白区域弹出如图 10-48 所示的对话框。通过键入两个点的坐标确定一条直线。

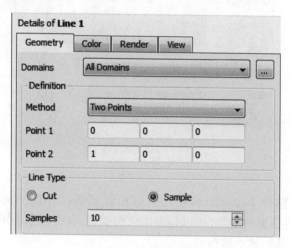

图 10-48　定义线

(3)平面

在弹出的菜单中选择 Plane,在左侧空白区域弹出如图 10-49 所示的对话框。在 Method 处确定建立平面的方法,并在 Z 轴处键入相应的值,从而确定平面。

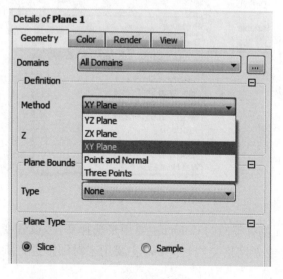

图 10-49　定义平面

(4)体

在弹出的菜单中选择 Volume,在左侧空白区域弹出如图 10-50 所示的对话框。在 Method 处确定建立体的方法,并在相应选项处键入数值,从而确定体。

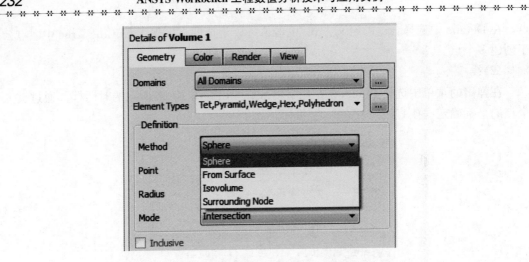

图 10-50　定义体

(5) 等值面

在弹出的菜单中选择 Isosurface, 在左侧空白区域弹出如图 10-51 所示的对话框。在 Variable 处选择建立等值面的变量(可以是基本求解变量,也可以是导出变量或用户变量),并在 Value 处键入数值,从而建立等值面。

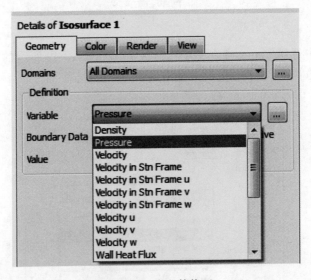

图 10-51　定义等值面

对所有的 Location 都有类似的 Color(主要用来选择变量,设置变量范围)、Render(主要用来显示固面、网格边或者网格交线)、View(主要用来对图形进行旋转、平移、镜像、缩放操作)选项设置。

2. 定义表达式与变量

(1) 定义表达式

CFD-Post 提供了各种表达式供后处理使用,也可以通过菜单 Insert>Expression 创建新的表达式。在新建 Expression 的 Details 中输入表达式,可通过右键菜单在表达式中插入

Functions(函数)、表达式、变量、位置、常数等,如图 10-52 所示。输入完成后单击 Apply 按钮完成定义。

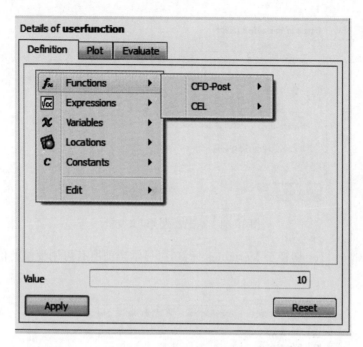

图 10-52 插入函数表达式等

切换 Variables 标签至 Expressions 标签,可显示当前全部的表达式,如图 10-53 所示。

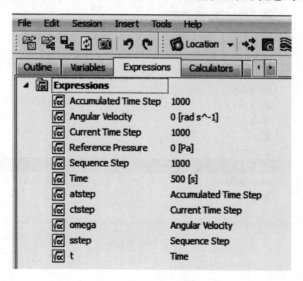

图 10-53 表达式标签

(2)定义变量

在 CFD-Post 中,提供了各种变量供后处理调用。这些变量包括 Derived Variables、Geometric Variables、Solution Variables、User Defined Variables、Turbo Variables 五种变量

形式。用户可通过菜单 Insert>Variables 定义变量，也可以把表达式定义为变量，如图 10-54 所示。

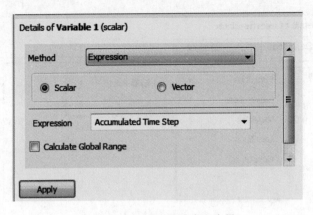

图 10-54　基于表达式定义变量

通过将 Outline Tree 切换至 Variables 标签，可显示当前所有可用变量的信息，如图 10-55 所示。

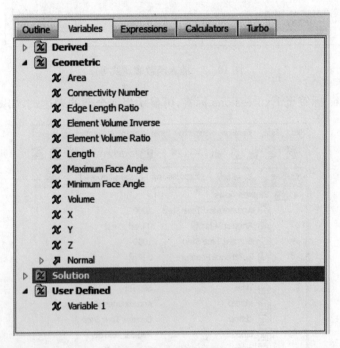

图 10-55　变量标签

3. 后处理操作

当确定位置后，就可以对该位置进行一系列的操作。比如，显示矢量图、云图、迹线图等。下面以矢量图为例，介绍如何显示这些图形。

（1）图形后处理

在工具栏中选择 按钮，在弹出的对话框中定义图形名称（这里保留默认值 Vector1），单击 OK 确定,此时会在树形窗口下面出现如图 10-56 所示的对话框。从对话框中我们可以看出,在进行图形显示时,需要我们指定具体位置并进行相关选项的设置。设置完成后,单击 Apply,会在 CFD-Post 的右侧图形窗口显示相关图形。

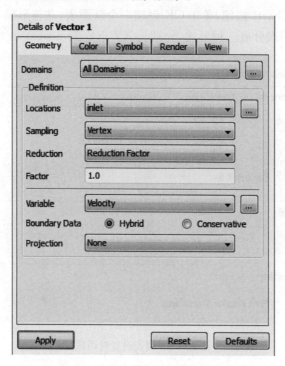

图 10-56　矢量图设置对话框

(2)生成 Table 及 Chart

在后处理过程中,为了使计算结果更具有说服性,这就需要一些定性或者定量的数据。在 CFD-Post 中,可以通过制作表格(Tables)或者图表(Charts)来解决上述问题。

1)Table

在工具栏中选择 Tables 按钮,3D 视图将转化到 Tables 视图,如图 10-57 所示。

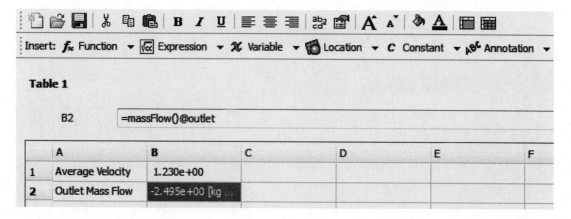

图 10-57　表格

在 Tables 里可以显示数据和表达式,表格单元可以是表达式或者文本。当要在表格单元中键入表达式时,应以"＝"开头。

2）Chart

在工具栏中选择 Charts 按钮,单击 OK 创建一个新图表,在树形窗下出现如图 10-58 所示的图表设置对话框。图表分成三种形式,分别是 XY、XY-Transient or Sequence、Histogram。

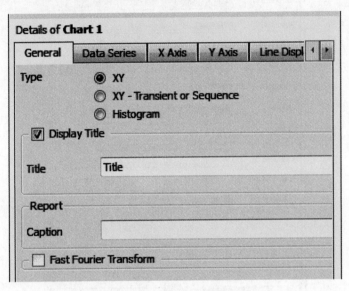

图 10-58　图表设置对话框

确定图表类型后,在 Data Series 标签中选择数据系列,在 X Axis 和 Y Axis 标签中确定 X、Y 轴的变量名称。设置完成后,单击 Apply,在图形窗口中即可输出图表。

第 11 章 Fluent 流动与换热分析

本章结合分析例题介绍基于 ANSYS Fluent 的流动与传热分析方法,涉及到各种流动模型、传热模型的使用,内容涵盖流体分析的几何建模、网格划分、分析设置、CFD 分析、后处理的各个环节。

11.1 三通管内流体流动和热传递的数值模拟

11.1.1 问题描述

三通管,顾名思义就是有三个口的管子,也就是说一个进口两个出口,或两个进口一个出口。三通管是化工管件的一种,有 T 形与 Y 形,有等径管口,也有异径管口,用于三条相同或不同管路汇集处。其主要的作用是改变流体方向。

本节利用 ANSYS Workbench14.5 中的流体分析模块 Fluent,模拟 T 形异径三通管管内流体的流动和热传递过程。图 11-1 给出了三通管的几何模型。这是一个三维流动问题,冷水和热水分别从三通管的左侧和上侧流入,在管内进行混合后,从右侧出口流出。

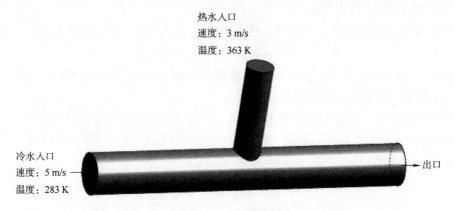

图 11-1 三通管简图

11.1.2 创建几何模型

利用 DesignModeler,在 XY 平面和 ZX 平面分别创建草图 Sketch1 和草图 Sketch2,并通过拉伸操作得到三通管的模型图,具体操作步骤如下:

(1)启动 ANSYS Workbench。

(2)选择软件 Fluent。在 Toolbox 下的 Analysis Systems 中找到 Fluid Flow(Fluent),双击或拖曳该图标到右侧项目概图中,如图 11-2 所示。

(3)保存文件。单击 Workbench 工具栏中的 Save,将文件名改为 three-way pipe,保存文件。

(4) 启动 DesignModeler。双击 Geometry 的 A2 单元,进入 DesignModeler。

(5) 选择米单位制,单击 OK,如图 11-3 所示。

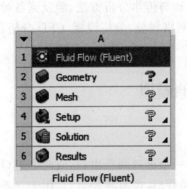

图 11-2 Workbench

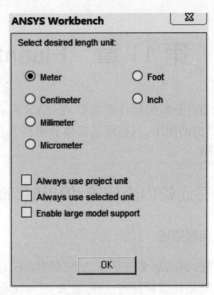

图 11-3 单位制

(6) 在 XY 平面下创建草图 Sketch1:

1) 单击树形窗口下的 XYPlane,单击工具栏中的 ⬚,在 XY 平面创建一个新草图 Sketch1,树形窗口如图 11-4 所示。

2) 单击 DesignModeler 工具栏中的 ⬚,使坐标系正视于图纸,同时滑动鼠标滚轮选择合适的比例尺。

3) 切换至 Sketching 模式,利用 Draw 下拉菜单中的 Circle 功能,在 XY 平面下画出一个圆心在原点的圆。右侧图形窗口如图 11-5 所示。

4) 利用 Dimensions 下拉菜单中的 Diameter 功能,对作出的圆进行尺寸标注,并在左下侧的详细列表窗口进行尺寸长度的更改。此时右侧图形窗口如图 11-6 所示,详细列表窗口如图 11-7 所示。

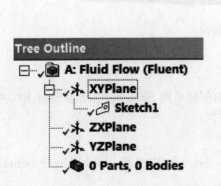

图 11-4 创建草图 1

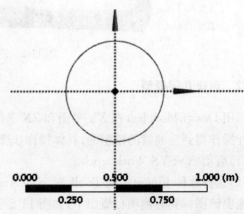

图 11-5 在草图 1 上作出一个圆

第 11 章　Fluent 流动与换热分析

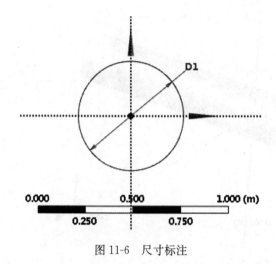

图 11-6　尺寸标注　　　　　　　图 11-7　更改直径大小

(7) 对草图 1 进行拉伸操作：

1) 切换至 Modeling 模式，单击菜单栏中的 Create，在其下拉菜单中单击 Extrude，此时树形窗口如图 11-8 所示。

2) 在详细列表窗口进行拉伸操作的设置：

① 在 Geometry 后选择草图 Sketch1，并单击 Apply；

② 将 Direction 的属性更改为 Both-Symmetric；

③ 将 Depth 的值更改为 0.6 m，此时详细列表窗口如图 11-9 所示。

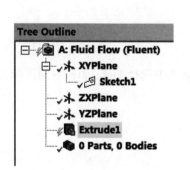
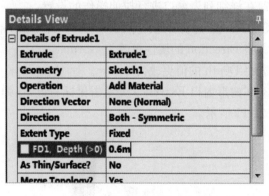

图 11-8　创建拉伸操作　　　　　图 11-9　拉伸选项设置窗口

3) 在树形窗口 Extrude1 处单击鼠标右键，在弹出的菜单中选择 Generate，右侧图像窗口如图 11-10 所示。

(8) 在 ZX 平面下创建草图 Sketch2：

1) 单击树形窗口下的 ZXPlane，单击工具栏中的 ▦，在 ZX 平面创建一个新草图 Sketch2。

2) 单击 DesignModeler 工具栏中的 ▦，使坐标系正视于图纸，同时滑动鼠标滚轮选择合适的比例尺。

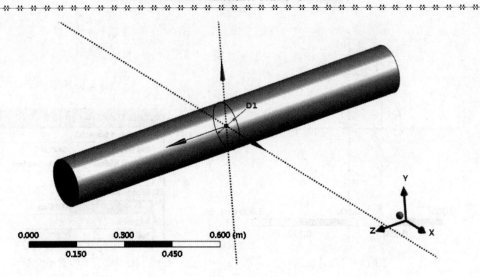

图 11-10　草图 1 拉伸后示意图

3）切换至 Sketching 模式，利用 Draw 下拉菜单中的 Circle 功能，在 ZX 平面下画出一个圆心在原点的圆。

4）利用 Dimensions 下拉菜单中的 Diameter 功能，对作出的圆进行尺寸标注，并在详细列表窗口将直径大小更改为 0.1 m。

(9)对草图 2 进行拉伸操作：

1）切换至 Modeling 模式，单击菜单栏中的 Create，在其下拉菜单中单击 Extrude。

2）在详细列表窗口进行拉伸操作的设置：

①在 Geometry 后选择草图 Sketch2，并单击 Apply；

②将 Direction 的属性更改为 Normal；

③将 Depth 的值更改为 0.4 m。

3）在树形窗口 Extrude2 处单击鼠标右键，在弹出的菜单中选择 Generate，右侧图像窗口如图 11-11 所示。

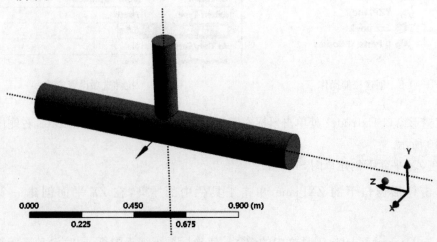

图 11-11　三通管模型图

第 11 章　Fluent 流动与换热分析

通过以上步骤的操作,建立了三通管的几何模型。关闭 ANSYS DM,回到 ANSYS Workbench 工作界面。

11.1.3　划分网格

基于 ANSYS DM 建立的几何模型,利用 ANSYS Meshing 中的 Create Named Selections 功能对每个面进行命名,利用四面体网格划分器中的 Patch Conforming 算法对三通管划分网格,同时对三通管壁边界层划分膨胀层。具体操作步骤如下:

1. 启动 ANSYS Meshing

在 ANSYS Workbench 工作界面的 A2 Geometry 后面有一个绿色的对号,说明模型已经建立。此时双击 A3 Mesh,进入 ANSYS Meshing 界面。

2. 选择单位系统

单击菜单栏中的 Unit,在下拉菜单中选择 Metric(m,kg,N,s,V,A)。

3. Create Named Selections

(1)单击 Meshing 工具栏中的 ▣ ,在右侧图形窗口选择左侧进口边界,单击鼠标右键,在弹出的菜单中选择 Create Named Selections,将名称改为"inlet1",单击 OK,如图 11-12 所示;

(2)对计算区域上侧进口边界重复上述操作,将名称改为"inlet2";

(3)对计算区域右侧出口边界重复步骤(1)的操作,将名称改为"outlet";

(4)对计算区域上下圆柱面重复步骤(1)的操作,将名称改为"wall"。

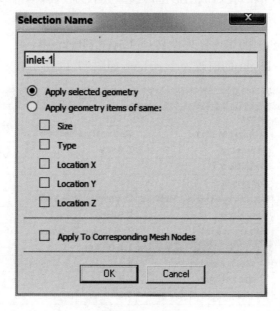

图 11-12　inlet1

注意:选择上圆柱面后,用 Ctrl+鼠标左键继续选择下圆柱面,即将上圆柱面和下圆柱面一起命名为"wall"。在网格导入 Fluent 后,系统会将进口边界条件类型默认为 velocity-inlet,将出口边界条件类型默认为 pressure-outlet。

4. 选择网格划分方法

(1) 在树形窗口中的 Mesh 处单击右键选择 Insert→Method；

(2) 单击 Meshing 工具栏中的 ▦，在右侧图形窗口选择整个体；

(3) 单击详细列表窗口下 Scope→Geometry 的 Apply；

(4) 选择详细列表窗 Definition→Method，将其属性改为 Tetrahedrons；

(5) 选择 Algorithm，将其属性改为 Patch Conforming，如图 11-13 所示。

图 11-13　设置网格划分方法

5. 定义膨胀层

(1) 在树形窗口 Patch Conforming Method 处单击鼠标右键，在弹出的菜单中选择 Inflation This Method；

(2) 单击工具栏中的 ▦，在右侧图形窗口选择上下圆柱面，单击 Definition→Bounday 后的 Apply；

(3) 将 Inflation Option 的属性更改为 First Layer Thickness；

(4) 将 First Layer Height 的值改为 0.001 m，如图 11-14 所示。

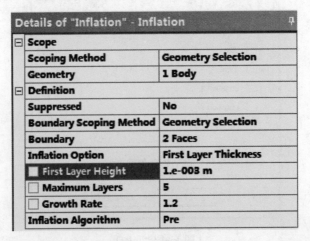

图 11-14　定义膨胀层

6. 定义体尺寸

(1) 在树形窗口中的 Mesh 处单击右键选择 Insert→Sizing；

(2) 单击 Meshing 工具栏中的 ▦，在右侧图形窗口选择整个体；

第 11 章 Fluent 流动与换热分析

(3)单击详细列表窗口下 Scope→Geometry 的 Apply；

(4)选择详细列表窗 Definition→Type,将其属性改为 Element Size,数值更改为 0.01 m,如图 11-15 所示,此时树形窗口如图 11-16 所示。

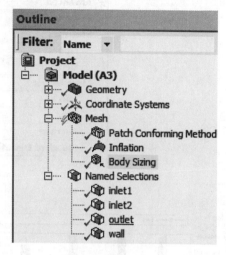

图 11-15　定义体尺寸　　　　　　　　图 11-16　树形窗口

7. 设置其他选项

详细列表中其他选项的设置保持默认值。

8. 生成网格

单击树形窗中的 Mesh,右键选择 generate mesh,生成网格如图 11-17 所示,从图中可以看到上侧进口面的边界层。

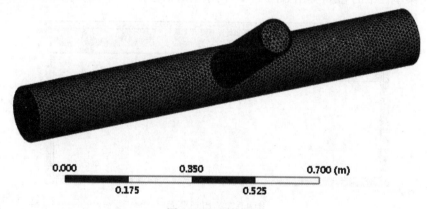

图 11-17　网格划分

9. 网格质量检查

(1)选择详细列表窗口中的 Statistics,将 Mesh Metric 的属性改为 Skewness 或其他选项以查看网格质量,如图 11-18 所示。从图中可以看出,总共划分了 72 893 个 Nodes 和 253 138 个 Elements,最大网格单元偏斜率为 0.788 87,网格质量较理想。

(2)在右下侧信息反馈窗口会对网格数据进行统计,读者可以很直观的了解到划分的网格质量,如图 11-19 所示。

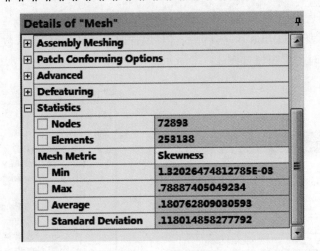

图 11-18　网格质量

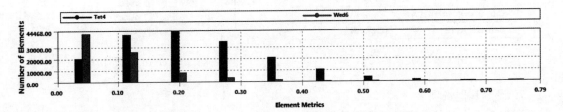

图 11-19　网格质量统计

(3) 查看三通管内部网格：

1) 单击菜单栏中的 ，弹出如图 11-20 所示的对话框；

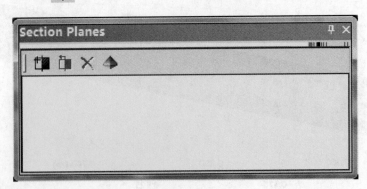

图 11-20　切割平面

2) 在弹出的对话框中单击 ，同时以 Y 轴为中心线对三通管进行切割，切割后的图形如图 11-21 所示；

3) 在弹出的对话框中单击 ，显示 Y 轴被切割后的网格，如图 11-22 所示。

通过以上步骤的操作，利用 ANSYS Meshing 对计算区域进行了网格划分。关闭 Meshing，回到 ANSYS Workbench 工作界面。

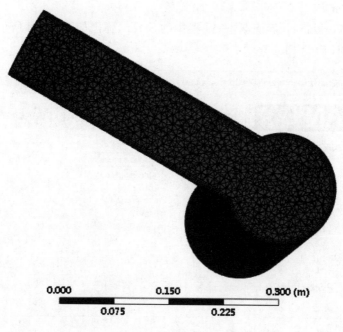

图 11-21 切割后的网格

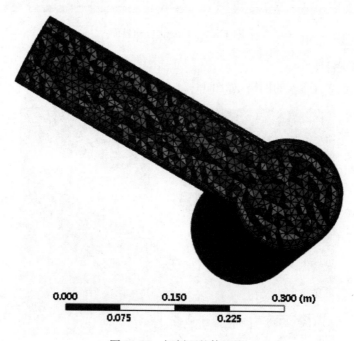

图 11-22 切割面的体网格

11.1.4 数值模拟

根据 ANSYS Meshing 划分的网格,利用 Fluent 中的稳态求解器,选用 k-e 湍流计算模型,并从材料库中调出液态水,建立相应的边界条件并求解。具体操作步骤如下:

1. 启动 Fluent

在 ANSYS Workbench 界面双击 A4 栏中的 Setup，弹出如图 11-23 所示的 Fluent 启动设置对话框，单击 OK 启动 Fluent。

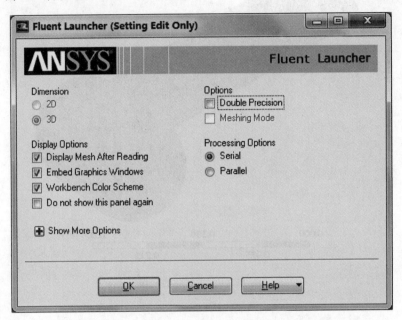

图 11-23　Fluent 启动界面

2. 读入网格文件

在图形窗口会显示读入的网格，如图 11-24 所示。

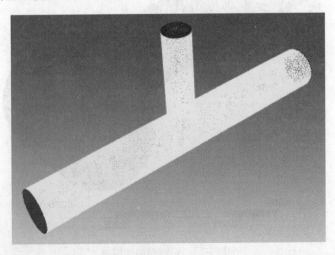

图 11-24　读入的网格

3. General 设置

(1) 检查网格

在左侧分析导航面板单击 General→Check，在信息反馈窗口会显示如图 11-25 所示的信息。网格检查的内容包括：

```
Domain Extents:
   x-coordinate: min (m) = -7.499991e-02, max (m) = 7.500000e-02
   y-coordinate: min (m) = -7.499996e-02, max (m) = 4.000000e-01
   z-coordinate: min (m) = -6.000000e-01, max (m) = 6.000000e-01
Volume statistics:
   minimum volume (m3): 2.171172e-08
   maximum volume (m3): 2.468007e-07
     total volume (m3): 2.373357e-02
Face area statistics:
   minimum face area (m2): 6.192506e-06
   maximum face area (m2): 8.734702e-05
Checking mesh........................
Done.
```

图 11-25　网格检查(一)

1) 网格检查列出了 X 轴、Y 轴和 Z 轴的最小值和最大值；
2) 网格检查会报告出有关网格的任何错误，特别是要求确保最小面积(体积)不能是负值，否则 Fluent 无法进行计算。

(2) 确定划分网格的长度单位

在左侧分析导航面板单击 General→Scale，如图 11-26 所示。由第一步网格检查可知，本案例不用进行长度单位的转换。

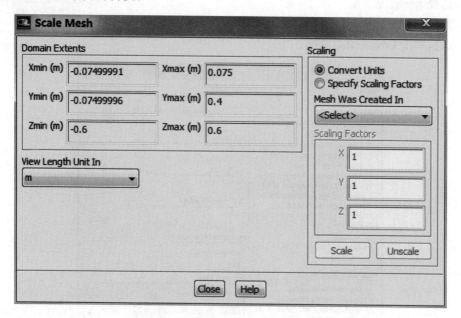

图 11-26　长度单位设置对话框

(3) 设置求解器

求解器选项保留默认值，如图 11-27 所示。

4. 选择计算模型

在左侧分析导航面板单击 Models，弹出如图 11-28 所示的对话框。

图 11-27 求解器设置对话框

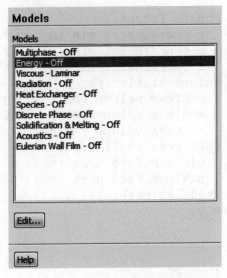

图 11-28 计算模型选择对话框

(1) 激活能量方程

单击 Models→Energy→Edit,弹出如图 11-29 所示的对话框。勾选能量方程,单击 OK 关闭对话框。

(2) 选择 k-e 湍流模型

单击 Models→Viscous→Edit,弹出如图 11-30 所示的对话框。保留默认值,单击 OK 关闭对话框。

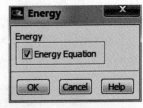

图 11-29 激活能量方程

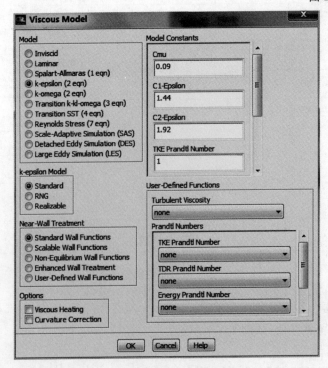

图 11-30 选择 k-e 湍流计算模型

5. 设置流体属性

(1)在左侧分析导航面板单击 Materials,弹出如图 11-31 所示的对话框。

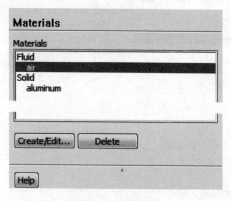

图 11-31　创建材料

(2)单击 Materials→air→Create/Edit,弹出如图 11-32 所示的对话框。

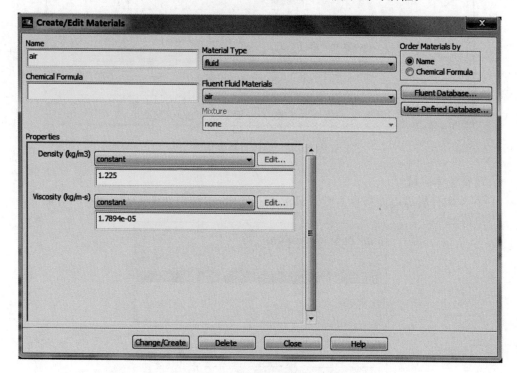

图 11-32　流体材料设置对话框

1)单击 Fluent Database,打开 Fluent Database Materials 对话框,如图 11-33 所示;
2)从 Fluent Fluid Materials 中选择 water-liquid(h2o<1>);
3)单击 Copy;
4)单击 Close,关闭 Fluent Database Materials 对话框;
5)单击 Change/Create;
6)单击 Close,关闭 Create/Edit Materials 对话框。

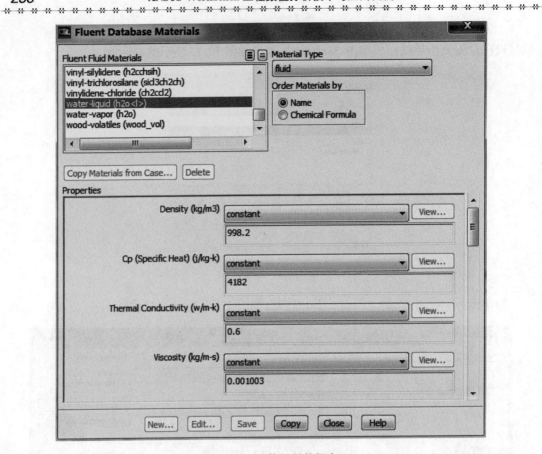

图 11-33　流体材料数据库

6. 设置流体区域

(1)在左侧分析导航面板单击 Cell Zone Conditions,弹出如图 11-34 所示的对话框。

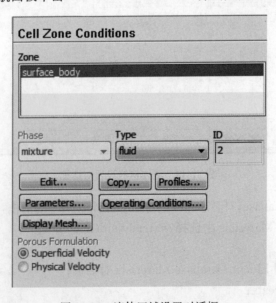

图 11-34　流体区域设置对话框

(2)单击 Cell Zone Conditions→surface-body→Edit,弹出如图 11-35 所示的对话框。在 Material Name 的下拉菜单中选择 water-liquid,单击 OK 关闭对话框。

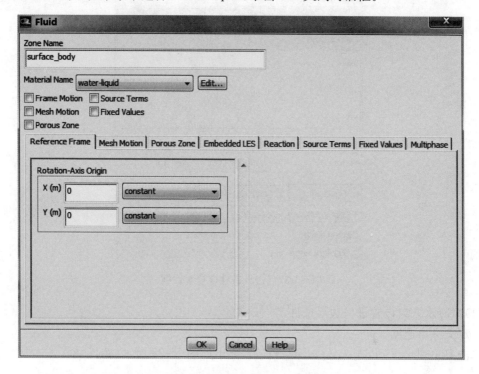

图 11-35 流体区域选择对话框

7. 设置操作压力

在左侧分析导航面板单击 Boundary Conditions →Operating Conditions,弹出如图 11-36 所示的对话框。保留默认值,单击 OK 关闭对话框。

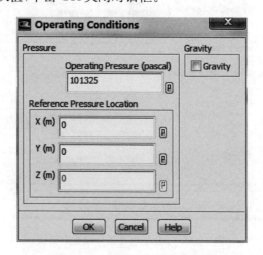

图 11-36 操作压力设置对话框

8. 设置边界条件

在左侧分析导航面板单击 Boundary Conditions,弹出如图 11-37 所示的对话框。

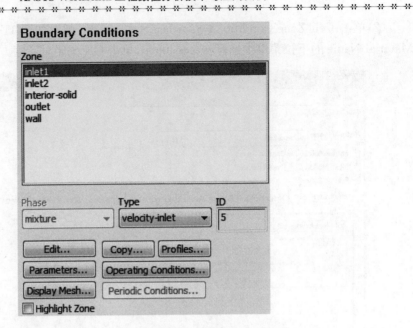

图 11-37　边界条件设置对话框

(1)对冷水入口设置进口边界条件

1)定义进口速度

单击 Boundary Conditions→inlet1→Edit，弹出如图 11-38 所示的对话框。

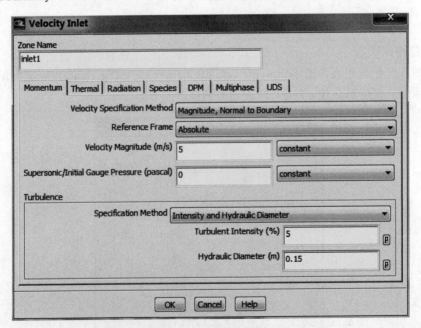

图 11-38　inlet1 边界条件设置对话框

①将 Velocity Magnitude 的值改为 5 m/s；
②将 Specification Method 的属性改为 Intensity and Hydraulic Diameter；
③保留 Turbulent Intensity 的默认值 5%；

④将 Hydraulic Diameter 的值改为 0.15 m；
⑤其他选项保留默认值。
2)定义进口温度
单击 Thermal,弹出如图 11-39 所示的对话框,将温度改为 283 K,单击 OK 关闭对话框。

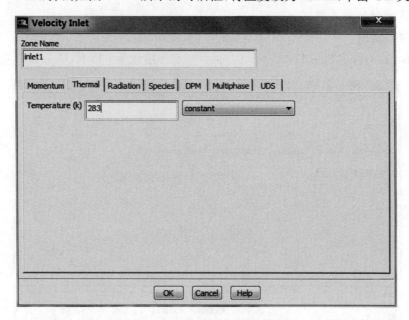

图 11-39　inlet1 温度设置对话框

(2)对热水入口设置进口边界条件
1)定义进口速度
单击 Boundary Conditions→inlet2→Edit,弹出如图 11-40 所示的对话框。

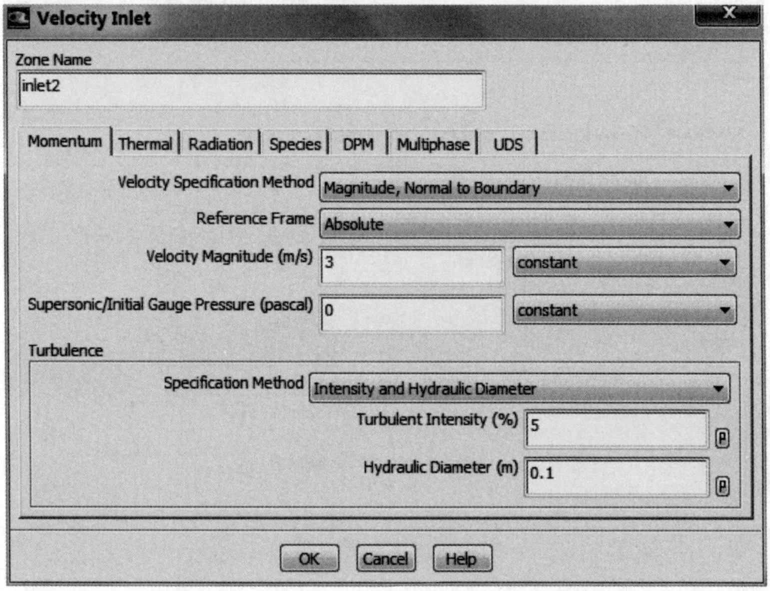

图 11-40　inlet2 边界条件设置对话框

① 将 Velocity Magnitude 的值改为 3 m/s；
② 将 Specification Method 的属性改为 Intensity and Hydraulic Diameter；
③ 保留 Turbulent Intensity 的默认值 5%；
④ 将 Hydraulic Diameter 的值改为 0.1 m；
⑤ 其他选项保留默认值。
2)定义进口温度

单击 Thermal，弹出如图 11-41 所示的对话框，将温度改为 363 K，单击 OK 关闭对话框。

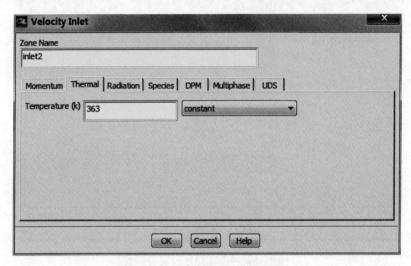

图 11-41　inlet2 温度设置对话框

(3)设置出口边界条件

单击 Boundary Conditions→outlet→Edit，弹出如图 11-42 所示的对话框。

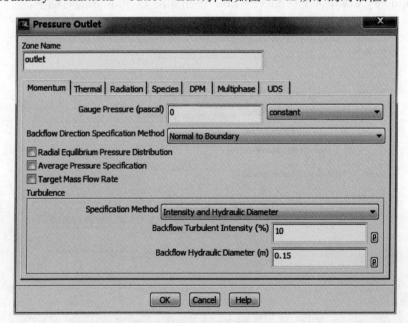

图 11-42　出口边界条件设置对话框

1)将 Backflow Specification Method 的属性改为 Intensity and Hydraulic Diameter；
2)将 Backflow Turbulent Intensity 的值改为 10%；
3)将 Backflow Hydraulic Diameter 的值改为 0.15 m；
4)单击 Thermal，在弹出的对话框中将温度改为 303 K；
5)单击 OK 关闭对话框。

(4)设置壁面 wall 边界条件

保留如图 11-43 所示的默认设置。

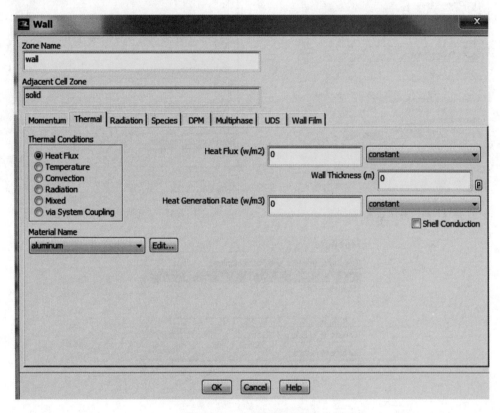

图 11-43　壁面设置对话框

9. 设置算法

在左侧分析导航面板单击 Solution Methods，弹出如图 11-44 所示的对话框，保留默认设置。

10. 设置松弛因子

在左侧分析导航面板单击 Solution Controls，弹出如图 11-45 所示的对话框，各个选项的松弛因子保留默认设置即可。

11. 设置监视器

在左侧分析导航面板单击 Monitors，弹出如图 11-46 所示的对话框。

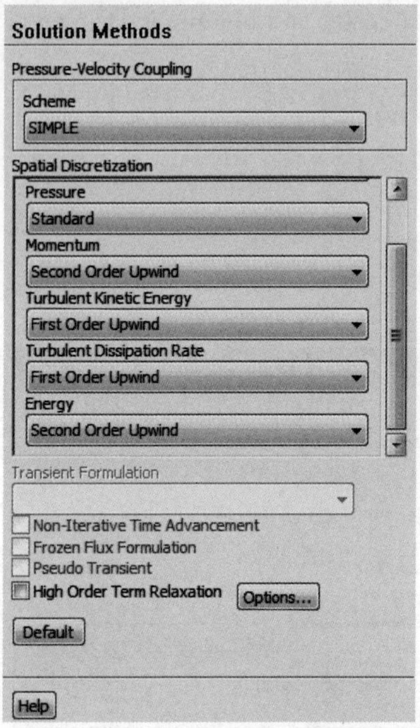

图 11-44 算法设置对话框

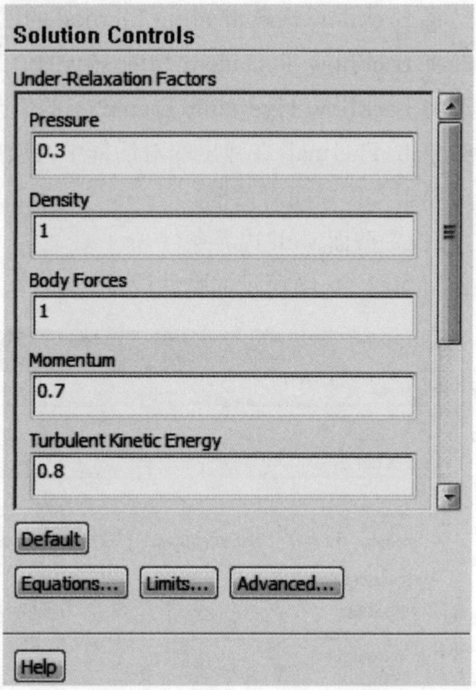

图 11-45 松弛因子设置对话框

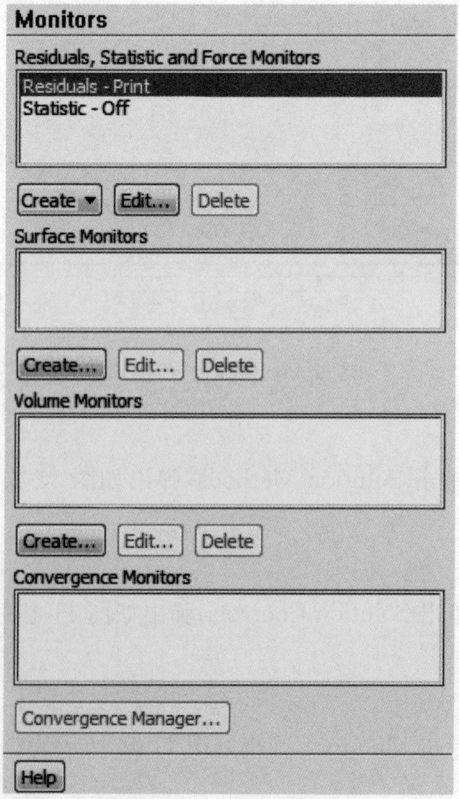

图 11-46 监视器设置对话框

第 11 章 Fluent 流动与换热分析

(1) 设置残差监视器

单击 Residuals→Edit，弹出如图 11-47 所示的对话框。勾选 Options 下的 Plot，将 Equations 下 Energy 后的数值更改为 1e-05，单击 OK 关闭对话框。

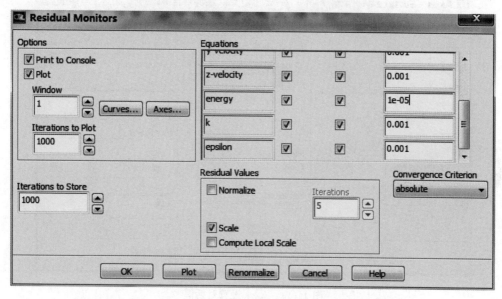

图 11-47　残差监视器设置对话框

(2) 设置面监视器，监视出口温度

1) 单击 Surface Monitors 下的"Create…"按钮，弹出如图 11-48 所示的对话框；

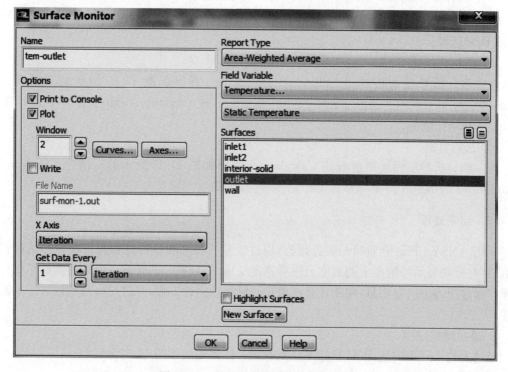

图 11-48　出口温度监视器设置对话框

2)将 Name 改为 tem-outlet,勾选 Options 下的 Plot,单击"Axes…",弹出如图 11-49 所示的对话框;

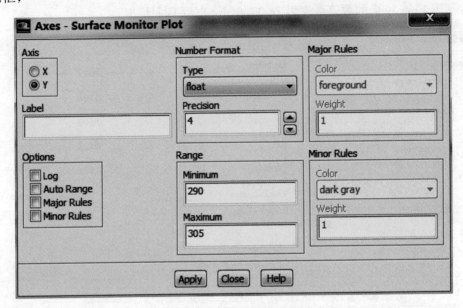

图 11-49　Axes 设置对话框

3)在 Axis 下选择 Y,在 Options 下不勾选 Auto Range,在 Range 处,Minimum=290,Maximum=305,单击 Apply,点击 Close 关闭 Axes-Surface Monitor Plot 对话框;

4)在 Surface Monitor 对话框中,Report Type 下选择 Area-Weighted Average,在 Field Variable 下分别选择 Temperature…和 Static Temperature,在 Surfaces 下选择 outlet,单击 OK 关闭对话框。

12. 流场初始化

在左侧分析导航面板单击 Solution Initialization,弹出如图 11-50 所示的对话框。在 Initialization Methods 下选择 Standard Initialization,从 Compute from 下选择 inlet1,单击 Initialize 初始化流场。

13. 进行计算

在左侧分析导航面板单击 Run Calculation,弹出如图 11-51 所示的对话框。将 Number of Iterations 的值更改为 200,单击 Calculate 进行计算。

11.1.5　结果处理

利用 ANSYS Fluent 自带的后处理器,通过残差曲线判断计算过程是否收敛。通过创建等值面,并分别显示等值面上的温度云图和速度矢量图,观察三通管管内流体的流动和热传递过程。通过报告进出口流量,判断计算结果是否满足连续性方程,并进一步判断计算结果的准确性。

1. 显示残差曲线

经过大约 160 步的迭代,计算结果达到收敛。残差曲线如图 11-52 所示。

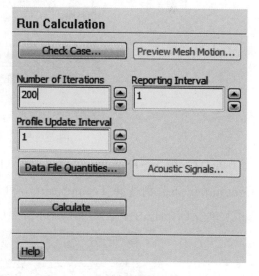

图 11-50 流场初始化设置对话框　　　　图 11-51 迭代计算设置对话框（一）

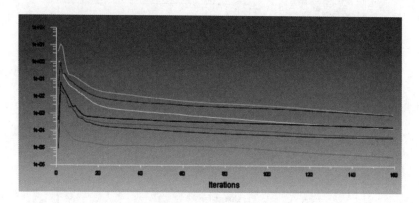

图 11-52 残差曲线（一）

2. 观察温度云图

在左侧分析导航面板单击 Graphics and Animations，弹出如图 11-53 所示的对话框。

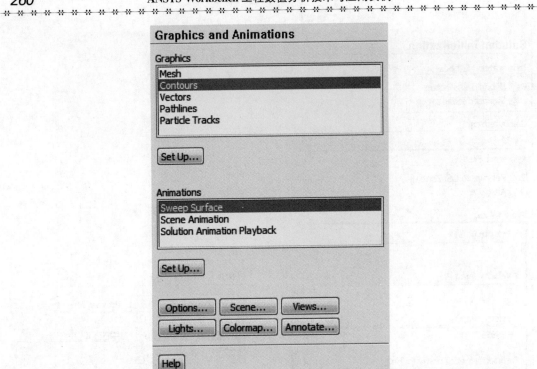

图 11-53　图形和动画设置对话框

单击 Contours→Set Up…，弹出如图 11-54 所示的对话框。在 Options 下勾选 Filled，在 Contours of 下分别选择 Temperature…和 Static Temperature，在 Surfaces 下选择 interior-solid，单击 Display，右侧图形窗口显示的温度等值线图如图 11-55 所示。

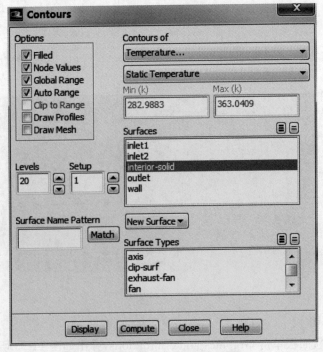

图 11-54　温度云图设置对话框

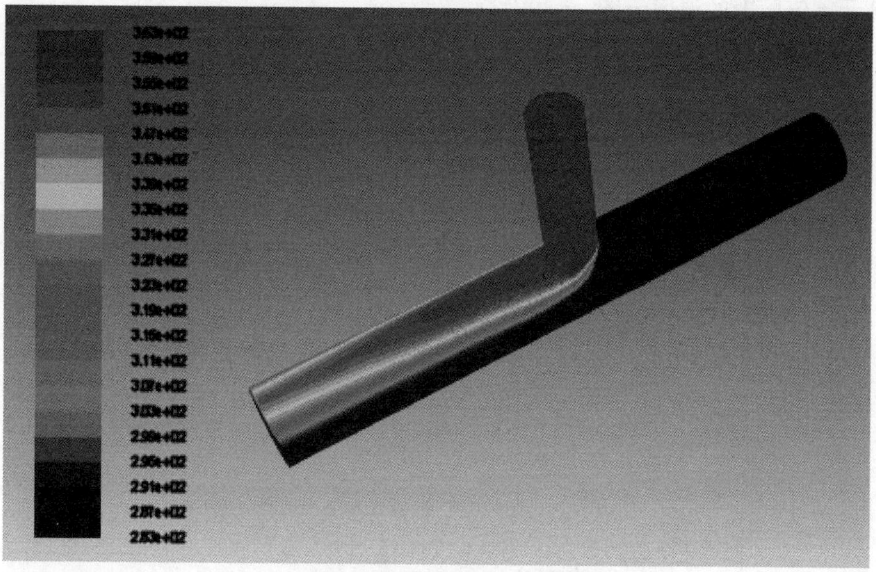

第 11 章 Fluent 流动与换热分析

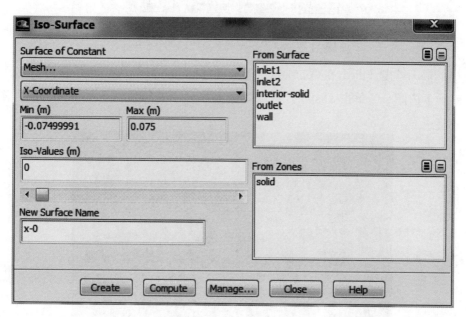

图 11-55 温度云图

3. 创建等值面

单击菜单栏中的 Surface,在弹出的菜单中选择 Iso-Surface,弹出如图 11-56 所示的对话框。

图 11-56 等值面设置对话框

在 Surface of Constant 下分别选择 Mesh…和 X-Coordinate,单击 Compute,则在 Min 和 Max 处会显示出 X 轴的范围。保留 Iso-Values 的默认值 0,将 New Surface Name 改为 x-0。单击 Create,创建 x-0 这一个等值面。

4. 显示等值面上的温度云图

单击 Graphics and Animations→Contours→Set Up…，弹出如图 11-57 所示的对话框。

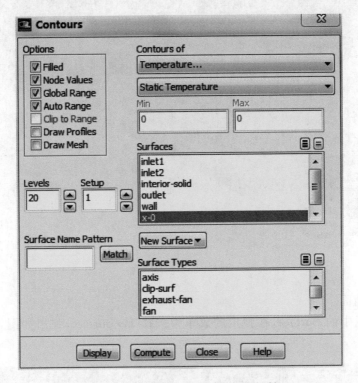

图 11-57　等值面处温度云图设置对话框

在 Options 下勾选 Filled，在 Contours of 下分别选择 Temperature…和 Static Temperature，在 Surfaces 下选择 x-0，单击 Display，右侧图像窗口显示的等值面上的温度云图如图 11-58 所示。

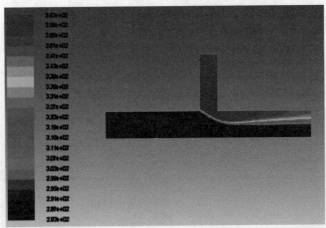

图 11-58　等值面上的温度云图

5. 显示等值面上速度矢量图

单击 Graphics and Animations→Vectors→Set Up…，弹出如图 11-59 所示的对话框。在

Surface 下选择 x-0,单击 Display,右侧图像窗口显示的速度矢量图如图 11-60 所示。冷热水混合处经放大后速度矢量图如图 11-61 所示。

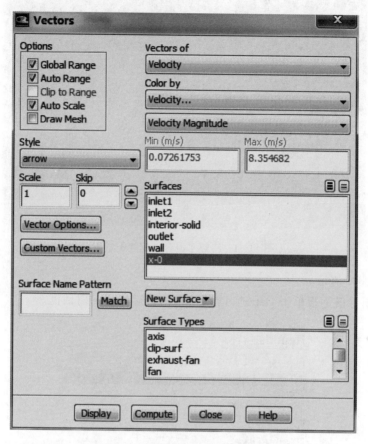

图 11-59 速度矢量图设置对话框(一)

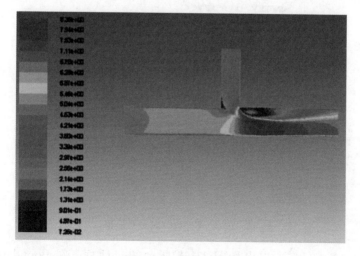

图 11-60 速度矢量图

图 11-61　冷热水混合处速度矢量图

6. 报告进出口流量

在左侧分析导航面板单击 Reports，弹出如图 11-62 所示的对话框。

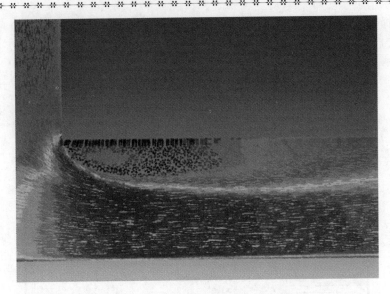

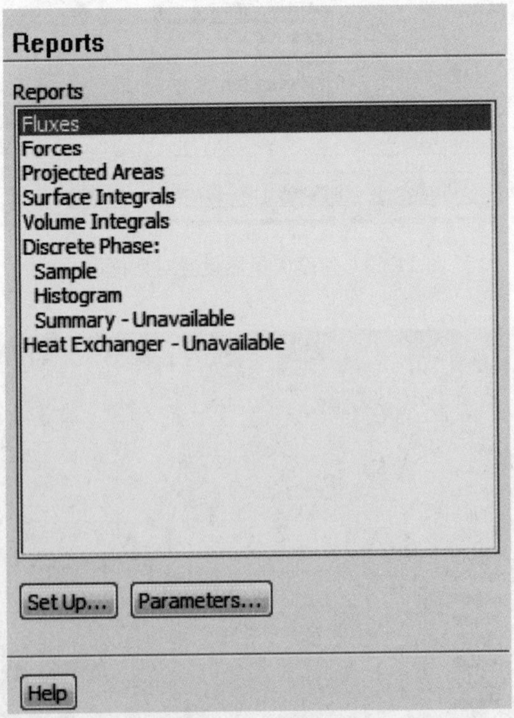

图 11-62　Reports 设置对话框

单击 Fluxes→Set Up…，弹出如图 11-63 所示的对话框。在 Boundaries 下分别选择 inlet1、inlet2 和 outlet，单击 Compute，计算进出口流量。经计算，进出口流量仅相差 0.001 07，说明计算结果较准确。

第 11 章 Fluent 流动与换热分析

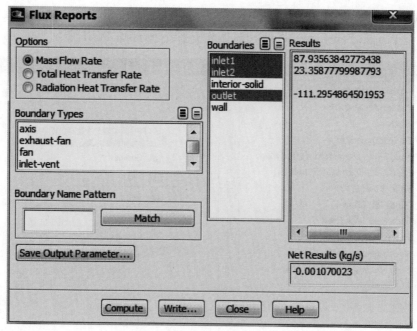

图 11-63 报告流量设置对话框

11.2 立方体内辐射和自然对流换热的数值模拟

11.2.1 问题描述

如图 11-64 所示,边长为 0.3 m 的立方体,周围的环境温度为 293.15 K,考虑重力作用(重力方向为竖直向下),一侧为高温壁面(x=0),温度为 473.15 K,且以辐射和对流的方式将热传递到其他墙壁,其他墙壁均采用绝缘材料。假设包装盒内的介质不发射、吸收、散射辐射,所有墙壁均为灰体,工作流体普朗特数为 0.71,瑞利数为 0.25。这意味着流动最有可能是层流。利用 ANSYS Fluent 中的表面到表面(S2S)辐射模型进行数值模拟,计算立方体内温度分布。

本节例题涉及到的知识点主要包括:(1) ANSYS DM 三维建模;(2) ANSYS Mesh 网格划分方法;(3) Fluent 问题物理设置;(4) Fluent 求解设置及监控技术;(5) Fluent 计算结果后处理。

图 11-64 立方体计算模型

11.2.2 创建几何模型

利用 DesignModeler 创建草图 Sketch1,绘制立方体的一个端面,通过拉伸操作得到整个计算模型。在 ANSYS DM 中创建流场的三维几何模型,按照如下步骤进行操作:

1. 启动 Workbench 并建立分析流程

(1)在 Windows 的开始菜单中单击 ANSYS Workbench 项目,启动 ANSYS Workbench 界面;

（2）在 Workbench 界面左侧工具箱中选择分析系统中的 Fluid Flow(Fluent)系统,用鼠标左键将其拖至 Project Schematic 中,创建流体分析系统 A,如图 11-65 所示。

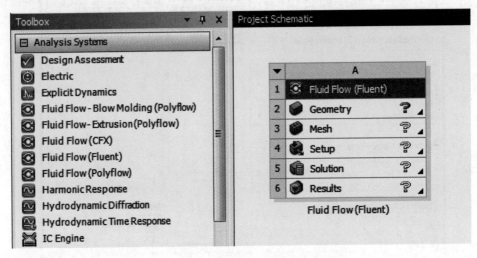

图 11-65　创建流体分析系统 A

2. 启动 DM 并指定单位

（1）双击 Project Schematic 中的 Geometry(A2)单元格,启动 ANSYS DM；

（2）在 DM 启动弹出的单位设置对话框中,选择建模长度单位为 Millimeter(mm),单击 OK 按钮,进入 DM 界面。

3. 在 XY 平面绘制草图

（1）单击 Tree Outline→A:Fluid Flow(Fluent)→XYPlane,此时会在绘图区域中出现 XY 坐标平面,然后单击工具栏中的 ▨ 按钮,以正视工作平面；

（2）单击 Tree Outline 下面的 Sketching 选项卡,此时会切换至草绘命令操作面板,如图 11-66 所示；

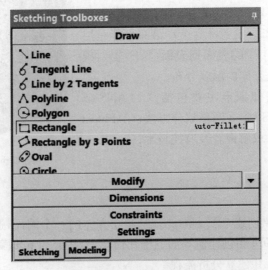

图 11-66　草绘命令操作面板

第 11 章 Fluent 流动与换热分析

(3)单击 Draw→Rectangle 按钮,此时 Rectangle 按钮处于凹陷状态即被选中,移动鼠标至绘图区域中的坐标原点附近,此时会在绘图区域出现"P"字符,表示已经选中坐标原点,然后向右上方移动鼠标,单击鼠标左键将示意图大致画出,如图 11-67 所示;

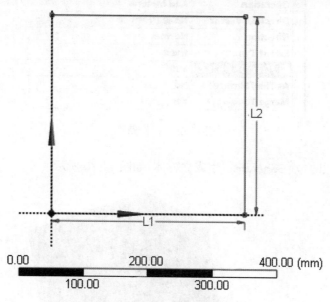

图 11-67 大致画出示意图

(4)单击 Dimensions→ Length/Distance ,该选项处于凹陷状态,表示该选项被选中。单击刚才绘制的矩形的相邻两边,然后再在任意位置单击,完成尺寸标注操作;

(5)在 Details View 面板中的 Dimensions:2 下面的 L1 后输入 300,L2 后输入 300,并按 Enter 键确定输入,如图 11-68 所示。单击 ,使图形显示为适合窗口大小。

Details View	
Show Constraints?	No
⊟ Dimensions: 2	
☐ L1	300 mm
☐ L2	300 mm
⊟ Edges: 4	
Line	Ln7
Line	Ln8
Line	Ln9
Line	Ln10

图 11-68 设置尺寸大小

4. 进行拉伸操作

单击工具栏中 Extrude ,此时在 Tree Outline 的 A:Fluid Flow(Fluent)下出现一个拉伸命令。在 Details View 面板中的 Details of Extrude1 下面作如下设置:

(1)在 Geometry 栏中选择 Sketch1(单击 XY Plane 下的 Sketch1),然后单击 Apply;
(2)在 FD1,Depth(>0)后输入 300,如图 11-69 所示;

Details View	
Extrude	Extrude1
Geometry	Sketch1
Operation	Add Material
Direction Vector	None (Normal)
Direction	Normal
Extent Type	Fixed
FD1, Depth (>0)	300
As Thin/Surface?	No
Merge Topology?	Yes

图 11-69 拉伸设置

(3) 单击工具栏的 Generate，生成立方体，如图 11-70 所示。

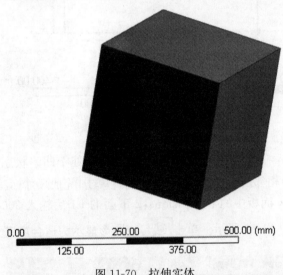

图 11-70 拉伸实体

5. 保存文件并退出 DM

单击工具栏 保存按钮，保存文件为 radiation and Natural Convection，退出 Design Modeler，返回 Workbench 主界面。

11.2.3 网格划分

根据 ANSYS DM 建立的几何模型，利用 ANSYS Meshing 中的 Create Named Selections 功能对每条边进行命名，通过定义体尺寸对模型划分六面体规则网格。

在 ANSYS Mesh 中进行流体域的网格划分，按如下的步骤进行操作：

1. 启动 ANSYS Mesh

双击项目流程中的 A3：Mesh，启动 ANSYS Meshing 平台。

2. 重命名部件

单击 Outline 中的 Project→Model(A3)→Geometry→Solid，单击右键，选择 Rename，将流体域改为"air"。

3. 将固体域更改为流体域

在 Outline 中的 Project→Model(A3)→Geometry→Solid 下单击"air",在 Details of "air" 面板中将 Material→Fluid/Solid 栏改为 Fluid,如图 11-71 所示。

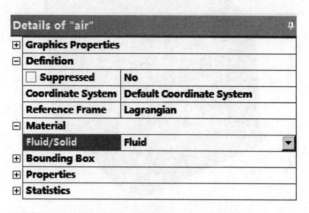

图 11-71　固体域更改为流体域

4. 定义体尺寸

右击 Outline→Project→Mesh 命令,在弹出的快捷菜单中选择 Insert→Sizing 命令,并在 Details of "Body Sizing"栏中作如下设置:

(1)在绘图区选择 air 实体,然后单击 Geometry 栏中的 Apply 确定选择,此时 Geometry 栏中显示 1Body,表示一个实体被选中;

(2)在 Definition→Element Size 栏中输入 0.01;

(3)其他保持默认设置,如图 11-72 所示。

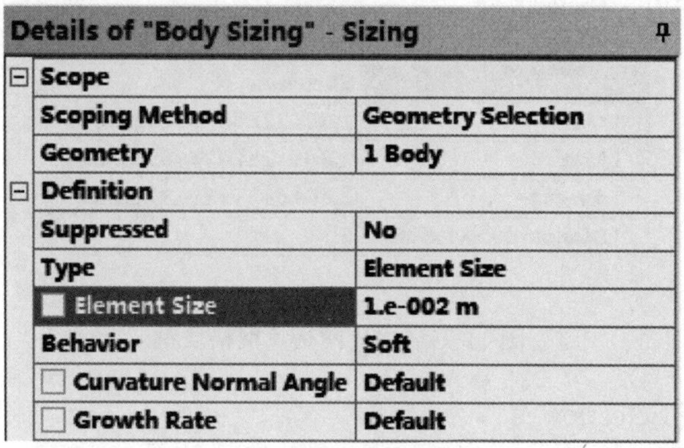

图 11-72　设置网格尺寸

5. 生成网格

右击 Outline→Project→Mesh 命令,在弹出的菜单中选择 Generate Mesh 命令,生成如图 11-73 所示的网格。

6. 检查网格质量

选择详细列表窗口中的 Statistics,将 Mesh Metric 的属性改为 Skewness 或其他选项以查看网格质量,如图 11-74 所示。从图中可以看出,总共划分了 29 000 多个 Nodes 和 27 000 个 Elements,网格质量较理想。

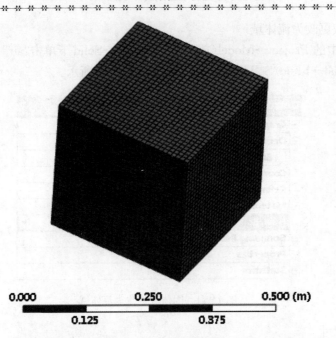

图 11-73 划分的网格

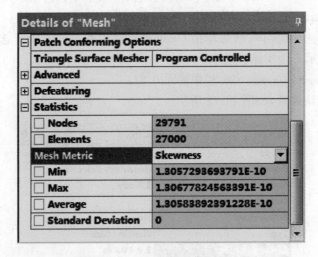

图 11-74 生成网格及网格质量

7. Create Named Selection

(1)单击工具栏中的 ![icon]，在右侧图像窗口选择立方体中 $x=0$ 对应的平面，单击右键并在弹出的菜单中选择 Create Named Selection 命令，在弹出的对话框中输入 w-low-x，单击 OK 确定，如图 11-75 所示；

(2)重复上述操作，分别将 $x=0.3$ m、$y=0$、$y=0.3$、$z=0$ 和 $z=0.3$ 命名为 w-high-x、w-low-y、w-high-y、w-low-z 和 w-high-z。

8. 保存文件退出 ANSYS Meshing

单击工具栏中的保存选项，保存文件。关闭 Meshing 平台，返回到 Workbench 平台。

第 11 章　Fluent 流动与换热分析

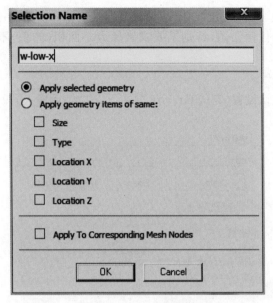

图 11-75　边界创建

11.2.4　模型及参数设置

根据 ANSYS Meshing 划分的网格,利用 Fluent 中的稳态求解器,选用 S2S 辐射模型,初始化流场,计算稳态过程。在计算过程中,通过设置残差曲线,监视计算结果的收敛性。

在 Fluent 界面中进行物理参数的设置,按如下步骤进行操作:

1. 启动 Fluent 界面

在 Project Schematic 中双击 Setup(A4)单元格,弹出 Fluent Launcher 对话框,保持对话框中的所有默认设置,单击 OK 按钮以启动 Fluent 界面。

2. 执行网格检查,定义求解器

(1)执行网格检查

启动 Fluent 后,在分析导航面板中选择 Solution Setup 分支下的 General 分支,在导航面板右侧的 General 面板中单击 Check 按钮,Fluent 开始执行网格检查,在 Fluent 界面右下角的命令输入窗口出现如图 11-76 所示的信息。

```
Domain Extents:
   x-coordinate: min (m) = -5.551115e-17, max (m) = 3.000000e-01
   y-coordinate: min (m) = 0.000000e+00, max (m) = 3.000000e-01
   z-coordinate: min (m) = 0.000000e+00, max (m) = 3.000000e-01
Volume statistics:
   minimum volume (m3): 9.999972e-07
   maximum volume (m3): 1.000006e-06
     total volume (m3): 2.700000e-02
Face area statistics:
   minimum face area (m2): 9.999981e-05
   maximum face area (m2): 1.000004e-04
 Checking mesh.........................
Done.
```

图 11-76　网格检查(二)

一般情况下，网格检查会列出 X 轴、Y 轴和 Z 轴坐标范围的最小值和最大值。网格检查还会报告出有关网格的任何错误，特别是要求确保最小面积（体积）不能是负值，否则 Fluent 无法进行计算。

(2) 定义求解器

求解器选项保留默认设置，勾选 Gravity 并在 Y(m/s^2) 后输入 -9.8，如图 11-77 所示。

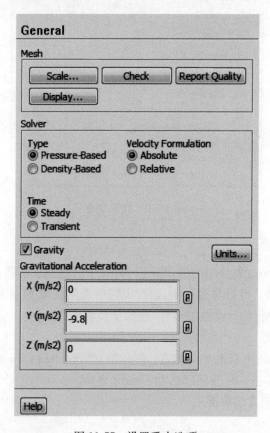

图 11-77 设置重力选项

3. 激活能量方程，选择辐射模型

(1) 激活能量方程

在分析导航面板中选择 Solution Setup 分支下的 Models 分支，在 Models 面板中双击 Energy 选项，弹出如图 11-78 所示的 Energy 对话框，在其中勾选 Energy Equation，并单击 OK 按钮确认选择，此时 Models 面板中 Energy 选项显示为 On。

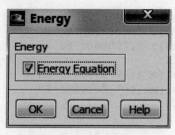

图 11-78 Energy 设置

（2）选择辐射模型

1）在 Models 面板中单击 Radiation→Edit，在弹出如图 11-79 所示的 Radiation Models 对话框中选择 Surface to Surface(S2S)选项，单击 OK，完成辐射模型设置的操作，此时 Models 面板中 Radiation 选项显示为 Surface to Surface(S2S)。

图 11-79　选择辐射模型

2）双击 Models 面板中的 Radiation 选项，弹出 S2S 设置对话框，如图 11-80 所示。

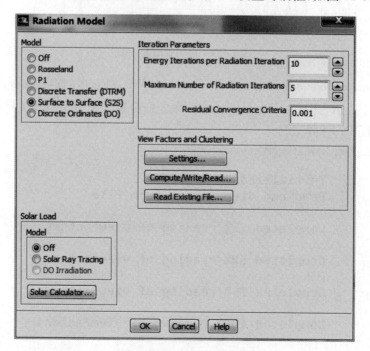

图 11-80　S2S 设置对话框

①单击 Settings…,在弹出如图 11-81 所示的对话框中单击 Apply to All Walls,其他保持默认设置,单击 OK 关闭 View Factors and Clustering 对话框;

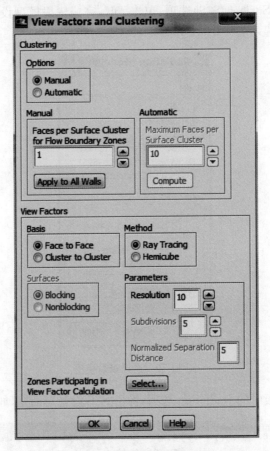

图 11-81　应用到所有平面

②在 Radiation Models 对话框下单击 Compute/Write/Read…选项,在弹出的对话框中保留默认设置,单击 OK,此时在 Fluent 界面右下角的命令输入窗口进行相关计算,当出现如图 11-82 所示的信息时,计算完成;

③单击 OK 关闭 Radiation Models 对话框。

```
Initialized VF Storage
Reading  Viewfactors from file

Completed 25% reading of viewfactors

Completed 50% reading of viewfactors

Completed 75% reading of viewfactors

Completed 100% reading of viewfactors
```

图 11-82　信息提示

4. 创建新材料

(1)在分析导航面板中选择 Materials 分支,在 Materials 面板中单击 Fluid→Create/Edit,在弹出如图 11-83 所示的对话框中进行如下设置:

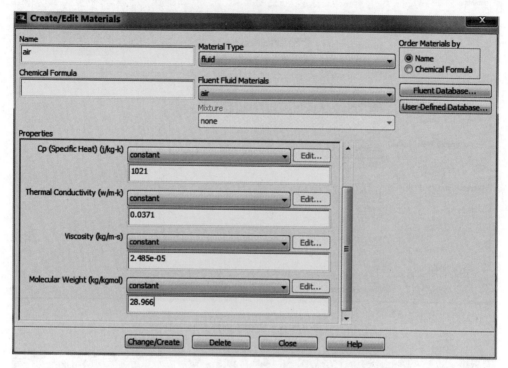

图 11-83 创建新材料

在 Density 下拉栏选择 incompressible-ideal-gas,在 Cp 栏输入 1 021,在 Thermal Conductivity 栏输入 0.037 1,在 Viscosity 栏输入 2.485e-05,保留 Molecular Weight 栏的默认设置,单击 Chang/Create 对 air 材料进行修改。

(2)在 Materials 面板中单击 Solid→Create/Edit,在弹出如图 11-84 所示的对话框中进行如下设置:

在 Name 栏输入 insulation,删除 Chemical Formula 栏的内容,在 Density 栏输入 50,在 Cp 栏输入 800,在 Thermal Conductivity 栏输入 0.09,单击 Chang/Create,在弹出的对话框内选择 NO,此项操作将该材料添加到材料选择列表中。

5. 设置流体边界条件

(1)在分析导航面板中选择 Boundary Condition 分支,在 Boundary Condition 面板中选择 w-high-x→Edit...,在如图 11-85 所示的对话框中进行如下设置:

1)单击 Thermal 选项,并在 Thermal Conditions 下选择 Mixed;
2)在 Heat Transfer Coefficient(W/(m² · K))栏中输入 5;
3)在 Free Stream Temperature(K)栏中输入 293.15;
4)在 External Emissivity 栏中输入 0.75;
5)在 External Radiation Temperature(K)中输入 293.15;
6)在 Internal Emissivity 栏中输入 0.95;

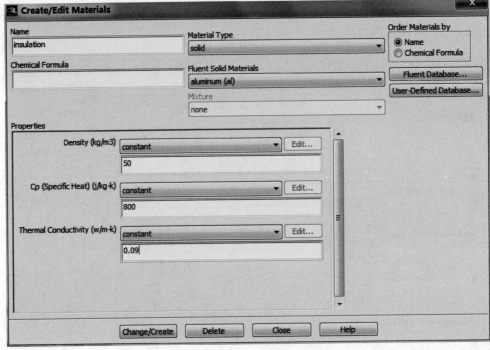

图 11-84　创建新固体材料

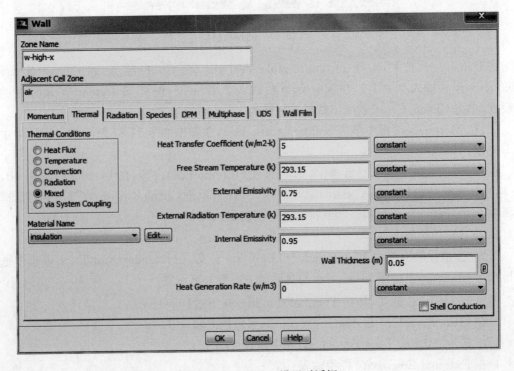

图 11-85　w-high-x 设置对话框

7)在 Wall Thickness(m)栏中输入 0.05；

8)在 Material Name 下拉栏中选择 insulation；

9)其他选项保持默认，单击 OK 确认。

(2)单击 Boundary Condition 面板中的 Copy 选项，在如图 11-86 所示的对话框中进行如下操作：

1)在 From Boundary Zone 下选择 w-high-x；

2)在 To Boundary Zones 下选择 w-high-z 和 w-low-z；

3)单击 Copy，在弹出如图 11-87 所示的对话框中单击 OK；

4)单击 Close，关闭 Copy Conditions 对话框。

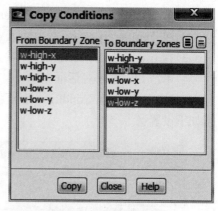

图 11-86　复制边界条件(一)

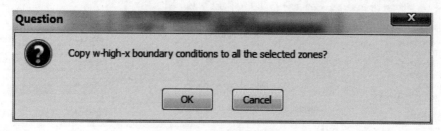

图 11-87　边界条件复制确认对话框

(3)在 Boundary Condition 面板中选择 w-low-x→Edit…，在如图 11-88 所示的对话框中进行如下设置：

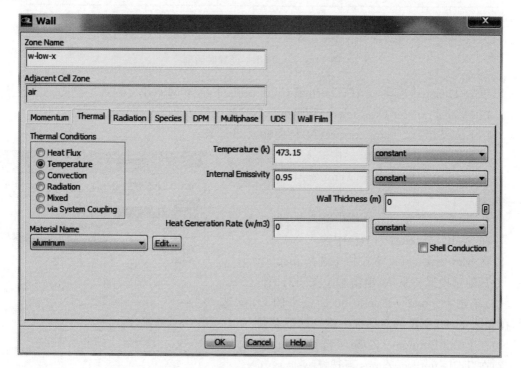

图 11-88　w-low-x 设置对话框

1)单击 Thermal 选项,并在 Thermal Conditions 下选择 Temperature;
2)在 Temperature(K)栏中输入 473.15;
3)在 Internal Emissivity 栏中输入 0.95;
4)单击 OK 关闭对话框。

(4)在 Boundary Condition 面板中选择 w-high-y→Edit,在如图 11-89 所示的对话框中进行如下设置:

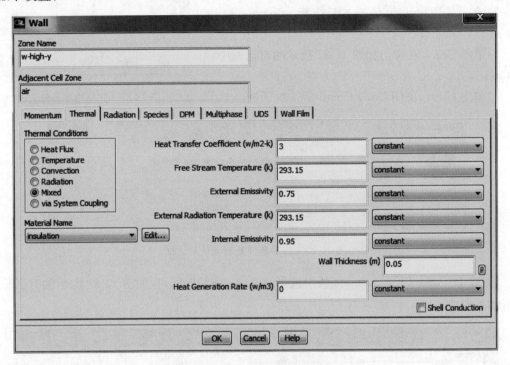

图 11-89　w-high-y 设置对话框

1)单击 Thermal 选项,并在 Thermal Conditions 下选择 Mixed;
2)在 Heat Transfer Coefficient(W/(m² · K))栏中输入 3;
3)在 Free Stream Temperature(K)栏中输入 293.15;
4)在 External Emissivity 栏中输入 0.75;
5)在 External Radiation Temperature(K)后输入 293.15;
6)在 Internal Emissivity 栏中输入 0.95;
7)在 Wall Thickness(m)栏中输入 0.05;
8)在 Material Name 下拉栏中选择 insulation;
9)其他选项保持默认,单击 OK 关闭对话框。

(5)单击 Boundary Condition 面板中的 Copy 选项,在如图 11-90 所示的对话框中进行如下设置:

1)在 From Boundary Zone 下选择 w-high-y;
2)在 To Boundary Zones 下选择 w-low-y;

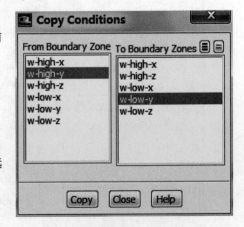

图 11-90　复制边界条件(二)

3)单击 Copy,在弹出的对话框中单击 OK;

4)单击 Close,关闭 Copy Conditions 对话框。

11.2.5 求解设置与计算

1. 设置求解方法

在分析导航面板中选择 Solution Methods 分支,在如图 11-91 所示的 Solution Methods 面板中进行如下设置:

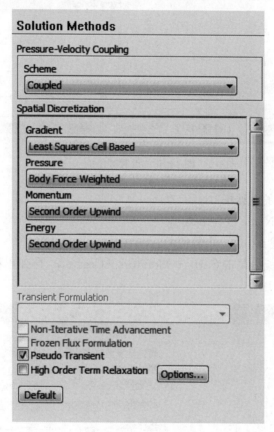

图 11-91 求解器设置

(1)在 Scheme 下选择 Coupled;

(2)在 Pressure 下选择 Body Force Weighted;

(3)勾选 Pseudo Transient 选项。

2. 显示残差曲线,设置面监视器

(1)在分析导航面板中选择 Monitors 分支,在 Monitors 面板下单击 Residuals→Edit…,保持弹出对话框的默认设置,单击 OK。

(2)在 Fluent 菜单栏中单击 Surface,在下拉菜单中单击 Iso-Surface…,在弹出如图 11-92 所示的对话框中进行如下设置:

1)在 Surface of Constant 下分别选择 Mesh…和 Z-Coordinate;

2)单击 Compute,则在 Min 和 Max 处会显示出 Z 轴的范围;

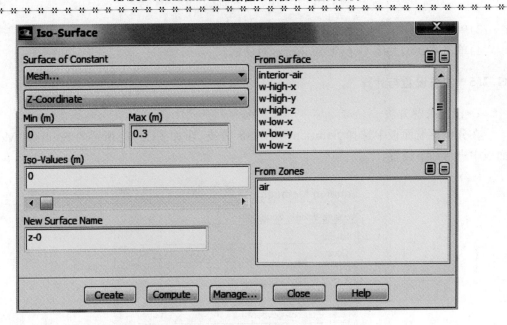

图 11-92 设置等值面

3)保留 Iso-Values 的默认值 0;
4)将 New Surface Name 改为 z-0;
5)单击 Create,创建 z-0 这一个等值面。

(3)在 Monitors 面板中单击 Surface Monitors→Create…,在弹出如图 11-93 所示的对话框中进行如下设置:

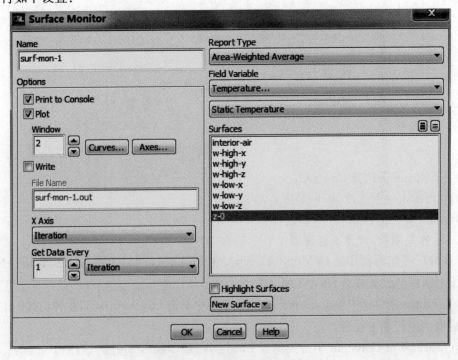

图 11-93 面监视器设置对话框

第 11 章 Fluent 流动与换热分析

1) 勾选 Options 下的 Plot；
2) 在 Report Type 下选择 Area-Weighted Average；
3) 在 Field Variable 下分别选择 Temperature...和 Static Temperature；
4) 在 Surfaces 下选择 z-0；
5) 单击 OK 关闭对话框。

3. 初始化流体域

在分析导航面板中选择 Solution Initialization 分支，保持默认设置，单击 Initialize 初始化流场。

4. 迭代计算

在分析导航面板中选择 Run Calculation 分支，在如图 11-94 所示的 Run Calculation 面板中进行如下设置：

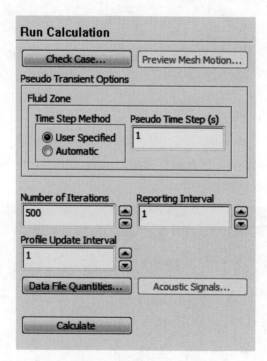

图 11-94 迭代计算设置对话框(二)

(1) 在 Time Step Method 下选择 User Specified；
(2) 保留 Pseudo Time Step 的默认值 1；
(3) 在 Number of Iterations 处输入 500；
(4) 单击 Calculate 进行计算。

11.2.6 结果后处理

计算完成后，通过残差曲线判断计算的收敛性。定义一个平面，并显示该平面上的温度分布和速度矢量图查看计算结果。本节介绍如何利用 Fluent 自带的后处理器进行结果后处理，具体步骤如下：

1. 显示残差曲线

经过 367 步的计算，计算收敛。残差曲线如图 11-95 所示。

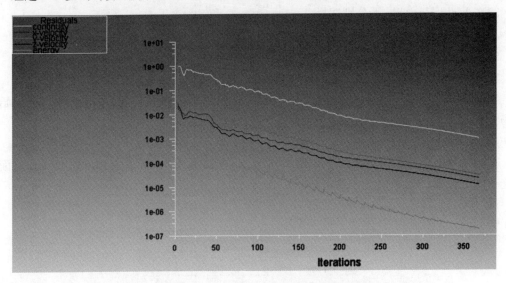

图 11-95　残差曲线（二）

2. 面监视器的结果

在右侧图像窗口选择窗口 2 查看面监视器的结果，如图 11-96 所示。由图可以看出，在 250 步后监视面的温度已经达到稳定。

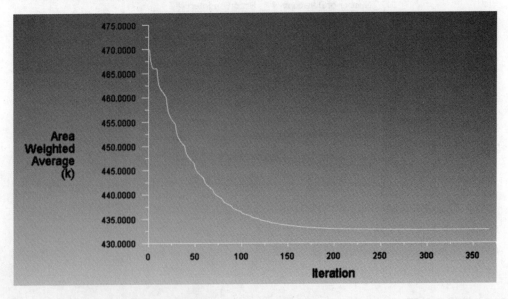

图 11-96　面监视器的结果

3. 监视面的温度云图

在分析导航面板中选择 Graphics and Animations 分支，单击 Graphics and Animations 面板下的 Contours→Set up…，在弹出如图 11-97 所示的对话框中进行如下设置：

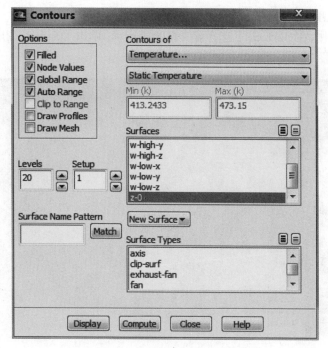

图 11-97　监视面温度云图设置对话框

(1)在 Options 下勾选 Filled；
(2)在 Contours of 的两个下拉栏中分别选中 Temperature…和 Static Temperature；
(3)在 Surfaces 中选中 z-0；
(4)单击 Display，在图像窗口显示的监视面温度云图如图 11-98 所示。

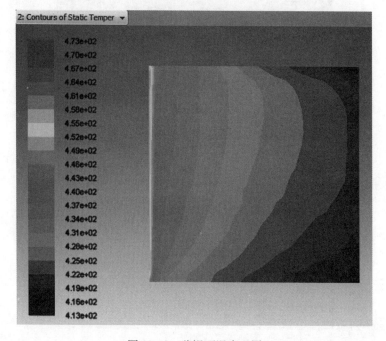

图 11-98　监视面温度云图

4. 其他面的温度云图

重复上面的操作,在 Surface 下选择除 z-0 的所有面,单击 Display,在图像窗口显示的其他面的温度云图如图 11-99 所示。

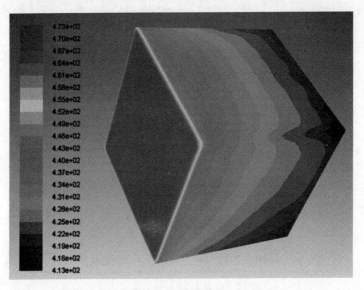

图 11-99　其他面的温度云图

5. 显示监视面的速度矢量图

在 Graphics and Animations 面板下单击 Vectors→Set up…,在弹出如图 11-100 所示的对话框中进行如下设置:

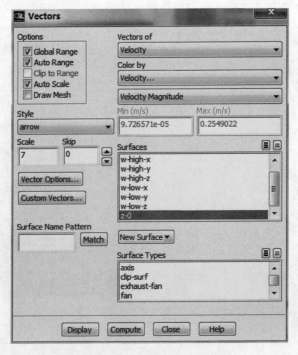

图 11-100　速度矢量图设置对话框(二)

(1)在 Scale 后输入 7；
(2)在 Surfaces 下选择 z-0；
(3)单击 Display，右侧图像窗口显示的监视面速度矢量图如图 11-101 所示。

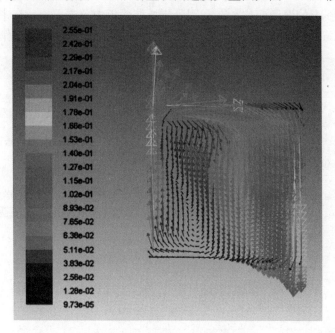

图 11-101　监视面速度矢量图

6. 边界上温度变化曲线

(1)单击菜单栏 Surface→Line/Rake，弹出如图 11-102 所示的对话框。在边界上创建一条线，操作步骤如下：

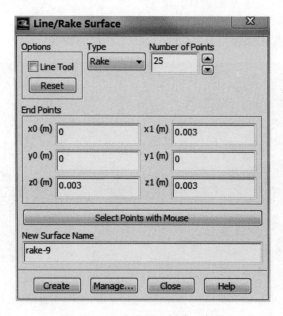

图 11-102　在边界上创建一条线

1)在 Type 下选择 Rake,并将 Number of Points 改为 25;
2)在(x0,y0,z0)处键入(0,0,0.003),在(x1,y1,z1)处键入(0.003,0,0.003);
3)保留默认名称 rake-9,单击 Create 关闭对话框。

(2)显示边界线上的温度变化。在左侧分析导航面板中单击 Plots,在中部 Plots 面板上选择 XY Plots→Set up,弹出如图 11-103 所示的对话框,进行如下步骤的操作:

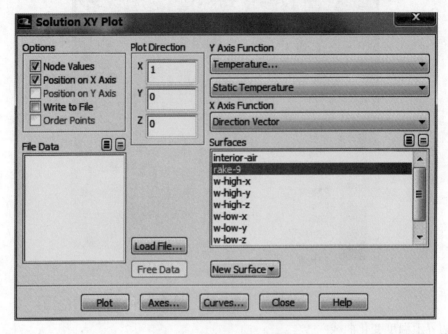

图 11-103　XY Plot 对话框

1)在 Y Axis Function 下分别选择 Temperature…和 Static Temperature;
2)在 Surfaces 下选择 rake-9;
3)单击 Plot,在右侧图像窗口显示如图 11-104 所示的曲线。

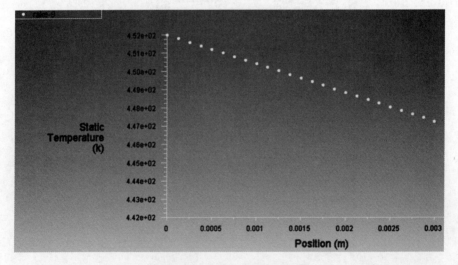

图 11-104　边界上温度变化曲线

7. 计算所有面的传热速率

在分析导航面板中选择 Report 分支,在 Report 面板下单击 Fluxes→Set up…,在弹出如图 11-105 所示的对话框中进行如下设置:

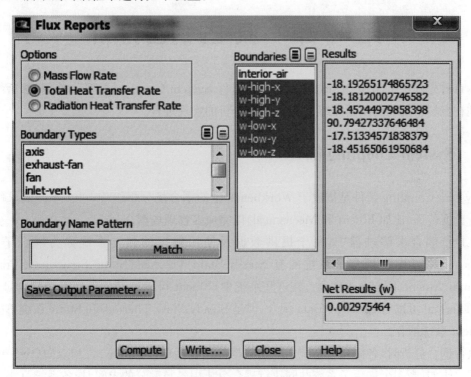

图 11-105　传热速率计算对话框

(1)在 Options 下选择 Total Heat Transfer Rate;
(2)在 Boundaries 下选择 w-high-x、w-high-y、w-high-z、w-low-x、w-low-y 和 w-low-z;
(3)单击 Compute 进行计算,计算结果显示在 Results 下。

第 12 章 流-固耦合分析

本章首先介绍了 Workbench 中耦合分析组件 System Coupling 的具体使用，然后结合一个立柱在流场中摆动的例题介绍了流-固耦合分析的实现过程。

12.1 System Coupling 简介

System Coupling 组件是集成于 Workbench 中的耦合场分析组件，可在不同的求解器之间进行数据传递（比如 Fluent 和 Mechanical）以完成多物理场耦合分析。

在执行耦合求解过程中，每个提供数据及使用数据的独立系统称为耦合子系统。Workbench 中可作为耦合子系统的有 Steady-State Thermal、Static Structural、Transient Structural、Fluent、External Data。在这些系统中，Fluent 可以和其他任何系统耦合，Steady-State Thermal 可以与 External Data 耦合，但是 Steady-State Thermal 和 Static 系统不能够与 Transient 系统耦合。

执行耦合分析时，各耦合子系统之间的数据传递包括单向（one-way）和双向（two-way）两种方式。比如，当多个耦合子系统共同执行耦合分析中各自部分的求解时，各系统可能会同时参与单向和双向数据传递，即既为其他系统提供数据作为源头，也从其他系统接受数据作为目标；类似地，当耦合子系统中仅有静态数据时（比如 External Data），该系统只能作为数据源头为其他系统提供数据，即只参与单向数据传递。

在 Workbench 中建立并执行耦合分析的一般流程如下：
(1)创建分析项目；
(2)添加独立的耦合子系统至当前项目；
(3)添加 System Coupling 组件系统至当前项目；
(4)定义每个独立耦合子系统的分析环境；
(5)搭建耦合系统，将耦合子系统的 Solution 单元格拖动至 System Coupling 系统的 Setup 单元格，如图 12-1 所示；
(6)执行 System Coupling 系统设置及求解。

另外需要注意的是，连至同一个 System Coupling 系统的耦合子系统仅能有两个，但在项目图解窗口中却可以搭建多个 System Coupling 系统。比如，图 12-1 中 A Transient Structural、B Fluid Flow(FLUENT)系统通过 C System Coupling 搭建了一个耦合分析系统；E External Data、F Fluid Flow(FLUENT)系统通过 G System Coupling 搭建了第二个耦合分析系统。

第 12 章 流-固耦合分析

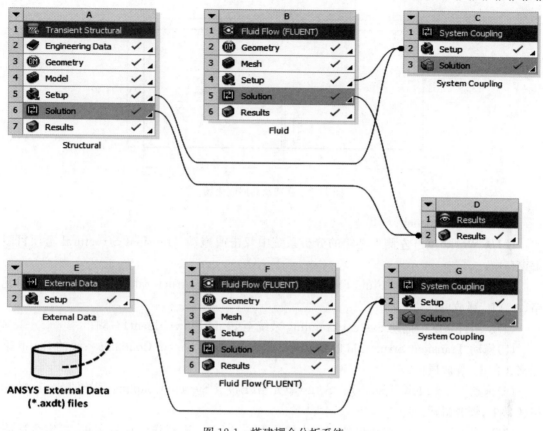

图 12-1 搭建耦合分析系统

12.2 立柱摆动流-固耦合分析例题

12.2.1 问题描述

本节将以立柱的摆动问题为例给出在 ANSYS Workbench 中创建及执行双向流-固耦合分析的基本过程。

一立柱底部固定,高 1.2 m,直径 0.1 m,立柱及其周围流场范围如图 12-2 所示。立柱顶面受 +X 方向的力 20 N,该力将在 0.5 s 末被去除以激发振动。一旦释放该力,立柱将发生摆动并逐渐恢复至平衡位置。立柱摆动过程中受到周围流体阻尼力的影响,其摆动幅度逐渐降低。立柱密度 2 550 kg/m^3,弹性模量 2e7 Pa,泊松比 0.35,立柱周围流场密度 1.225 kg/m^3,黏度 0.2 kg/(m·s)。

在本例中,结构的变形会影响流体域的边界,而流体的流场改变又会引起结构的变形,因此需要对两个物理场进行耦合求解。借助于 ANSYS 的 System Coupling 系统,可以实现立柱摆动问题的流-固双向耦合求解。

12.2.2 搭建项目分析流程

本节将从 Workbench 的启动开始,逐一给出项目分析流程的搭建步骤:

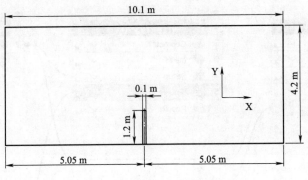

图 12-2 立柱及其周围流场

(1)启动 Workbench;

(2)从 Workbench 左侧工具箱的分析系统中双击或拖动 Transient Structural 至项目图解窗口中;

(3)从分析系统中拖动 Fluid Flow(Fluent)至 Transient Structural 系统的 Geometry 单元格(A3)上,释放鼠标;

(4)从组件系统中拖动 System Coupling 系统至 Fluid Flow(Fluent)右侧;

(5)拖动 Transient Structural 的 Setup 单元格(A4)至 System Coupling 系统的 Setup 单元格(C2)上,释放鼠标;

(6)拖动 Fluid Flow(Fluent)的 Setup 单元格(B4)至 System Coupling 系统的 Setup 单元格(C2)上,释放鼠标;

(7)单击 File→Save,在弹出的窗口中输入"Oscillating Bar"作为项目名称,指定合适路径,保存分析项目。

在项目图解窗口中搭建完成的项目分析流程如图 12-3 所示。

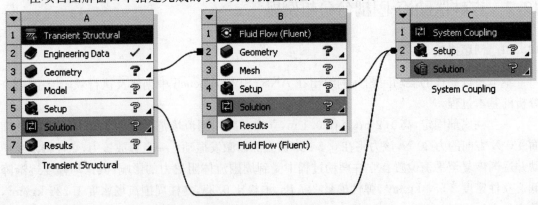

图 12-3 项目分析流程

12.2.3 瞬态结构分析前处理

本节将对流-固耦合分析中与结构分析相关的前处理工作进行介绍,主要包括创建材料、模型建模、创建命名选择、划分网格及一些分析设置等内容。

1. 创建立板材料

此处将创建名为 Bar 的新材料,并将其设定为分析使用的默认材料。具体步骤如下:

(1)在项目图解窗口中双击 Transient Structural 的 Engineering Data 单元格(A2),在弹出的 Outline of Schematic A2:Engineering Data 表格的底部空白行中输入 Bar 作为新材料名称,如图 12-4 所示;

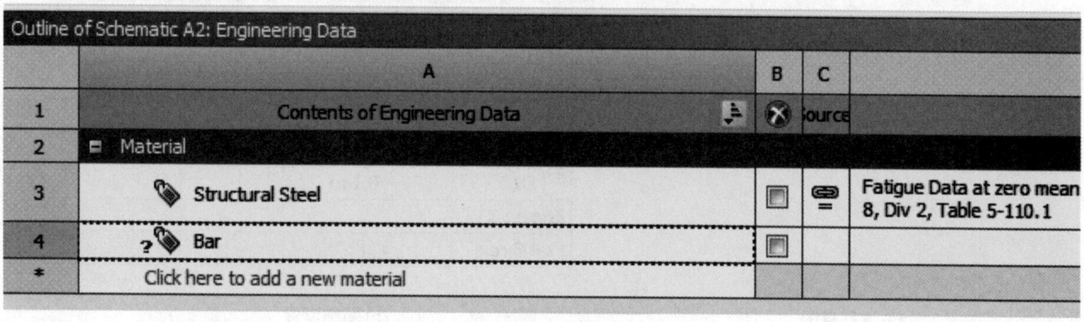

Outline of Schematic A2: Engineering Data

	A	B	C	
1	Contents of Engineering Data		Source	
2	Material			
3	Structural Steel			Fatigue Data at zero mean 8, Div 2, Table 5-110.1
4	Bar			
*	Click here to add a new material			

图 12-4 定义材料名称

(2)在左侧工具箱中展开 Physical Properties,双击 Density,此时密度属性被添加至立柱的属性表格中,输入密度值 2 550 kg/m^3;

(3)展开 Linear Elastic,双击 Isotropic Elasticity,在立柱的属性表格中输入 Young's Modulus 为 2.5e7 Pa,Poisson's Ratio 为 0.35;

(4)在 Outline of Schematic A2:Engineering Data 表格中,右键单击 Bar 并在弹出的菜单中选择 Default Solid Material For Model,将 Bar 作为默认的材料;

(5)单击工具栏按钮 Return to Project,返回项目图解窗口;

(6)单击 File→Save,保存分析项目。

完成 Bar 材料属性定义后的属性表格如图 12-5 所示。

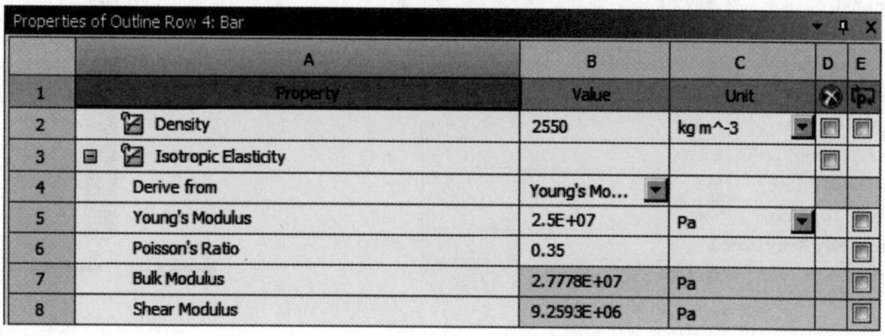

Properties of Outline Row 4: Bar

	A	B	C	D	E
1	Property	Value	Unit		
2	Density	2550	kg m^-3		
3	Isotropic Elasticity				
4	Derive from	Young's Mo...			
5	Young's Modulus	2.5E+07	Pa		
6	Poisson's Ratio	0.35			
7	Bulk Modulus	2.7778E+07	Pa		
8	Shear Modulus	9.2593E+06	Pa		

图 12-5 Plate 材料属性表格

2. 创建分析模型

此处将根据问题描述中的内容,首先创建立柱及流场初始几何模型,然后利用 Slice 工具将模型一分为二,选择模型的 1/2 作为对象进行分析。具体步骤如下:

(1)在项目图解窗口中双击 Transient Structural 的 Geometry 单元格(A3),在弹出的对话框中选择"m"作为基本单位。

(2)选中 ZXPlane,单击 Sketching 标签,在 ZX 平面上绘制立柱草图。

1)单击 Draw→Circle,在图形显示窗口中绘制一个圆,保证圆心位于坐标轴原点;

2)单击 Dimension→General,标注圆的直径,在左下角的明细栏中修改直径值为 0.1 m,创建完成的草图及明细设置如图 12-6 所示。

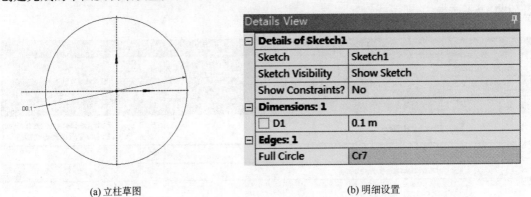

(a) 立柱草图　　　　　　　　　　　　(b) 明细设置

图 12-6　立柱草图及明细设置

(3)单击拉伸工具 Extrude,对拉伸明细栏进行如下设置,如图 12-7 所示:
1)Geometry 选择立柱草图 Sketch1;
2)Operation 选择 Add Material;
3)Direction 选择 Normal;
4)Extent Type 选择 Fixed,并输入 FD1,Depth(>0)为 1.2 m;
5)单击 Generate,生成实体模型。

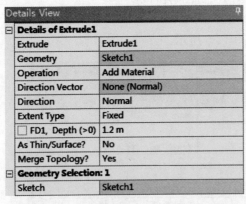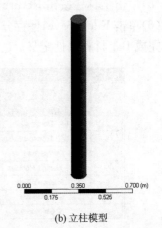

(a) 明细设置　　　　　　　　　　　　(b) 立柱模型

图 12-7　明细设置及立柱模型

(4)在主菜单中选择 Tools→Enclosure,然后在明细栏中进行如下设置,如图 12-8 所示:
1)Shape 选择 Box;
2)Cushion 选择 Non-Uniform;
3)FD1,Cushion +X value(>0)输入 5 m;
4)FD2,Cushion +Y value(>0)输入 3 m;
5)FD3,Cushion +Z value(>0)输入 1 m;
6)FD4,Cushion -X value(>0)输入 5 m;

第 12 章 流-固耦合分析

7）FD5，Cushion －Y value(＞0)输入 1 m；
8）FD6，Cushion －Z value(＞0)输入 1 m；
9）单击 Generate 即可获得立柱周围的初步流场。

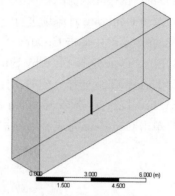

(a) 明细设置

(b) 立柱周围初步流场

图 12-8　立柱周围流场

(5) 在主菜单中选择 Create→Slice，然后在明细栏中进行如下设置：
1) Slice Type 选择 Slice by Plane；
2) Base Plane 选择 ZXPlane(在结构树中选择)；
3) Slice Targets 选择 Selected Bodies；
4) Bodies 中选择代表流场的体；
5) 单击 Generate 对流场进行分割，然后将图 12-9 中高亮显示的实体部件(底部实体)抑制。

(6) 在主菜单中单击 Create→Slice，在 Slice 明细栏中进行如下设置：
1) Slice Type 选择 Slice by Plane；
2) Base Plane 选择 XYPlane(在结构树中选择)；
3) Slice Targets 选择 All Bodies；
4) 单击 Generate 对流场及立柱进行分割，在结构树中抑制掉其中＋Z 方向的 1/2 模型，如图 12-10 所示。

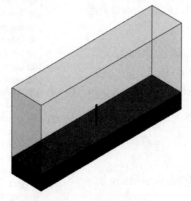

图 12-9　立柱及流场

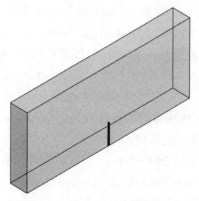

图 12-10　1/2 分析模型

(7) 在主菜单中单击 Create→Slice,在 Slice 明细栏中进行如下设置:
1) Slice Type 选择 Slice by Surface;
2) Target Face 选择立柱的半个圆柱面;
3) Slice Targets 选择 Selected Bodies,Bodies 中选择代表流场的体;
4) 单击 Generate 对流场进行分割,如图 12-11 所示。
(8) 在主菜单中单击 Create→Slice,在 Slice 明细栏中进行如下设置:
1) Slice Type 选择 Slice by Surface;
2) Target Face 选择立柱的立柱顶面;
3) Slice Targets 选择 Selected Bodies,Bodies 中选择代表流场的体;
4) 单击 Generate 完成流场分割,如图 12-12 所示。

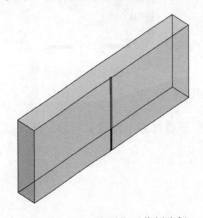
图 12-11 以立柱圆柱面分割流场

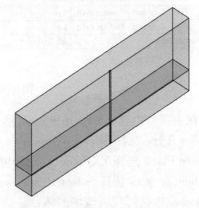
图 12-12 以立柱顶面分割流场

(9) 在结构树中按住 Ctrl 键选中代表流场的 3 个体,单击鼠标右键选择 Form New Part,以保证后续离散时流场网格连续。

3. 创建命名选择

为了在后续分析中更加方便的施加边界条件,下面将对有关对象进行命名选择的创建。

(1) 在菜单中单击 Tools→Named Selection,隐藏立柱,然后在明细栏中进行如下设定:Named Selection 输入 symmetry_face,Geometry 选择+Z 方向上的 5 个面,单击 Generate;

(2) 重复上一步的操作,创建其他 Named Selection:流场顶面为 top_face,-Z 方向上的 2 个面为 side_face,-X 方向上的 2 个面为 left_side_face,+X 方向上的两个面为 right_side_face,流场底面为 bottom_face,流场与立柱相邻的两个面为 deforming_face,流场实体为 fluid_zone,此时的结构树如图 12-13 所示;

(3) 单击 File→Save Project,保存分析项目;

(4) 单击 File→Close DesignModeler,关闭 DM,返回 Workbench。

4. 划分立柱网格

下面将逐步介绍在 Mechanical 中如何划分立柱网格、指定立柱材

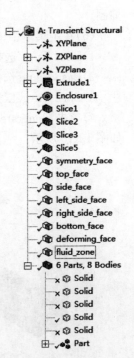
图 12-13 结构树

第 12 章 流-固耦合分析

料等内容。

(1)在项目图解窗口中双击 Transient Structural 的 Model 单元格(A4)进入 Mechanical 应用;

(2)由于瞬态结构分析中不对流体进行分析,此处进行如下操作:鼠标右键选择 Project→Model→Geometry→Part,在弹出的窗口中选择 Suppress Body,抑制流体模型;

(3)单击结构树中未被抑制的代表立柱的体,查看并确认明细栏中 Material 中的 Assignment 为 Bar;

(4)在结构树中单击 Project→Model→Mesh,在上下文工具栏中选择 Mesh Control→Sizing,在明细栏中进行如下设置,如图 12-14 所示:Geometry 选择立柱的一条竖直边,Type 选择 Number of Divisions,输入份数为 25;

(a) 明细设置　　　　　　　　　　　(b) 效果图

图 12-14　立柱竖直边尺寸控制

(5)在结构树中单击 Project→Model→Mesh,在上下文工具栏中选择 Mesh Control→Sizing,在明细栏中进行如下设置,如图 12-15 所示:Geometry 选择立柱顶面半圆弧及直径边,Type 选择 Element Size,输入尺寸值 20 mm;

(a) 明细设置　　　　　　　　　　　(b) 效果图

图 12-15　立柱圆弧及直径边尺寸控制

(6)右键单击 Mesh,在弹出的快捷菜单中选择 Generate Mesh,生成的网格如图 12-16 所示,其中包括节点 2 341 个、单元 425 个。

5. 结构分析设置

下面将对瞬态结构分析系统的求解设置、施加边界条件、创建流-固交界面等内容进行介绍。

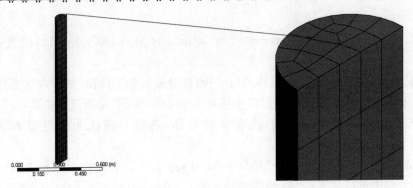

图 12-16 立柱网格

(1) 单击 Project→Model→Transient Structural→Analysis settings, 在明细栏中进行如下设置, 如图 12-17 所示:

1) Step Controls 项中的 Step End Time 设定为 10 s;

2) Auto Time Stepping 设定为 Off;

3) Time Step 设定为 0.1 s(System Coupling 中的相关设置会覆盖该值);

4) Restart Controls 中的 Retain Files After Full Solve 设定为 Yes。

(2) 单击 Project→Model→Transient, 在上下文工具栏中选择 Supports→Fixed Support, 在明细栏 Geometry 项中选择立柱的底面。

(3) 在上下文工具栏中选择 Loads→Force, 在明细栏中进行如下设置:

1) Geometry 选择立柱顶面;

2) Define By 为 Components;

3) X Component 选择 Tabular Data, 并按图 12-18 所示的内容进行输入。

Steps	Time [s]	X [N]	Y [N]	Z [N]
1	0.	20.	= 0.	= 0.
1	0.5	20.	= 0.	= 0.
1	0.51	0.	= 0.	= 0.
1	10.	0.	0.	0.

图 12-17 瞬态分析设置　　　　图 12-18 载荷表

(4) 在上下文工具栏中选择 Supports→Frictionless Support, 在明细栏的 Geometry 项中选择立柱侧平面。

(5) 右键单击 Transient, 选择 Insert→Fluid Solid Interface, 在明细栏中选择立柱的圆柱面及顶面作为 Geometry。

(6) 单击 File→Close Mechanical, 关闭 Mechanical, 返回 Workbench 界面下, 右键单击 Transient Structural 分析系统的 Setup(A5) 单元格, 在弹出的快捷菜单中选择 Update, 然后

第 12 章 流-固耦合分析

单击 File→Save,保存分析项目。

至此,结构分析的相关设置设定完毕,下面将进行流体分析的求解设置。

12.2.4 流动分析前处理

本节将对流-固耦合分析中与流动分析相关的前处理工作进行介绍,主要包括流体域网格划分、材料创建、边界条件及其他流动分析设置等内容。

1. 生成流体域网格

由于 Fluid Flow(Fluent)系统的几何模型源自于 Transient Structural 分析系统,下面将从 Mesh 单元格开始对立板周围的流体进行网格划分。

(1)在项目图解窗口中双击 Fluid Flow(Fluent)的 Mesh 单元格(B3)进入 Meshing 应用。

(2)单击 Project→Model→Geometry,右键选择代表立柱的几何模型,在弹出的快捷菜单中选择 Suppress Body,将其抑制。

(3)单击 Project→Model→Mesh,将明细栏中 Defaults 下的 Solver Preference 改为 Fluent,Sizing 下的 Use Advanced Size Function 改为 On:Curvature,Relevance Center 改为 Fine,如图 12-19 所示。

图 12-19 网格划分总体控制

(4)单击上下文工具栏菜单 Mesh Control→Sizing,在明细栏中进行如下设置,如图 12-20 所示:Geometry 项选择流场与立柱交界面处的圆柱面的一条纵边,Type 选择 Number of Divisions,输入其值为 25。

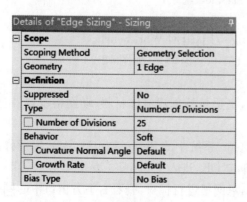

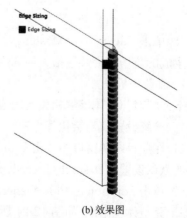

(a) 明细设置   (b) 效果图

图 12-20 圆柱面纵边尺寸控制

(5)单击上下文工具栏菜单 Mesh Control→Sizing,在明细栏中进行如下设置,如图 12-21 所示:Geometry 项选择流场与立柱交界面处的圆柱顶面上的圆弧边及直径边,Type 选择 Element Size,输入其值为 20 mm。

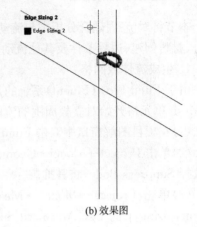

(a) 明细设置　　　　　　　　　　　　　(b) 效果图

图 12-21　圆柱面圆弧及直径边尺寸控制

(6)右键选择 Mesh,在弹出的快捷菜单中选择 Update。

(7)在结构树中选中 Mesh,在其明细栏中将 Statistics 下的 Mesh Metric 改为 Skewness,窗口右侧给出网格质量统计,其最大 Skewness 值为 0.51,如图 12-22 所示。

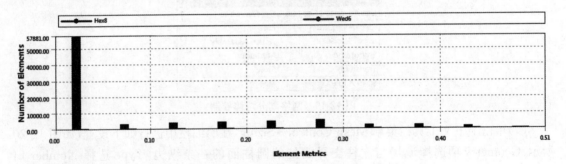

图 12-22　网格 Skewness 统计

(8)单击 File→Close Meshing,关闭 Meshing 应用,返回 Workbench。

生成的流场网格共包括大约 93 000 个节点、81 000 个单元,如图 12-23 所示。

2. 流动分析设置

下面将对与流体求解相关的内容进行设置,主要包括创建流体材料、动网格设置、定义边界条件、求解设置及初始化等内容。

(1)在项目图解窗口中双击 Fluid Flow(Fluent)系统中的 Setup 单元格(B4),保留弹出窗口中的默认设置(3D,single-precision,serial),单击 OK,进入 Fluent。

(2)单击 Solution Setup→General→Check,对网格进行检查,查看右下方窗口中的网格信息,保证无负体积出现,如图 12-24 所示。

(3)单击 Solution Setup→General,选择 Transient 选项,如图 12-25 所示。

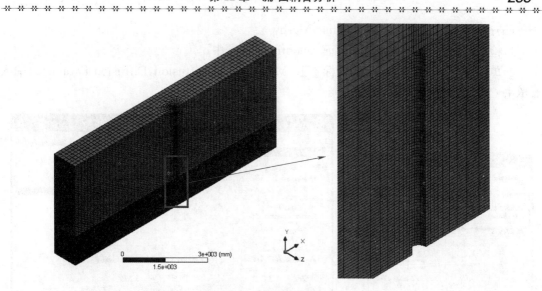

图 12-23 流场网格

```
Domain Extents:
   x-coordinate: min (m) = -5.050000e+00, max (m) = 5.050000e+00
   y-coordinate: min (m) = 0.000000e+00, max (m) = 4.200000e+00
   z-coordinate: min (m) = -1.050000e+00, max (m) = 0.000000e+00
Volume statistics:
   minimum volume (m3): 3.699048e-06
   maximum volume (m3): 1.039590e-03
     total volume (m3): 4.453636e+01
Face area statistics:
   minimum face area (m2): 1.368758e-04
   maximum face area (m2): 2.460352e-02
 Checking mesh.........................
Done.
```

图 12-24 网格检查输出信息

(4)单击 Solution Setup→Material→Air,单击 Create/Edit 打开材料定义面板,更改密度为 1.225 kg/m³,Viscosity 为 0.2 kg/(m·s),单击 Change/Create,选择 Close,如图 12-26 所示。

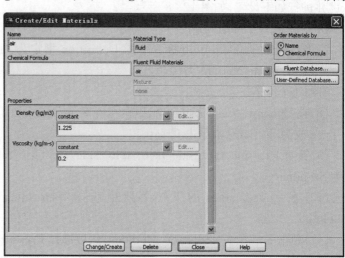

图 12-25 定义求解类型　　　　　　　　图 12-26 创建材料

(5) 选择 Solution Setup→Dynamic Mesh：

1) 检查 Dynamic Mesh 选项，保证 Smoothing 被选中；

2) 单击 Settings，在 Smoothing 标签下，Method 选择 Diffusion，Diffusion Parameter 输入 2，单击 OK，如图 12-27 所示。

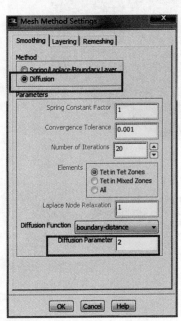

图 12-27　Smoothing 设置

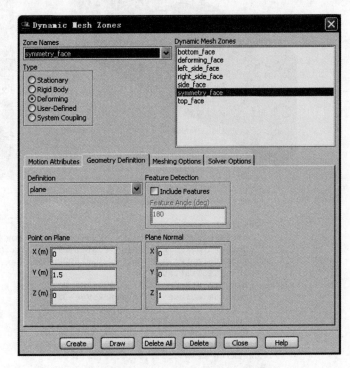

图 12-28　Dynamic Mesh Zones 面板

(6) 单击 Dynamic Mesh Zones 下的 Create/Edit，显示 Dynamic Mesh Zones 对话框。

(7) 在 Dynamic Mesh Zones 对话框中，在 Zone Names 的下拉菜单中选择"symmetry_face"并进行如下设置，如图 12-28 所示：

1) Type 选择 Deforming；

2) 将 Geometry Definition 标签下的 Definition 指定为 plane，定义 Point on Plane 为 (0, 1.5, 0)，定义 Plane Normal 为 (0, 0, 1)；

3) 单击 Create。

(8) 在 Dynamic Mesh Zones 对话框中，在 Zone Names 的下拉菜单中选择"bottom_face"，将 Type 改为 Stationary，单击 Create。

(9) 针对 left_side_face、side_face、right_side_face、top_face 重复上一步操作，将 Type 定义为 Stationary。

(10) 在 Zone Names 的下拉菜单中选择"deforming_face"，将 Type 改为 System Coupling。

(11) 单击 Solution→Solution Methods，然后选择 Pressure-Velocity Coupling→Scheme→Coupled，设定 Momentum 项为 Second Order Upwind，其他选项保持默认设置即可，如图 12-29 所示。

(12) 单击 Solution→Monitors→Residuals→Edit,弹出残差监控面板,各监控变量收敛残差值选用缺省设置 0.001,如图 12-30 所示。

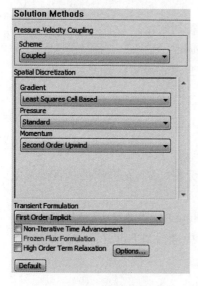

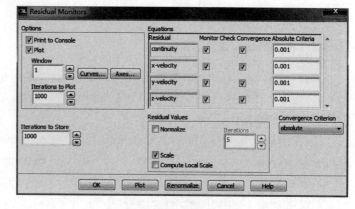

图 12-29　求解方法设置　　　　　　　　　图 12-30　残差监控设置

(13) 单击 Solution→Calculation Activities,然后指定 Autosave Every(Time Steps)为 2,如图 12-31 所示。

(14) 单击 Solution→Run Calculation,在 Number of Time Steps 中输入 10(System Coupling 输入可覆盖该值),指定 Max Iterations/Time Step 为 5,如图 12-32 所示。

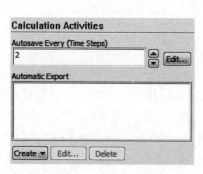

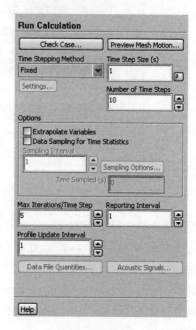

图 12-31　自动保存设置　　　　　　　　　图 12-32　定义步长

(15)单击 Solution→Solution Initialization,将 Initialization Methods 设定为 Standard Initialization。

(16)单击 File→Save Project,保存分析项目。

(17)单击 Solution→Solution Initialization→Initialize,进行初始化。

(18)单击 File→Close Fluent,关闭 Fluent,返回 Workbench。

至此,流动分析的相关设置设定完毕,下面将进行系统耦合求解设置。需要注意的是,本节步骤中未提到的选项保留缺省设置即可。

12.2.5 系统耦合设置及求解

下面对 System Coupling 系统进行相关设置,具体操作步骤如下:

(1)在项目图解窗口中双击 System Coupling 的 Setup 单元格(C2),在弹出的是否读取上游数据的对话框中单击 Yes。

(2)在窗口左侧的 Outline of Schematic C1:System Coupling 中,选择 System Coupling→Setup→Analysis Settings,在 Properties of Analysis Settings 中进行如下设置:

1)设定 Duration Controls→End Time 为 10;

2)设定 Step Controls→Step Size 为 0.1;

3)设定 Maximum Iterations 为 20,如图 12-33 所示。

(3)在 Outline of Schematic C1:System Coupling 中展开 System Coupling→Setup→Participants 的所有项目。

	A	B
1	Property	Value
2	Analysis Type	Transient
3	Initialization Controls	
4	Coupling Initialization	Program Controlled
5	Duration Controls	
6	Duration Defined By	End Time
7	End Time [s]	10
8	Step Controls	
9	Step Size [s]	0.1
10	Minimum Iterations	1
11	Maximum Iterations	20

图 12-33 耦合分析设置

(4)利用 Ctrl 键选择 Fluid Solid Interface 和 deforming_face,然后单击鼠标右键,在弹出的菜单中选择 Create Data Transfer,此时 Data Transfer 和 Data Transfer 2 将被创建出来,如图 12-34 所示。

(5)选择 System Coupling→Setup→Execution Control→Intermediate Restart Data Output,在下方属性表格中将 Output Frequency 设定为 At Step Interval,输入 Step Interval 值为 5,如图 12-35 所示。

(6)单击 File→Save,保存分析项目。

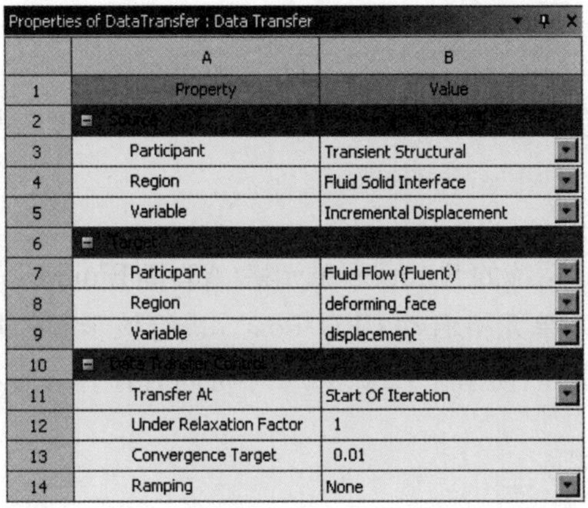

Properties of DataTransfer : Data Transfer

	A	B
1	Property	Value
2	Source	
3	Participant	Transient Structural
4	Region	Fluid Solid Interface
5	Variable	Incremental Displacement
6	Target	
7	Participant	Fluid Flow (Fluent)
8	Region	deforming_face
9	Variable	displacement
10	Data Transfer Control	
11	Transfer At	Start Of Iteration
12	Under Relaxation Factor	1
13	Convergence Target	0.01
14	Ramping	None

(a) Data Transfer

Properties of DataTransfer : Data Transfer 2

	A	B
1	Property	Value
2	Source	
3	Participant	Fluid Flow (Fluent)
4	Region	deforming_face
5	Variable	force
6	Target	
7	Participant	Transient Structural
8	Region	Fluid Solid Interface
9	Variable	Force
10	Data Transfer Control	
11	Transfer At	Start Of Iteration
12	Under Relaxation Factor	1
13	Convergence Target	0.01
14	Ramping	None

(b) Data Transfer 2

图 12-34　定义完成的 Data Transfer

Properties of Intermediate Restart Data Output

	A	B
1	Property	Value
2	Output Frequency	At Step Interval
3	Step Interval	5

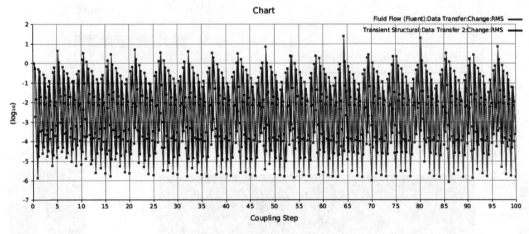

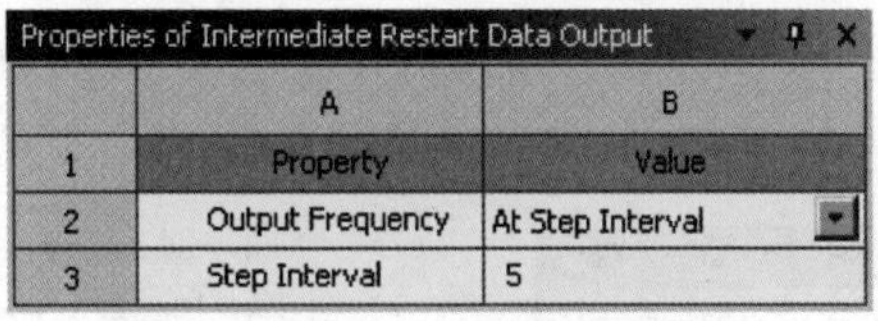

图 12-35　重启动数据输出设置

(7)右键单击 System Coupling→Solution，在弹出的快捷菜单中选择 Update，执行求解，计算进程会在 Chart Monitor 和 Solution Information 中显示出来，计算完成后的耦合迭代曲线图如图 12-36 所示。

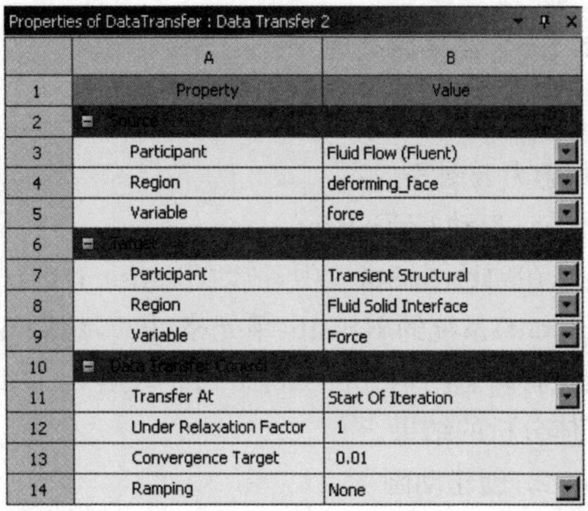

图 12-36　耦合迭代曲线图

需要强调的是，Fluent 中设定的自动保存频率为 2，也就是说每 2 个时间步 Fluent 就会输出结果文件(例如 2、4、6、8、10 等)。此外，在 Intermediate Restart Data Output 中 Step Interval 被设定为 5，那么 Fluent 同时还会每 5 个时间步输出结果文件(例如 5、10、15、20 等)。进入 CFD-Post 进行后处理时，这些结果文件都是可用的。

12.2.6 结果后处理

本节将利用 CFD-Post 查看分析结果，主要包括创建动画及绘制位移曲线图、速度矢量图、压力云图等内容。

1. 启动 CFD-Post

在项目图解窗口中，拖动 Transient Structural 系统的 Solution 单元格（A6）至 Fluid Flow (Fluent) 系统的 Results 单元格（B6），然后双击 B6 单元格启动 CFD-Post。进行该步骤的目的是将瞬态结构分析所得结果导入至 CFD-Post 中，以便于在 CFD-Post 中可同时查看结构及流体分析的结果。

2. 创建动画

（1）选择 Tools→Timestep Selector，打开 Timestep Selector 对话框，并将其切换至 Fluid 标签，选择 Time Value 为 0.2 s 时的时间步，单击 Apply，然后关闭对话框，如图 12-37 所示。

（2）在结构树中依次展开 Cases→FFF at 0.2s→Part Solid，在 symmetry_face 前的方框中打对号，然后双击 symmetry_face 对其进行编辑，在左下方明细栏中进行如下设置：

1) 在 Color 标签中将 Mode 改为 Variable，设定 Variable 为 Pressure，如图 12-38 所示；

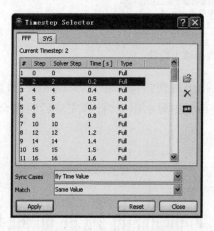

图 12-37 时间步选择面板

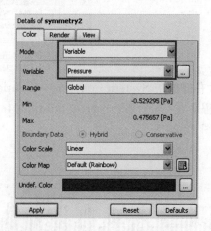

图 12-38 symmetry_face 明细设置

2) 切换至 Render 标签，取消 Lighting 前的勾选，勾选 Show Mesh Lines；

3) 单击 Apply，图形显示窗口中将绘制出 symmetry_face 上的压力云图，如图 12-39 所示。

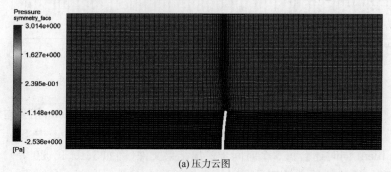

(a) 压力云图

(b) 局部放大图

图 12-39 symmetry_face 压力云图及局部放大图

第 12 章　流-固耦合分析

(3)在结构树中依次展开 Cases→SYS at 0.2s→Default Domain,在 Default Boundary 前的方框中打对号,然后双击 Default Boundary 对其进行编辑,在左下方明细栏中进行如下设置:

1)在 Color 标签中将 Mode 改为 Variable,设定 Variable 为 Von Mises Stress;
2)切换至 Render 标签,勾选 Show Mesh Lines;
3)单击 Apply,图形显示窗口中将绘制出立柱上的等效应力分布云图,如图 12-40 所示。

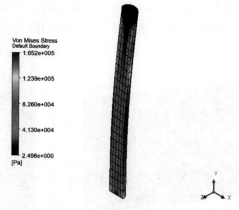

图 12-40　立板等效应力云图

(4)选择 Insert→Vector 创建新的矢量图,接受默认名称,然后单击 OK,在左下方明细栏中进行如下设置:

1)在 Geometry 标签中将 Locations 设定为 symmetry_face,Sampling 设定为 Face Center,Reduction 选择 Reduction Factor,输入 Factor 值为 2,Variable 设定为 Velocity,如图 12-41 所示;

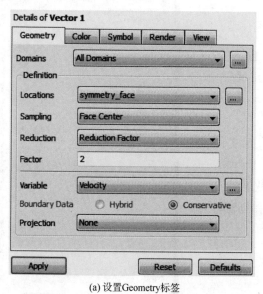

(a) 设置Geometry标签

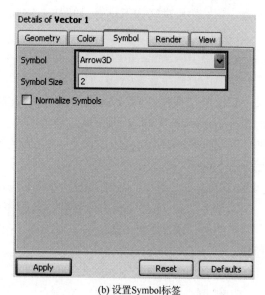

(b) 设置Symbol标签

图 12-41　矢量图明细设置

2)切换至 Symbol 标签,将 Symbol 设定为 Arrow3D,输入 Symbol Size 为 2;
3)单击 Apply。

(5)选择 Insert→Text,单击 OK 接收默认命名,在左下方明细栏中进行如下设置:

1)在 Text String 中输入 Time=,勾选 Embed Auto Annotation,从 Expression 下拉列表中选择 Time;

2)切换至 Location 标签,将 X Justification 设为 Center,Y Justification 设为 Bottom;

3)单击 Apply。

(6)确保结构树中 symmetry_face、Default Boundary、Text 1、Vector 1 均被勾选,同时去除 Default Legend View 1 前的对号,此时图像显示窗口中的内容如图 12-42 所示。

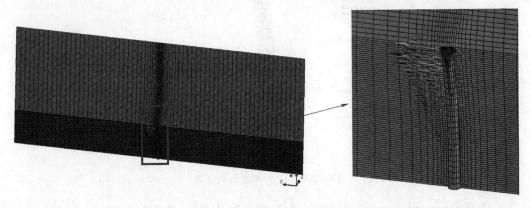

图 12-42 图像窗口所示图像

(7)利用缩放工具适当调整图像显示窗口中的图像,保证立柱能够被清晰显示。

(8)单击动画按钮,在弹出的对话框中选择 Keyframe Animation,然后进行如下设置,如图 12-43 所示:

1)单击按钮,创建 KeyframeNo1;

2)选中 KeyframeNo1,更改 # of Frames 为 48;

3)单击时间步选择器,加载最后一步(100);

4)单击按钮,创建 KeyframeNo2,因此次 # of Frames 对 KeyframeNo2 无影响,保留默认数值即可;

5)勾选 Save Movie,按需设定文件保存路径及名称,然后单击 Save;

6)单击 To Beginning 按钮,加载第一步数据;

7)单击 Play The Animation 按钮,程序开始创建动画;

8)动画创建完毕后,单击 File→Save Project,保存分析项目。

部分时刻的视频截图如图 12-44 所示。

3. 绘制立柱摆动位移曲线

(1)利用立柱上的节点创建一个点,具体操作如下:

1)选择 Insert→Location→Point,单击 OK 接受默认命名;

图 12-43 动画面板

第 12 章 流-固耦合分析

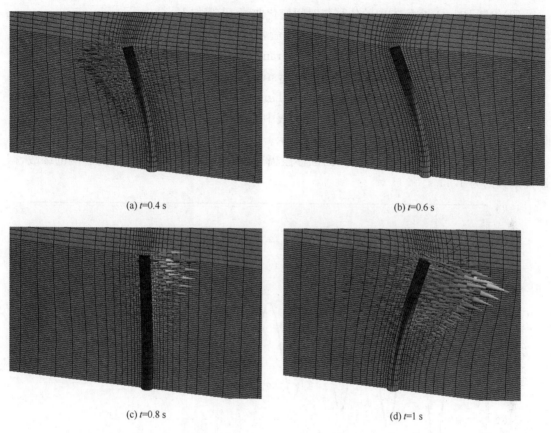

(a) $t=0.4$ s (b) $t=0.6$ s
(c) $t=0.8$ s (d) $t=1$ s

图 12-44 $t=0\sim 1$ s 的视频截图

2)在明细栏 Geometry 标签中,设定 Domains 为 Default Domain,设定 Method 为 Node Number,输入 Node Number 为 290(该点为立柱顶面上的一点);

3)单击 Apply,如图 12-45 所示。

(a)明细设置

(b)效果图

图 12-45 定义立杆顶部点

(2)绘制 Point1 处 X 方向的位移与时间变化曲线,步骤如下:
1)选择 Insert→Chart,单击 OK 接受默认命名;
2)在 General 标签中,设定 Type 为 XY-Transient or Sequence;
3)在 Data Series 标签中,设定 Name 为 System Coupling,设定 Location 为 Point1;
4)在 X Axis 标签中,设定 Expression 为 Time;
5)在 Y Axis 标签中,在 Variable 下拉列表中选择 Total Mesh Displacement X;
6)单击 Apply,生成的图表如图 12-46 所示。

从图中可以看出,节点处 X 方向的位移振幅逐渐降低,这是受到流体阻力影响的缘故,摆动周期大约为 1.11 s。

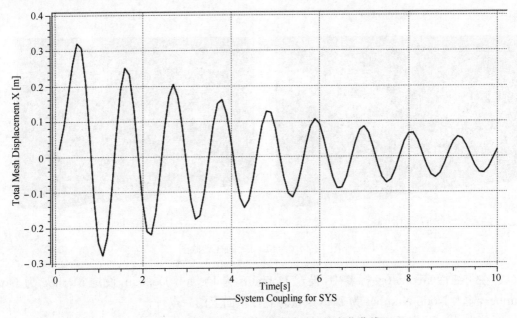

图 12-46　Point1 处 X 向位移随时间的变化曲线

4. 绘制不同时刻、不同高度平面上的速度矢量图

(1)创建高度分别为 0.4 m、1.1 m 的两个平面
1)选择 Insert→Location→Plane;
2)在 Geometry 标签中,将 Method 改为 ZX Plane,输入 Y 值为 0.4 m;
3)在 Render 标签中,将 Transparency 改为 1,勾选 Show Mesh Lines;
4)单击 Apply,创建 Y=0.4 m 高度的平面,如图 12-47 所示;
5)参照前面操作创建 Y=1.1 m 高度的平面。

(2)绘制速度矢量图
1)选择 Insert→Vector;
2)在 Geometry 标签中,将 Location 指定为 Plane1(Y=0.4 m 高度的平面),更改 Sampling 为 Equally Spaced,输入 # of Points 值为 2 000,更改 Variable 为 Velocity;
3)在 Symbol 标签中,将 Symbol 改为 Arrow3D,输入 Symbol Size 值为 4(根据成像效果适度调整);

第 12 章 流-固耦合分析

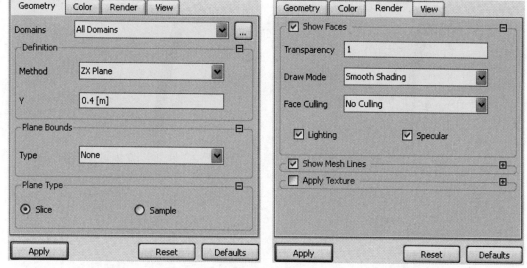

(a) 设置Geometry标签　　　　　　　　(b) 设置Render标签

图 12-47　平面定义

4) 单击 Apply,将速度矢量图映射至 Y=0.4 m 高度的平面上,设置如图 12-48 所示;
5) 参照前面操作创建 Y=1.1 m 高度平面上的速度矢量图。

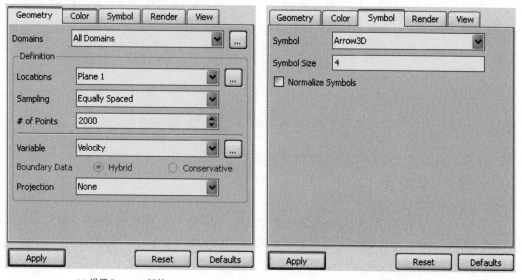

(a) 设置Geometry标签　　　　　　　　(b) 设置Symbol标签

图 12-48　速度矢量图定义

(3) 绘制不同时刻的速度矢量图
1) 单击 Tools→Timestep Selector,选中某载荷步,单击 Apply;
2) 在结构树中确保代表立柱的 Default Domain→Default Boundary 处于勾选状态。
t 为 0.4 s、0.6 s、0.8 s、1 s 时刻的速度矢量图如图 12-49 所示。

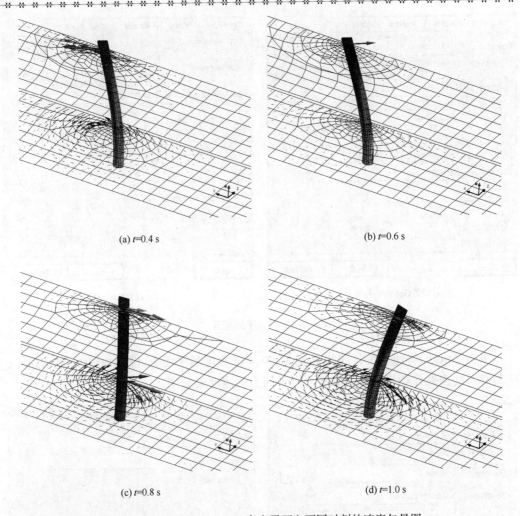

(a) t=0.4 s (b) t=0.6 s (c) t=0.8 s (d) t=1.0 s

图 12-49　Y=0.4 m、1.1 m 高度平面上不同时刻的速度矢量图

5. 绘制不同时刻、不同高度平面上的压力云图

(1) 创建不同高度的压力云图

1) 选择 Insert→Contour；

2) 在 Geometry 标签下，将 Location 改为 Plane1(Y=0.4 m 高度的平面)，将 Variable 改为 Pressure，Range 改为 Local，输入 # of Contours 值为 20；

3) 在 Render 标签下，将 Transparency 改为 0.2，勾选 Show Contour Lines，输入 Line Width 为 1，勾选 Constant Coloring；

4) 单击 Apply，将压力云图映射至 Y=0.4 m 高度的平面上，设置如图 12-50 所示；

5) 参照前面操作创建 Y=1.1 m 高度的压力云图。

(2) 绘制不同时刻的压力云图

1) 单击 Tools→Timestep Selector，选中某载荷步，单击 Apply；

2) 在结构树中确保代表立柱的 Default Domain→Default Boundary 处于勾选状态。

t 为 0.4 s、0.6 s、0.8 s、1 s 时刻的压力云图如图 12-51 所示。

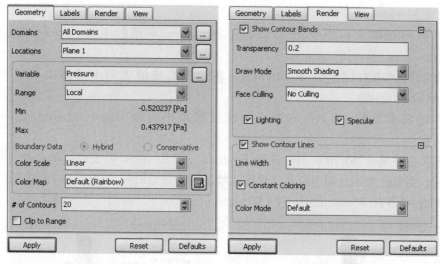

(a) 设置Geometry标签　　　　　(b) 设置Render标签

图 12-50　压力云图定义

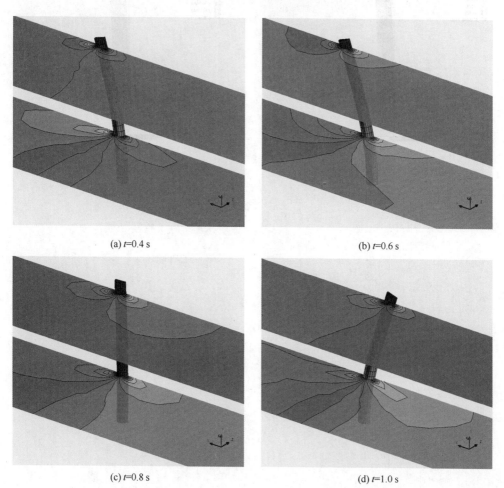

(a) $t=0.4$ s　　　　　(b) $t=0.6$ s

(c) $t=0.8$ s　　　　　(d) $t=1.0$ s

图 12-51　$Y=0.4$ m、1.1 m 高度平面上不同时刻的压力云图

6. 查看 Mechanical 中的结果

(1) 在项目图解窗口中双击 Transient Structural 系统的 Result(A7) 单元格，启动 Mechanical。

(2) 在结构树中右键单击 Solution A6，在弹出的快捷菜单中选择 Insert→Stress→Equivalent(Von Mises)。

(3) 右键单击 Solution A6，在弹出的快捷菜单中选择 Insert→Deformation→Total Deformation。

(4) 再次右键单击 Solution A6，选择 Evaluate All Results，生成的结构如图 12-52 及图 12-53 所示。需要注意的是图中所示结果默认情况下为最后时间步(10 s 末)的结果。

(5) 关闭 ANSYS Mechanical，关闭 Workbench。

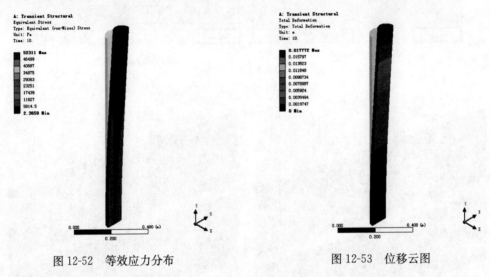

图 12-52　等效应力分布　　　　　　　　图 12-53　位移云图

第 13 章 流-热-固耦合分析案例

本章结合分析实例介绍基于 System Coupling 组件的流-热-固耦合分析实现方法。计算中首先假设换热片表面对流换热系数为恒值进行稳态热分析,然后将计算表面温度与流体系统进行耦合迭代,获得对流条件下的换热片温度分布,最后进行热应力计算。

13.1 问题描述

换热片常见于电器设备中,通过与周围流体之间的对流可将电气元件产生的热量释放出去,进而保证设备正常工作。如图 13-1 所示,换热片底面温度为 600 K,其他表面与周围流体的对流换热系数大约为 1 200 W/(m²·K),水从换热片左侧以 0.5 m/s 的速度流入。

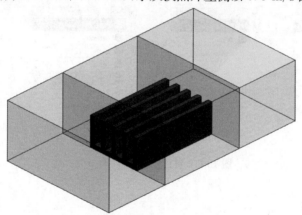

图 13-1 换热片几何参数

由于换热片表面的对流换热系数在水流作用下并非是均匀分布的,为了获得换热片最终、最精确的温度分布,本例将按照以下三个步骤进行分析:第一,假定换热片表面的对流换热系数为恒值(1 200 W/(m²·K)),执行稳态热分析,然后将计算所得的换热片表面温度分布数据与流动分析系统通过 System Coupling 进行耦合;第二,将耦合分析所得的换热片表面各处的对流换热系数、环境温度分布数据与稳态热分析系统再通过 System Coupling 进行耦合,这样就可获得在实际对流条件下的换热片温度分布;第三,将实际对流条件下换热片的温度数据作为静力分析的边界条件求得换热片应力分布,校核结构强度。

13.2 热-流耦合分析

13.2.1 搭建耦合分析流程(第一次)

首先进行第一次耦合分析,按照如下操作步骤搭建本次分析流程:

(1) 启动 Workbench。

(2) 从 Workbench 左侧工具箱的分析系统中双击或拖动 Steady-State Thermal 系统至项目图解窗口。

(3) 从分析系统中拖动 Fluid Flow(Fluent) 系统至 Steady-State Thermal 系统右侧，释放鼠标。

(4) 从组件系统中拖动 System Coupling 系统至 Fluid Flow(Fluent) 右侧。

(5) 拖动 Fluid Flow(Fluent) 的 Setup 单元格至 System Coupling 系统的 Setup 单元格上，释放鼠标。

(6) 从组件系统中拖动 External Data 系统至 Steady-State Thermal 系统和 Fluid Flow(Fluent) 系统中间。

(7) 拖动 External Data 系统的 Setup 单元格至 System Coupling 系统的 Setup 单元格上，释放鼠标。

(8) 单击 File→Save，在弹出的窗口中输入"Heat Transfer"作为项目名称，设定合适的保存路径，保存分析项目。

在项目图解窗口中搭建的项目分析流程如图 13-2 所示。

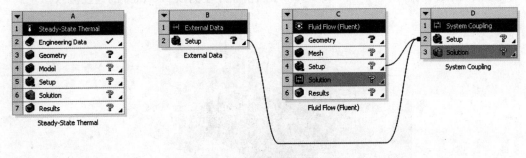

图 13-2　项目分析流程(第一次)

13.2.2　稳态热分析

按照如下步骤完成稳态热分析的建模及求解过程：

1. 添加换热片材料

下面将从材料库中选择铜合金材料并将其添加至分析项目，具体步骤如下：

(1) 在项目图解窗口中双击 Steady-State Thermal 系统的 Engineering Data 单元格。

(2) 单击 Engineering Data Sources 按钮 。

(3) 单击 Engineering Data Sources 表格中的 General Materials。

(4) 在 Contents of General Material 表格中找到 Copper Alloy 并单击右侧的"＋"号，将 Copper Alloy 添加至当前项目。

(5) 单击工具栏按钮 Return to Project，返回项目图解窗口。

(6) 在主菜单中选择 File→Save，保存分析项目，如图 13-3 所示。

2. 建立几何模型

接下来将利用 DM 创建换热片及其周围流场的模型，然后将其导出以备后续分析使用，具体步骤如下：

第13章 流-热-固耦合分析案例

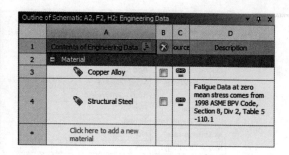

图 13-3 添加铜合金材料

(1)在项目图解窗口中双击 Transient Structural 的 Geometry 单元格(A3),在弹出的对话框中选择"mm"作为基本单位。

(2)XY Plane,单击 Sketching 标签,在 XY 平面上绘制换热片草图:

1)单击 Draw→Line,绘制如图 13-4 所示的草图;

2)单击 Constraints→Symmetry,为草图中对应竖直边添加对称约束,使得它们关于 Y 轴对称;

3)单击 Constraints→Equal Length,为草图中代表换热片厚度的边添加等长约束;

4)单击 Dimension→Horizontal,分别标注如图 13-4 所示的横向尺寸,并在左下角明细栏中输入相应尺寸数值:底宽 50 mm,间距 7.5 mm,厚度 4 mm;

5)单击 Dimension→Vertical,分别标注如图 13-4 所示的纵向尺寸,并在左下角明细栏中输入相应尺寸数值:底厚 5 mm,高度 30 mm。

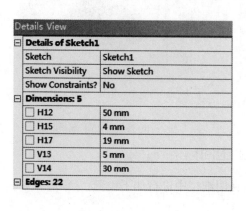

(a) 明细设置

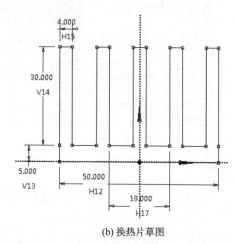

(b) 换热片草图

图 13-4 创建换热片草图

(3)单击拉伸工具 Extrude 创建换热片模型,具体明细设置如下:

1)Geometry 选择流场换热片 Sketch1;

2)Operation 选择 Add Material;

3)Direction 选择 Both-Symmetric;

4)Extent Type 选择 Fixed 并输入 FD1,Depth(>0)为 40 mm;

5)单击 Generate,生成实体模型如图 13-5(b)所示。

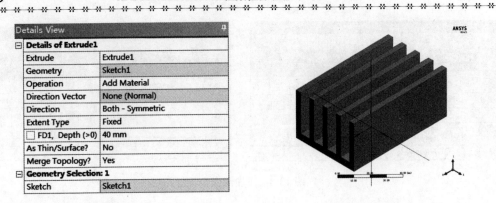

(a) 明细设置　　　　　　　　　　(b) 换热片模型

图 13-5　创建换热片

(4) 单击 Tools→Enclosure 创建换热片周围的流场区域,在明细栏中进行如下设置:
1) Shape 选择 Box;
2) FD1、FD2、FD4、FD5 项均输入 30 mm;
3) FD3、FD6 项均输入 60 mm;
4) 单击 Generate,在图像显示窗口中的模型如图 13-6(b)所示。

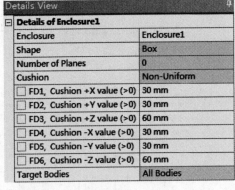 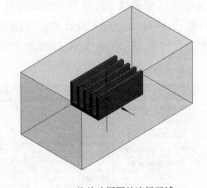

(a) 明细设置　　　　　　　　　(b) 换热片周围的流场区域

图 13-6　创建包围体

(5) 单击 Create→Slice 对流体域进行切割,在明细栏中进行如下设置:
1) Slice Type 选择 Slice by Plane;
2) Base Plane 选择 ZX Plane;
3) 单击 Generate,并抑制掉 ZX 平面以下的体,在图像显示窗口中的模型如图 13-7(b)所示。

(6) 单击 Create→Slice,在明细栏中进行如下设置:
1) Slice Type 选择 Slice by Plane,Target Face 选择换热片-Z 一侧的端面;
2) Slice Targets 选择周围流体域;
3) 单击 Generate,在图像显示窗口中的模型如图 13-8 所示。

(7) 单击 Create→Slice,在明细栏中进行如下设置:

第13章 流-热-固耦合分析案例

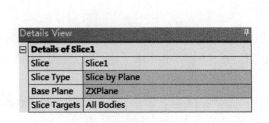
(a) 明细设置

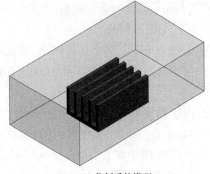
(b) 分割后的模型

图13-7 分割流体域模型

1）Slice Type选择Slice by Plane，Target Face选择换热片＋Z一侧的端面；
2）Slice Targets选择＋Z向的周围流体域；
3）单击Generate，此时图像显示窗口中的模型如图13-9所示。

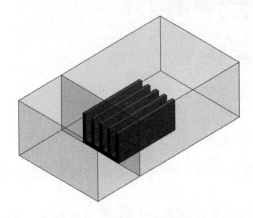

图13-8 换热片－Z端面分割

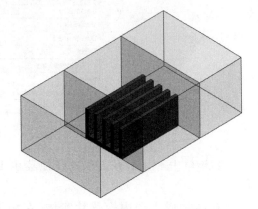

图13-9 换热片＋Z端面分割

（8）在结构树中，鼠标右键选择代表流体域的三个实体，在弹出的快捷菜单中选择Form New Part。

3. 创建命名选择

为了在后续分析中更加方便的施加边界条件，下面将对有关对象进行命名选择的创建，步骤如下：

（1）在菜单中单击Tools→Named Selection，在明细栏中进行如下设定：Named Selection输入bottom_surface，Geometry选择换热片底面，单击Generate。

（2）重复上一步的操作，创建－Z方向流体域端面为inflow，创建＋Z方向流体域端面为outflow，创建换热片实体为copper_alloy，创建流体域实体为water，隐藏流体域实体，创建换热片表面（除底面外）为heat_transfer_surface_solid。

（3）单击File→Save Project，保存分析项目。

（4）单击File→Close DesignModeler，关闭DM，返回Workbench。

（5）单击File→Export，在弹出的窗口中设置保存路径，输入heat_exchanger保存文件，将输出名为 heart_exchanger. agdb 的文件。

4. 划分换热片网格

在 Mechanical 中划分立板网格、指定立板材料等的步骤如下：

(1)在项目图解窗口中双击 Steady-State Thermal 的 Model 单元格(A4)进入 Mechanical 应用。

(2)由于稳态热分析中不对流体进行分析，此处进行如下操作：鼠标右键选择 Project→Model→Geometry→Part，在弹出的窗口中选择 Suppress Body，抑制流体模型。

(3)在结构树中单击 Project→Model→Mesh，在上下文工具栏中选择 Mesh Control→Sizing，在明细栏中进行如下设置，如图 13-10 所示：

1)Geometry 选择换热片实体；

2)Type 选择 Element Size；

3)输入 Element Size 值为 2 mm。

Details of "Body Sizing" - Sizing

Scope	
Scoping Method	Geometry Selection
Geometry	1 Body
Definition	
Suppressed	No
Type	Element Size
Element Size	2. mm
Behavior	Soft
Curvature Normal Angle	Default
Growth Rate	Default

图 13-10 体网格控制

(4)右键单击 Mesh，在弹出的快捷菜单中选择 Generate Mesh，生成的网格如图 13-11 所示。

(5)在结构树中选中换热片实体，在明细栏中展开 Material 项，将 Assignment 改为 Copper Alloy，如图 13-12 所示。

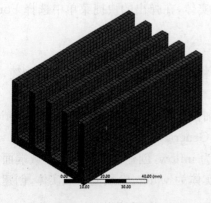

图 13-11 换热片网格

Details of "Solid"

Graphics Properties	
Definition	
Suppressed	No
Stiffness Behavior	Flexible
Coordinate System	Default Coordinate System
Reference Temperature	By Environment
Material	
Assignment	Copper Alloy
Nonlinear Effects	Yes
Thermal Strain Effects	Yes
Bounding Box	

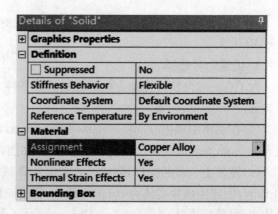

图 13-12 指派换热片材料

5. 分析设置

稳态热分析的求解设置、施加边界条件及定义流-固耦合面的步骤如下：

(1) 在主菜单中单击 Units,将温度单位由 Celsius 改为 Kelvin。

(2) 单击 Project→Model→Steady-State Thermal→Initial Temperature,在明细栏中将 Initial Temperature Value 改为 300 K。

(3) 单击 Project→Model→Steady-State Thermal,在上下文工具栏中选择 Convection,并在明细栏中进行如下设置,如图 13-13 所示:

1) Scoping Method 选择 Named Selection;

2) Named Selection 选择上一节创建的 heat_transfer_surface_solid;

3) Film Coefficient 输入 1 200 W/(m² · K);

4) Ambient Temperature 输入 300 K。

(4) 单击 Project→Model→Steady-State Thermal,在上下文工具栏中选择 Temperature,并在明细栏中进行如下设置,如图 13-14 所示:

1) Scoping Method 选择 Named Selection;

2) Named Selection 选择上一节创建的 bottom_surface;

3) 输入 Magnitude 值为 600 K。

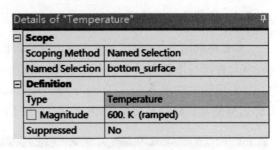

图 13-13　对流条件设置　　　　　　图 13-14　温度载荷设置

(5) 右键单击 Project→Model→Steady-State Thermal→Insert→Fluid Solid Interface,并在明细栏中进行如下设置:

1) Scoping Method 选择 Named Selection;

2) Named Selection 选择上一节创建的 heat_transfer_surface_solid。

6. 求解及结果查看

求解及结果查看的步骤如下:

(1) 单击 Solve,执行求解。

(2) 求解完成后,单击 Project→Model→Steady-State Thermal→Solution,在上下文工具栏中选择 Thermal→Temperature 和 Total Heat Flux。

(3) 右键单击 Project→Model→Steady-State Thermal→Solution,选择 Evaluate All Results,分别单击 Temperature 和 Total Heat Flux,即可在图像显示窗口中绘制出相应结果,如图 13-15 及图 13-16 所示。从图中可以看出,换热片温度分布为 434.77~600 K,总热通量为 $1.70e^5 \sim 4.84e^6$ W/m²。

需要注意的是,Workbench 的 Message 窗口中提示 Fluid Solid Surface 上的热分析结果已被写入默认路径下格式为 .axdt 的文件中,该文件可以被导入 External Data 系统,进而通过 System Coupling 为 Fluent 提供热边界条件。Message 窗口如未显示,可单击 View→Message。

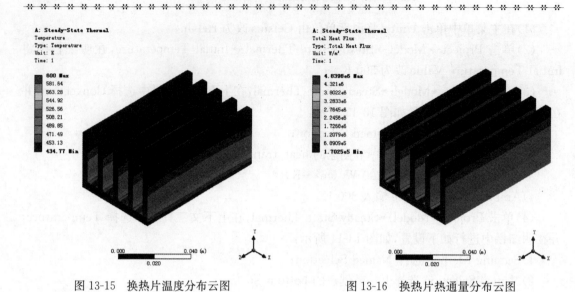

图 13-15　换热片温度分布云图　　　　　图 13-16　换热片热通量分布云图

13.2.3　读取热分析数据

本节将利用 External Data 系统读取交界面上的温度分布数据,具体操作如下:
(1)在项目图解窗口中的 File 表格中找到 fsin_1.axdt 文件。
(2)鼠标右键单击 fsin_1.axdt 行、Location 列对应的单元格,在弹出的快捷菜单中选择 Copy,复制文件路径至剪切板中,如图 13-17 所示。

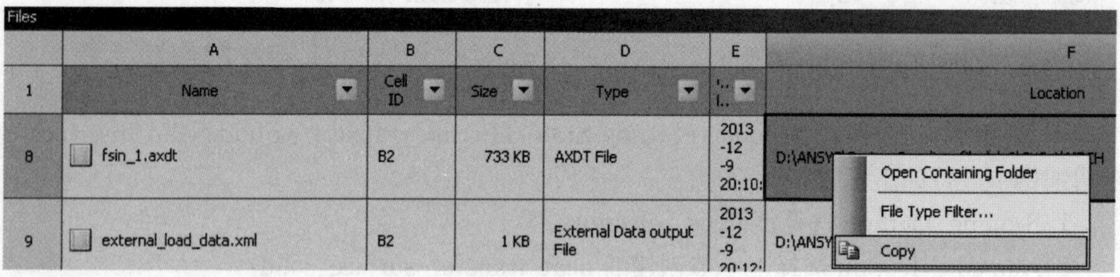

图 13-17　复制 fsin_1.axdt 文件路径

(3)在项目图解窗口中双击 External Data 系统的 Setup 单元格(B2)。
(4)单击 Outline of Schematic B2:External Data 中 Location 下的 ⋯ 按钮,利用 Ctrl+V 粘贴路径至文件名位置,然后选择 fsin_1.axdt 并打开该文件。
(5)鼠标单击导入的文件,窗口右下角中会显示出该文件的数据预览信息,如图 13-18 所示。
(6)单击工具栏按钮 Return to Project,返回项目图解窗口。
(7)在项目图解窗口中,鼠标右键单击 External Data 系统的 Setup 单元格(B2),选择 Update。

第 13 章 流-热-固耦合分析案例

	A	B	C	D	E
1	X Coordinate	Y Coordinate	Z Coordinate	Temperature	Heat Rate
2	X [mm] (X Coordinate)	Y [mm] (Y Coordinate)	Z [mm] (Z Coordinate)	Temperature [C] (Temperature)	Heat Rate [tonne mm^2 s^-3] (Heat Rate)
3	0.3774758E-14	0.5000000E+01	-0.4000000E+02	0.2955902E+03	0.1177294E+04
4	-0.1150000E+02	0.5000000E+01	-0.4000000E+02	0.2953969E+03	0.1176438E+04
5	-0.2300000E+02	0.5416667E+01	-0.4000000E+02	0.2847363E+03	0.1166818E+04
6	0.2300000E+02	0.5416667E+01	-0.4000000E+02	0.2847363E+03	0.1166818E+04
7	0.1150000E+02	0.5000000E+01	-0.4000000E+02	0.2953969E+03	0.1176438E+04
8	-0.2302564E+02	0.3611111E+01	-0.4000000E+02	0.2993534E+03	0.1167971E+04
9	-0.2105128E+02	0.3333333E+01	-0.4000000E+02	0.3058629E+03	0.1093906E+04
10	-0.1916026E+02	0.3333333E+01	-0.4000000E+02	0.3108282E+03	0.1073365E+04
11	-0.1726923E+02	0.3333333E+01	-0.4000000E+02	0.3128224E+03	0.1081735E+04

图 13-18　文件数据预览（一）

13.2.4　流场网格划分与计算设置

按照如下步骤对流场域进行网格划分和计算设置：

1. 换热片流场网格划分

首先导入热分析的结合模型，抑制掉换热片模型，然后创建属于流体域的交界面处的命名选择，最后添加适当的网格控制方法生成换热片流场的分析网格。

（1）在项目图解窗口中，鼠标右键单击 Fluid Flow(Fluent) 系统的 Geometry→Import Geometry→Browser，找到 13.2.2 节保存的名为 heat_exchanger.agdb 的文件。

（2）双击 Fluid Flow(Fluent) 系统的 Mesh 单元格，进入 ANSYS Meshing 应用。

（3）在结构树中依次展开 Project→Model→Geometry，右键单击代表换热片的实体，将其抑制。

展开 Project→Model→Named Selections 可以发现 13.2.2 节中创建的名为 bottom_surface、copper_alloy 和 heat_transfer_surface_solid 的命名选择已被抑制掉，这是由于这些命名选择的关联对象是换热片上特征的缘故。为了后续分析方便，此处需要补充流体域上与换热片交界处的命名选择。

（4）创建交界面处命名选择：

1）单击图形显示窗口中的 Z 轴，使得视角与流体流动方向一致；

2）利用框选模式选中交界处的所有面（21 个），然后鼠标右键选择 Create Named Selection；

3）在弹出的对话框中输入 heat_transfer_surface_fluid 作为该命名选择的名称，创建后的命名选择如图 13-19 所示。

（5）在结构树中单击 Mesh，然后进行如下操作：

1）保证 Defaults 下的 Solver Preference 为 Fluent；

2）保证 Sizing 下的 Use Advanced Size Function 为 On；Curvature，Relevance Center

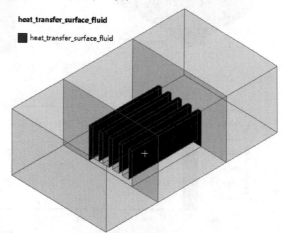

图 13-19　交界面处命名选择

为 Coarse，其他保持默认，如图 13-20 所示；

3) 单击上下文工具栏菜单 Mesh Control→Sizing，在其明细栏中选择构成流体域的三个体作为 Geometry 项的选择，然后输入 Element Size 为 2 mm，如图 13-21 所示；

Details of "Mesh"	
Defaults	
Physics Preference	CFD
Solver Preference	Fluent
Relevance	0
Sizing	
Use Advanced Size Function	On: Curvature
Relevance Center	Coarse
Initial Size Seed	Active Assembly
Smoothing	Medium
Transition	Slow
Span Angle Center	Fine

图 13-20　总体网格控制

Details of "Body Sizing" - Sizing	
Scope	
Scoping Method	Geometry Selection
Geometry	3 Bodies
Definition	
Suppressed	No
Type	Element Size
Element Size	2. mm
Behavior	Soft
Curvature Normal Angle	Default
Growth Rate	Default

图 13-21　体网格尺寸控制

4) 在图形显示窗口中，鼠标左键选中中间的实体，然后右键选择 Generate Mesh On Selected Bodies，先对中间实体进行网格划分；

5) 参照上步，分别对两端实体再进行网格划分，最后生成的网格如图 13-22 所示，共计包括 189 888 个节点、175 680 个单元。

(6) 检查网格质量：

1) 在结构树中单击 Project→Model→Mesh；

2) 在 Mesh 明细栏中更改 Statistics→Mesh Metric 为 Skewness，此时窗口下方给出网格质量统计信息，其中最大 Skewness 值为 0.27，如图 13-23 所示。

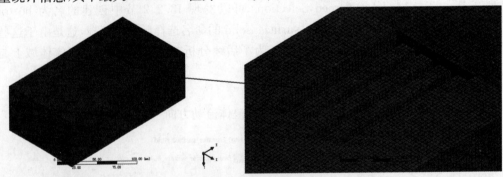

图 13-22　换热片流场网格

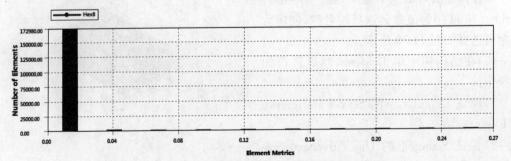

图 13-23　网格质量 Skewness 分布信息

2. 流动分析设置

下面将对与流体求解相关的内容进行设置,主要包括创建流体材料、定义边界条件、求解设置及初始化等内容。

(1)在项目图解窗口中双击 Fluid Flow(Fluent)系统中的 C4 Setup 单元格,在弹出窗口中选择 Double Precision,单击 OK,进入 Fluent。

(2)单击 Solution Setup→General→Check 对网格进行检查,查看右下方窗口中的网格信息,保证无负体积出现,如图 13-24 所示。

```
Domain Extents:
    x-coordinate: min (m) = -5.500000e-02, max (m) = 5.500000e-02
    y-coordinate: min (m) = 0.000000e+00, max (m) = 6.500000e-02
    z-coordinate: min (m) = -1.000000e-01, max (m) = 1.000000e-01
Volume statistics:
    minimum volume (m3): 6.930393e-09
    maximum volume (m3): 7.995238e-09
      total volume (m3): 1.362000e-03
Face area statistics:
    minimum face area (m2): 3.138355e-06
    maximum face area (m2): 4.314825e-06
 Checking mesh..........................
 Done.
```

图 13-24 网格检查输出信息

(3)单击 Solution Setup→Models→Energy→Edit,勾选 Energy Equation 前的方框,然后单击 OK,如图 13-25 所示。

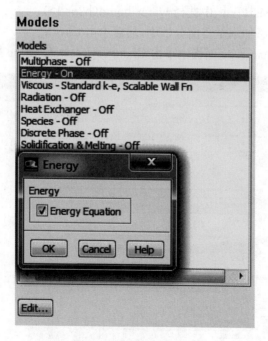

图 13-25 打开能量方程

(4)在 Models 设置中,单击 Viscous-Laminar→Edit,Model 选择 k-epsilon(2 eqn),Near-Wall Treatment 选择 Scalable Wall Functions,单击 OK,如图 13-26 所示。

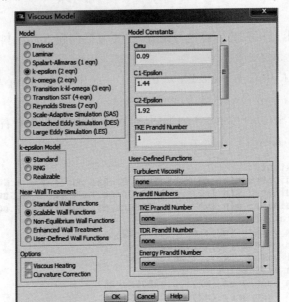

图 13-26 黏度模型设置

(5)单击 Solution Setup→Material→Fluid,单击 Create/Edit 按钮,在弹出的 Create/Edit Materials 面板中进行如下操作,如图 13-27 所示:

1)单击 Fluent Database 按钮;

2)在 Fluent Fluid Materials 中选择 water-liquid(h2o<1>);

3)单击 Copy 按钮,添加水至当前分析中,然后单击 Close;

4)在 Create/Edit Materials 面板中单击 Change/Create 和 Close 按钮。

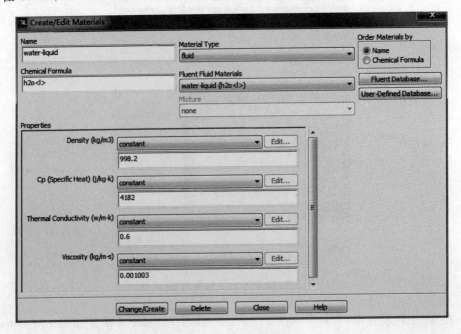

图 13-27 材料创建面板

第 13 章 流-热-固耦合分析案例

（6）单击 Solution Setup→Cell Zone Conditions→Edit，在弹出的 Fluid 面板中将 Material Name 改成 water-liquid，单击 OK，如图 13-28 所示。

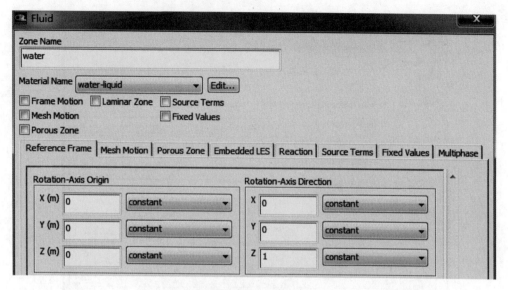

图 13-28 指定流体材料

（7）单击 Solution Setup→Boundary Conditions，然后进行如下操作：

1）勾选 Highlight Zone 前的方框，以便于在接下来的操作中高亮显示被选中的对象；

2）选中 heat_transfer_surface_fluid，单击 Edit，在弹出的窗口中切换至 Thermal 标签，然后勾选 via System Coupling，单击 OK，如图 13-29 所示。

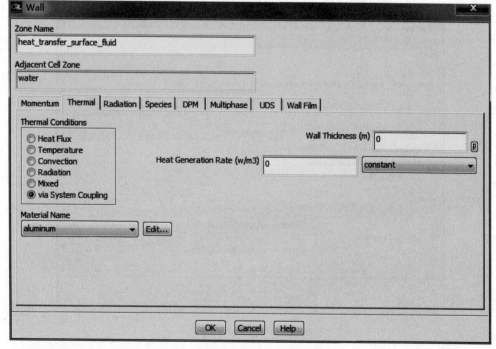

图 13-29 交界面边界条件设置

3) 选中 inflow,将 Type 改为 Velocity-inlet,在弹出的窗口中单击 Yes 接受当前更改,然后单击 Edit,在弹出的窗口中输入 Velocity Magnitude(m/s)值为 0.5,单击 OK,如图 13-30 所示。

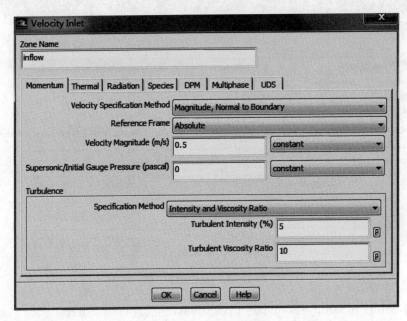

图 13-30 速度入口设置

4) 选中 outflow,将 Type 改为 Pressure-outlet,在弹出的窗口中单击 Yes 接受当前更改,然后单击 Edit,保留弹出窗口默认设置,单击 OK,如图 13-31 所示。

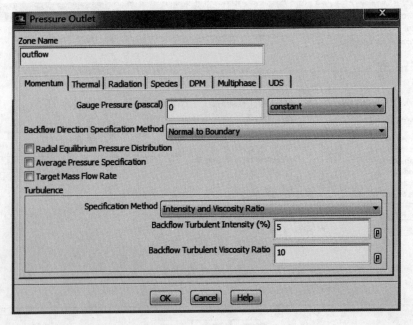

图 13-31 压力出口设置

(8)单击 Solution→Solution Methods,将 Scheme 设定为 Coupled,其他设置采用缺省值,如图 13-32 所示。

(9)单击 Monitors→Residuals, Statistics and Force Monits→Residuals-Print, Plot,然后单击 Edit,检查各残差收敛数值,其中 energy 一项为 1e-06,其他项采用缺省值,单击 OK,如图 13-33 所示。

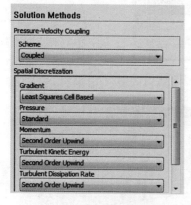

图 13-32　定义求解方法

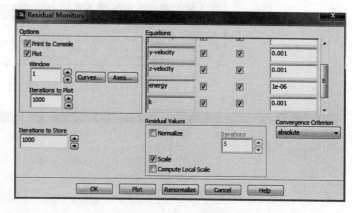

图 13-33　指定收敛残差

(10)单击 Solution→Run Calculation,输入 Number of Iteration 值为 200。

(11)单击 Solution→Solution Initialization,将 Initialization Methods 设定为 Hybrid Initialization。

(12)单击 Solution→Solution Initialization→Initialize,进行初始化。

(13)单击 File→Close Fluent,关闭 Fluent,返回 Workbench。

13.2.5　传热、流动耦合分析

本节主要介绍耦合分析设置、求解、后处理及输出耦合边界上的数据等内容。

1. 分析设置及求解

(1)在项目图解窗口中双击 System Coupling 系统的 Setup 单元格,在弹出的窗口中单击 Yes 以读取上游数据。

(2)在 Outline of Schematic D1:System Coupling 中选中 System Coupling→Setup→Participants→External Data→File 1,该文件为 External Data 中导入的数据。

(3)右键单击 File 1,选择 Create Data Transfer。

(4)鼠标选择新创建的 Data Transfer,在下方的明细设置中进行如下更改,如图 13-34 所示:

1)在 Target 下的 Participant 中选择 Fluid Flow(Fluent);

2)在 Target 下的 Region 中选择 heat_transfer_surface_fluid;

3)在 Target 下的 Variable 中选择 temperature。

(5)在 Outline of Schematic D1:System Coupling 中,鼠标右键单击 System Coupling 下的 Solution,选择 Update,执行耦合分析求解。计算进程会在 Chart Monitor 和 Solution Information 中显示出来,计算完成后的耦合迭代曲线如图 13-35 所示。

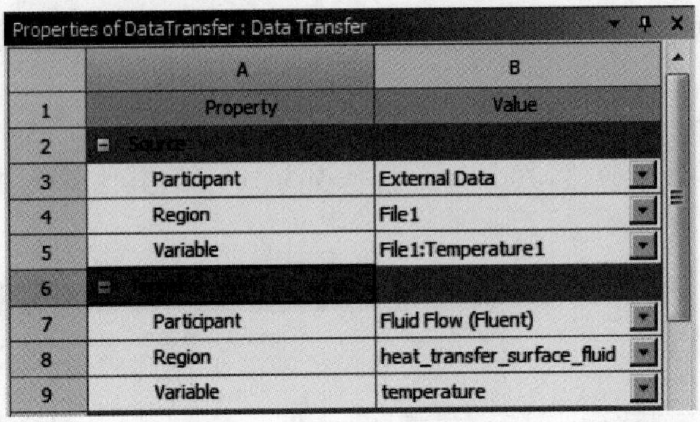

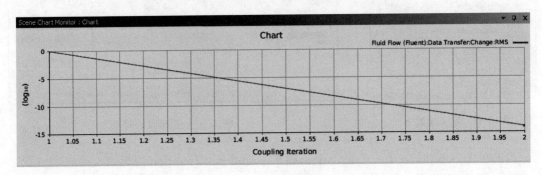

图13-34 Data Transfer 设置

图13-35 迭代曲线

（6）单击 Return to Project，返回项目图解窗口。

2. 结果查看

下面将通过 CFD-Post 查看初步分析结果。

（1）启动 CFD-Post

在项目图解窗口中，鼠标左键双击 Fluid Flow(Fluent)分析系统的 Results 单元格(C6)进入 CFD-Post。

（2）绘制换热片相邻区域温度分布云图

1）在主菜单中单击 Insert→Contour；

2）在 Geometry 标签下，更改 Location 为 heat_transfer_surface_fluid；

3）修改 Variable 为 Wall Adjacent Temperature；

4）单击 Apply，图形显示窗口中的图形如图 13-36(b)所示。

（3）绘制换热片表面对流换热系数分布云图

1）在主菜单中单击 Insert→Contour；

2）在 Geometry 标签下，更改 Location 为 heat_transfer_surface_fluid；

3）修改 Variable 为 Wall Adjacent Temperature；

4）单击 Apply，图形显示窗口中绘制出换热片表面对流换热系数分布云图，如图 13-37(b)所示。

从上述计算结果看出，换热片周围的环境温度为 300～358 K，与初始定义的 300 K 有所不同；换热片表面对流换热系数为 1 080～4 466 W/(m² · K)，而不是初始假设的 1 200 W/(m² · K)。

第 13 章 流-热-固耦合分析案例

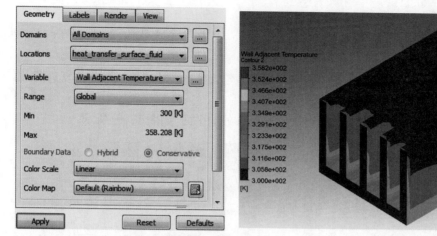

(a) 明细设置　　　　　　　　　　(b) 温度分布云图

图 13-36　换热片相邻区域温度分布云图及设定

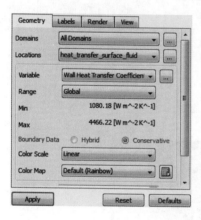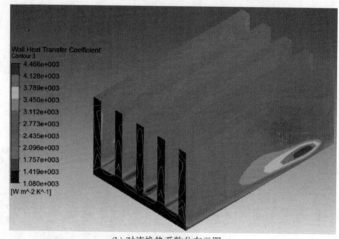

(a) 明细设置　　　　　　　　　　(b) 对流换热系数分布云图

图 13-37　换热片表面对流换热系数分布及设定

(4) 显示换热片

在结构树中勾选 heat_transfer_surface_fluid 前的复选框，如图 13-38 所示。

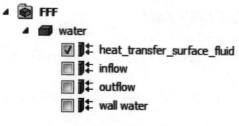

图 13-38　显示换热片

(5) 创建距换热片底面 10 mm 高度的平面

1)在主菜单中单击 Insert→Location→Plane；

2)在 Geometry 标签下，将 Method 改为 ZX Plane，输入 Y 值为 10 mm，如图 13-39(a)所示；

3)切换至 Render 标签，更改 Transparency 为 0.5，勾选 Show Mesh Lines 前的复选框，如图 13-39(b)所示；

4)单击 Apply，图形显示窗口中绘制出 Y=10 mm 处的平面，如图 13-40 所示。

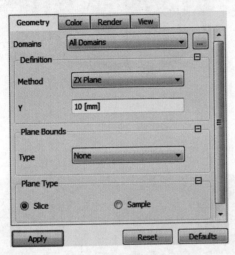
(a)设置Geometry标签

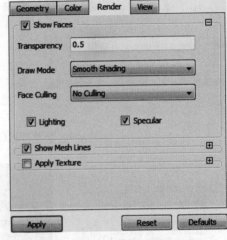
(b)设置Render标签

图 13-39　创建 Y=10 mm 的平面

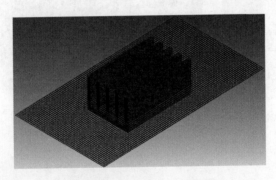

图 13-40　Y=10 mm 的平面

(6)绘制 Y=10 mm 高度上的压力云图

1)在主菜单中单击 Insert→Contour；

2)在 Geometry 标签下，将 Location 改为 Plane 1，Variable 改为 Pressure，如图 13-41(a)所示；

3)在 Render 标签下，勾选 Show Contour Lines 及 Constant Coloring 前的复选框，如图 13-41(b)所示；

4)单击 Apply，调整视角为俯视图，此时图形显示窗口中绘制出 Y=10 mm 高度平面上的压力云图，如图 13-42 所示。

(7)绘制 Y=10 mm 高度上的速度云图

 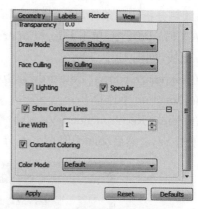

(a) 设置Geometry标签　　　　　　　　(b) 设置Render标签

图 13-41　Y=10 mm 高度上的压力云图设置

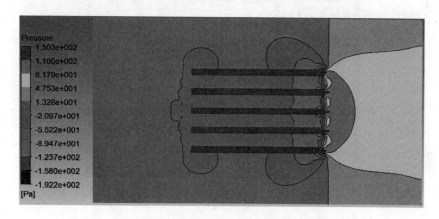

图 13-42　Y=10 mm 高度上的压力云图

参照上一步,将 Geometry 标签下的 Variable 改为 Velocity,单击 Apply,此时图形显示窗口中绘制出的速度云图如图 13-43 所示。

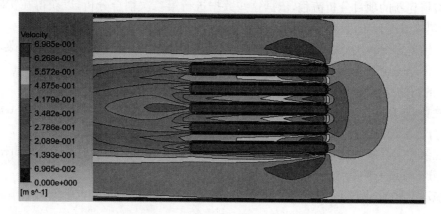

图 13-43　Y=10 mm 高度上的速度云图

3. 输出流动分析数据

下面将通过 CFD-Post 输出换热片相邻区域温度分布及其表面对流换热系数分布数据,

以用作后续热分析边界条件,基本步骤如下:

(1)在CFD-Post中,单击File→Export→Export External Data File打开Export External Data File面板,如图13-44所示。

(2)在Export External Data File面板中确保File路径指向user_files/export.axdt。

(3)在Location下选择heat_transfer_surface_wall。

(4)在Select Recommended Variable中选中HTC and Wall Adjacent Temperature。

(5)单击Save,然后关闭CFD-Post。

图13-44 Export External Data File面板

13.2.6 搭建耦合分析流程(第二次)

通过上面一节的分析已经获得换热片相邻区域温度分布及其表面对流换热系数分布数据,下面将搭建新的项目分析流程,依据这些数据进行第二次耦合分析,以获得在实际对流条件下的换热片温度分布,具体步骤如下:

(1)右键单击Steady-State Thermal分析系统的Setup单元格(A5),在弹出的菜单中选择Duplicate,创建一个与先前Steady-State Thermal分析系统共享Engineering Data、Geometry和Model的新的稳态热分析系统,其名称为Copy of Steady-State Thermal。

(2)在组件工具箱中拖动External Data系统至项目图解窗口中Copy of Steady-State Thermal分析系统左侧释放。

(3)在组件工具箱中拖动System Coupling系统至项目图解窗口中Copy of Steady-State Thermal分析系统右侧释放。

(4)拖动External Data的Setup单元格(E2)至System Coupling系统的Setup(G2)单元格。

(5)拖动Copy of Steady-State Thermal分析系统的Setup单元格(F5)至System Coupling系统的Setup(G2)单元格。

(6)单击File→Save Project,保存分析项目。

搭建完成的项目分析流程如图 13-45 所示。

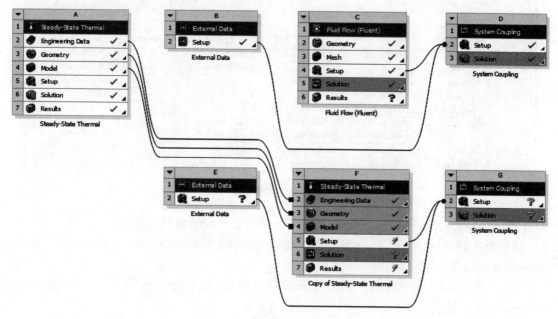

图 13-45　项目分析流程(第二次)

13.2.7　读取流体分析数据

本节将利用 External Data 系统读取换热片相邻区域温度分布及其表面对流换热系数分布数据,具体操作如下:

(1)在项目图解窗口中的 File 表格中找到 export.axdt 文件。

(2)鼠标右键单击 export.axdt 行、Location 列对应的单元格,在弹出的快捷菜单中选择 Copy,复制文件路径至剪切板中。

(3)在项目图解窗口中双击 External Data 系统的 Setup 单元格(E2)。

(4)单击 Outline of Schematic E2:External Data 中 Location 下的 ... 按钮,利用 Ctrl+V 粘贴路径至文件名位置,然后选择 export.axdt 并打开该文件。

(5)鼠标单击导入的文件,窗口右下角中会显示出该文件的数据预览信息,如图 13-46 所示。

(6)单击工具栏按钮 Return to Project,返回项目图解窗口。

(7)在项目图解窗口中,鼠标右键单击 External Data 系统的 Setup 单元格(E2),选择 Update。

13.2.8　热分析设置

按如下步骤进行热分析的设置:

(1)双击 Copy of Steady-State Thermal 分析系统的 Setup 单元格(F5)进入 Mechanical 应用。

(2)在 Mechanical 应用结构树中的 Steady-State Thermal 2(F5)部分,被复制过来的

Preview of File - D:\ANSYS Local\example_1_and_2\SystemCoupling_files\user_files\export.axdt : Section Name - Data

	A	B	C	D	E
1	X Coordinate	Y Coordinate	Z Coordinate	Heat Transfer Coefficient	Temperature
2	X [m] (X Coordinate)	Y [m] (Y Coordinate)	Z [m] (Z Coordinate)	Wall Heat Transfer Coefficient [W m^-2 K^-1] (Heat Transfer Coefficient)	Wall Adjacent Temperature [K] (Temperature)
3	-2.50000004e-002	1.94444449e-003	-3.99999991e-002	2.31024902e+003	3.01549896e+002
4	-2.50000004e-002	0.00000000e+000	-3.99999991e-002	1.92860840e+003	3.01767426e+002
5	-2.30769236e-002	0.00000000e+000	-3.99999991e-002	1.75797095e+003	3.00941650e+002
6	-2.30512824e-002	1.80555554e-003	-3.99999991e-002	2.07153052e+003	3.00887360e+002
7	-2.30256412e-002	3.61111108e-003	-3.99999991e-002	2.44706958e+003	3.00771301e+002
8	-2.50000004e-002	3.88888898e-003	-3.99999991e-002	2.77070459e+003	3.01129608e+002
9	-2.30000000e-002	5.41666662e-003	-3.99999991e-002	2.42199097e+003	3.00658752e+002
10	-2.50000004e-002	5.83333336e-003	-3.99999991e-002	2.65047461e+003	3.00791779e+002
11	-2.30000000e-002	7.38888886e-003	-3.99999991e-002	2.20785059e+003	3.00550598e+002

图 13-46　文件数据预览(二)

Convection 边界条件依旧存在,右键单击 Convection 选择 Delete 将其删除。

需要指出的是,此处的 Convection 数据将通过 Fluid Solid Interface 从 External Data 中读取,故在此将其删除。

(3)关闭 Mechanical 应用。在项目图解窗口中,鼠标右键单击 Copy of Steady-State Thermal 分析系统的 Setup 单元格(F5),选择 Update。

13.2.9　流动、传热耦合分析

按照如下步骤通过 System Coupling 组件进行流动与传热的耦合分析:

1. 分析设置及求解

(1)双击 System Coupling 系统的 Setup 单元格(G2),在弹出的对话框中单击 Yes 读取上游数据。

(2)在 Outline of Schematic G1:System Coupling→Setup→Participants 下,利用 Ctrl 键选中 Fluid Solid Interface 和 File1,单击鼠标右键并在弹出的菜单中选择 Create Data Transfer,此时程序会自动创建 Data Transfer 和 Data Transfer 2。此处 Data Transfer 用于对流换热系数传输,Data Transfer 2 用于温度传输,其详细设置分别如图 13-47 及图 13-48 所示。

Properties of DataTransfer : Data Transfer

	A	B
1	Property	Value
2	Source	
3	Participant	External Data
4	Region	File1
5	Variable	File1:HTC1
6	Target	
7	Participant	Copy of Steady-State T...
8	Region	Fluid Solid Interface
9	Variable	Convection Coefficient
10	Data Transfer Control	
11	Transfer At	Start Of Iteration
12	Under Relaxation Factor	1
13	Convergence Target	0.01
14	Ramping	None

图 13-47　Data Transfer 明细设置

Properties of DataTransfer : Data Transfer 2

	A	B
1	Property	Value
2	Source	
3	Participant	External Data
4	Region	File1
5	Variable	File1:Temperature1
6	Target	
7	Participant	Copy of Steady-State Thermal
8	Region	Fluid Solid Interface
9	Variable	Convection Reference Temperature
10	Data Transfer Control	
11	Transfer At	Start Of Iteration
12	Under Relaxation Factor	1
13	Convergence Target	0.01
14	Ramping	None

图 13-48　Data Transfer 2 明细设置

(3)单击 File→Save,保存分析项目。
(4)鼠标右键单击 Solution,在弹出的菜单中选择 Update,执行求解。
(5)求解完成后,单击 Return to Project 工具栏返回项目图解窗口。
(6)鼠标右键单击 Copy of Steady-State Thermal 分析系统的 Results 单元格(F7),选择 Update。

2. 结果查看

下面将在 Mechanical 中查看最终的热分析结果。

(1)双击 Copy of Steady-State Thermal 分析系统的 Results 单元格(F7)打开 Mechanical 应用。

(2)单击 Project→Model→Steady-State Thermal 2→Solution,在上下文工具栏中选择 Thermal→Temperature 和 Total Heat Flux。

(3)右键单击 Project→Model→Steady-State Thermal→Solution,选择 Evaluate All Results,分别单击 Temperature 和 Total Heat Flux,即可在图形显示窗口中绘制出相应结果,如图 13-49 及图 13-50 所示。

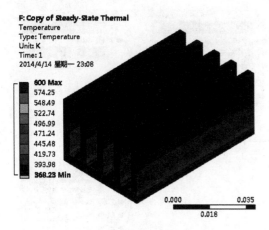 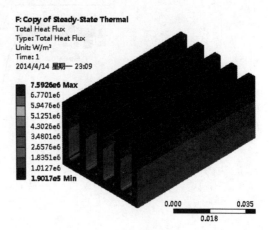

图 13-49 换热片温度分布云图　　图 13-50 换热片热通量分布云图

从图中可以看出,迭代后得到的换热片温度分布范围为 368.23~600 K,总热通量为 1.90e5~7.59e6 W/m²。

13.3 热-固耦合分析

通过先前分析,我们已经获得了换热片的真实温度分布数据,将这些数据作为本节热应力分析的边界条件,可求得换热片的应力分布,进而进行强度校核、发现设计问题。下面将就这一过程进行介绍。

(1)鼠标右键单击 F6 Solution 单元格,选择 Transfer Data To New→Static Structural,创建新的静态结构分析系统,此时的项目分析流程如图 13-51 所示。

(2)双击 H5 Setup 单元格进入 Mechanical 应用程序。

(3)选中结构树中的 Static Structural(H5),在上下文工具栏中选择 Supports→Frictionless Support,选择换热片底面作为 Scope→Geometry 项的内容。

(4)选中结构树中的 Static Structural(H5),在上下文工具栏中选择 Supports→Displacement,选择换热片底面宽度方向的任意一条边作为 Scope→Geometry 项的内容,更改 Definition→Z Component 值为 0 mm。

(5)选中结构树中的 Static Structural(H5),在上下文工具栏中选择 Supports→Displacement,选择换热片底面长度方向的任意一条边作为 Scope→Geometry 项的内容,更改 Definition→X Component 值为 0 mm。

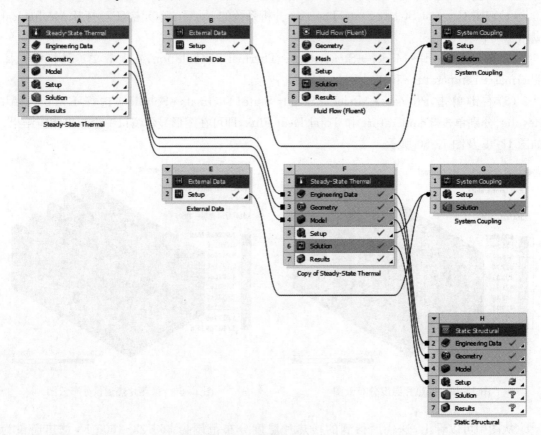

图 13-51 项目分析流程(热-固耦合分析)

(6)鼠标右键单击结构树中的 Solution(H6),选择 Solve,执行求解。

(7)选中结构树中的 Solution(H6),在上下文工具栏中选择 Stress→Equivalent(Von-Mises),右键单击 Solution(H6),选择 Evaluate All Results,此时图形显示窗口中绘制出换热片的等效应力分布云图,其中最大应力为 531.04 MPa,如图 13-52 所示。

(8)选中结构树中的 Solution(H6),激活工具栏中的 Show Mesh 按钮,将选择内容由 Select Geometry 改为 Select Mesh,选择方式由 Single Select 改为 Box Volume Select,如图 13-53 所示。

(9)单击 Z 坐标轴,正视换热片端面,拖动鼠标选中中间换热片节点,如图 13-54 所示。

(10)选中结构树中的 Solution(H6),在上下文工具栏中选择 Stress→Equivalent(Von-Mises),右键单击 Solution(H6),选择 Evaluate All Results,此时图形显示窗口中绘制出基于换热片中间节点的等效应力分布云图,其中最大应力为 402.04 MPa,如图 13-55 所示。

第 13 章 流-热-固耦合分析案例

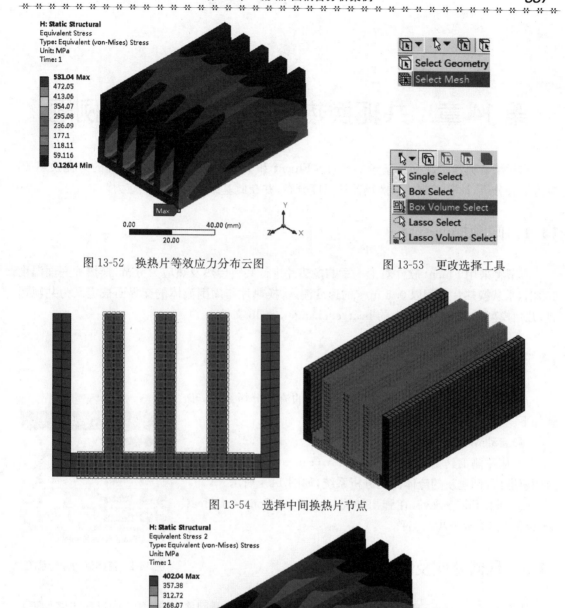

图 13-52 换热片等效应力分布云图

图 13-53 更改选择工具

图 13-54 选择中间换热片节点

图 13-55 中间换热片上的等效应力分布云图

从计算结果可以看出，换热片角点及叶片根部均有较高的应力值，存在应力集中现象。设计时应当采用圆滑过渡的方式，避免由于几何尺寸突变引起应力集中。

第 14 章 共轭换热-热应力耦合分析例题

本章结合典型例题介绍基于 ANSYS Fluent 和 ANSYS 结构求解器之间的共轭换热-热应力耦合分析,计算了前一章换热器的温度分布,并在此基础上计算了热应力。

14.1 问题描述

本节将采用 Fluent 软件对上一章的换热片进行共轭传热及热应力分析,换热片底面温度 600 K,水从换热片左侧以 0.5 m/s 的速度流入,换热片与周围流体的交界面被定义为共轭边界,几何模型采用上一章导出的 heat_exchanger.agdb 文件。

14.2 创建分析系统

在 Workbench 中创建一个基于 Fluent 的流体分析系统,步骤如下:
(1)启动 Workbench。
(2)从左侧工具箱中拖动 Fluid Flow(Fluent)分析系统至项目图解窗口,创建新的流体流动分析系统,如图 14-1 所示。
(3)单击 File→Save,在弹出的窗口中输入"Conjunct Heat Transfer"作为分析项目名称。

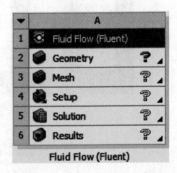

图 14-1 流体流动分析系统

14.3 几何处理及网格划分

基于 DM 及 ANSYS Mesh 进行流动分析的模型处理及网格划分,具体的操作步骤如下:
(1)在项目图解窗口中,鼠标右键单击 Fluid Flow(Fluent)的 Geometry 单元格(A2)并在弹出的菜单中选择 Import Geometry→Browse,定位到 heat_exchanger.agdb 文件,然后选择打开。
(2)双击 Fluid Flow(Fluent)的 Geometry 单元格(A2)进入 DesignModeler,此时的结构树及几何模型如图 14-2 及图 14-3 所示。从图 14-2 中可以看出,此时已创建的 Named Selection 包括 heat_transfer_surface_solid、bottom_surface、inflow、outflow、copper_alloy、water 等。
(3)在结构树中,利用 Ctrl 键选中代表换热片的实体和代表流体域的三个实体并单击鼠标右键,在弹出的菜单中选择 Form New Part。该操作会使流体域与换热片在交界面处网格连续。
(4)单击 File→Save Project,保存分析项目,然后关闭 DesignModeler。

(5)在项目图解窗口中双击 Fluid Flow(Fluent)的 Mesh 单元格(A3)进入 Meshing 应用。

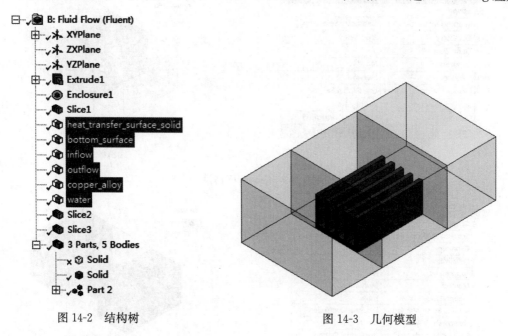

图 14-2　结构树

图 14-3　几何模型

(6)在 Meshing 应用左侧结构树中，单击 Model→Mesh，在 Mesh 明细栏中进行如下操作：

1)确保 Defaults→Solver Preference 为 Fluent；

2)确保 Sizing→Use Advanced Size-Function 为 Off；

3)修改 Sizing→Relevance Center 为 Fine，如图 14-4 所示。

Details of "Mesh"	
Defaults	
Physics Preference	CFD
Solver Preference	Fluent
Relevance	0
Sizing	
Use Advanced Size Function	Off
Relevance Center	Fine
Element Size	Default
Initial Size Seed	Active Assembly
Smoothing	Medium
Transition	Slow
Span Angle Center	Fine
Minimum Edge Length	4.0 mm

图 14-4　总体网格控制

(7)在上下文工具栏中选择 Mesh Control→Method，然后在明细栏中进行如下操作：

1)在 Scope→Geometry 中选择代表换热片的实体和代表中间流体域的实体，共计 2 个；

2)将 Definition→Method 改为 Sweep，如图 14-5 所示。

(8)在上下文工具栏中选择 Mesh Control→Method，然后在明细栏中进行如下操作：

1)在 Scope→Geometry 中选择代表两端流体域的 2 个实体，如图 14-6 所示；

Details of "Sweep Method" - Method	
Scope	
Scoping Method	Geometry Selection
Geometry	2 Bodies
Definition	
Suppressed	No
Method	Sweep
Element Midside Nodes	Use Global Setting
Src/Trg Selection	Automatic
Source	Program Controlled
Target	Program Controlled

(a) 明细设置

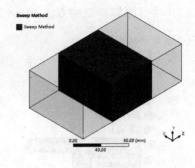

(b) 效果图

图 14-5 Sweep 网格设置

Details of "MultiZone" - Method	
Scope	
Scoping Method	Geometry Selection
Geometry	2 Bodies
Definition	
Suppressed	No
Method	MultiZone
Mapped Mesh Type	Hexa
Surface Mesh Method	Program Controlled
Free Mesh Type	Not Allowed
Element Midside Nodes	Use Global Setting
Src/Trg Selection	Automatic

(a) 明细设置

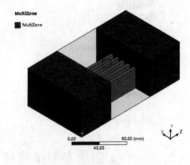

(b) 效果图

图 14-6 MultiZone 网格设置

2) 将 Definition→Method 改为 MultiZone。

(9) 在上下文工具栏中选择 Mesh Control→Sizing, 然后在明细栏中进行如下操作:

1) 在 Scope→Geometry 中选择代表流体域的所有 3 个实体;

2) 确保 Definition→Type 为 Element Size, 输入 Element Size 为 2 mm, 如图 14-7 所示。

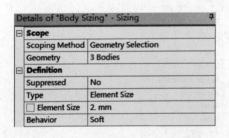

(a) 明细设置

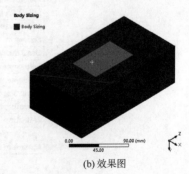

(b) 效果图

图 14-7 网格尺寸控制

(10) 在图形显示窗口中, 依次选择换热片实体、中间流体域实体、两端流体域实体并分别利用右键快捷菜单 Generate Mesh On Selected Bodies 划分网格, 最终生成单元 184 800 个、节点 195 738 个, 且换热片网格与周围流体域网格连续, 如图 14-8 所示。

(11) 在 Mesh 明细栏中单击 Statistics, 将 Mesh Metric 改为 Skewness, 其数值为 1.3e-10~0.13, 此时生成的单元均为 8 节点六面体单元, 如图 14-9 所示。

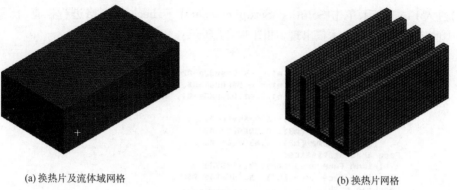

(a) 换热片及流体域网格　　　　　　(b) 换热片网格

图 14-8　网格

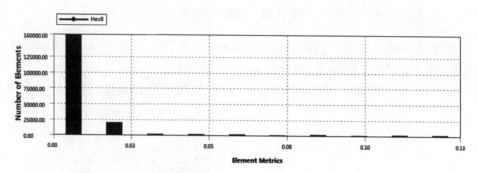

图 14-9　单元 Skewness 值分布图

14.4　共轭传热分析

在 Fluent 中进行分析选项设置并完成共轭传热问题的求解，具体操作步骤如下：

(1) 在项目图解窗口中，鼠标左键双击 Fluid Flow(Fluent)的 Setup 单元格(A4)，保留弹出的 Fluent 启动对话框中的默认设置，如图 14-10 所示，单击 OK。

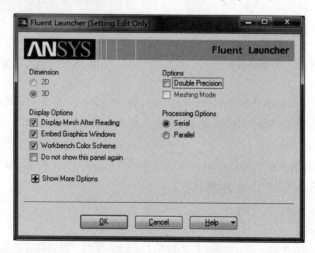

图 14-10　Fluent 启动对话框

(2)进入 Fluent 后,单击 Solution Setup→General→Check 对网格进行检查,核实命令输出窗口中的信息,保证无负体积出现,如图 14-11 所示。

```
Domain Extents:
    x-coordinate: min (m) = -5.500000e-02, max (m) = 5.500000e-02
    y-coordinate: min (m) = 0.000000e+00, max (m) = 6.500000e-02
    z-coordinate: min (m) = -1.000000e-01, max (m) = 1.000000e-01
Volume statistics:
    minimum volume (m3): 6.276695e-09
    maximum volume (m3): 8.000022e-09
      total volume (m3): 1.430000e-03
Face area statistics:
    minimum face area (m2): 3.138353e-06
    maximum face area (m2): 4.085893e-06
Checking mesh.........................
Done.
```

图 14-11 网格检查结果

(3)单击 Solution Setup→General→Solver,确保 Type 为 Pressure-Based,Velocity Formulation 为 Absolute,Time 为 Steady,如图 14-12 所示。

(4)单击 Solution Setup→Models→Energy,打开能量方程选项,单击 OK,如图 14-13 所示。

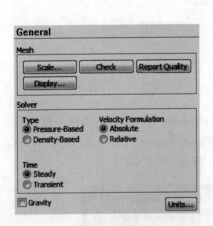

图 14-12 求解器设置

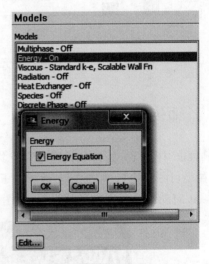

图 14-13 激活能量方程

(5)单击 Solution Setup→Models→Viscous,将 Model 改为 k-epsilon(2 eqn),k-epsilon Model 选择 Standard,Near-Wall Treatment 选择 Scalable Wall Functions,单击 OK,如图 14-14 所示。

(6)单击 Solution Setup→Material→Solid,单击 Create/Edit 按钮,在弹出的 Create/Edit Material 面板中进行如图 14-15 所示操作:

1)输入 Name 为 copper-alloy;

2)输入 Chemical Formula 为 cu;

3)在 Properties 中的 Density 中输入 2 719,Cp 输入 871,Thermal Conductivity 输入 401;

4)单击 Change/Create 和 Close 按钮。

第 14 章 共轭换热-热应力耦合分析例题

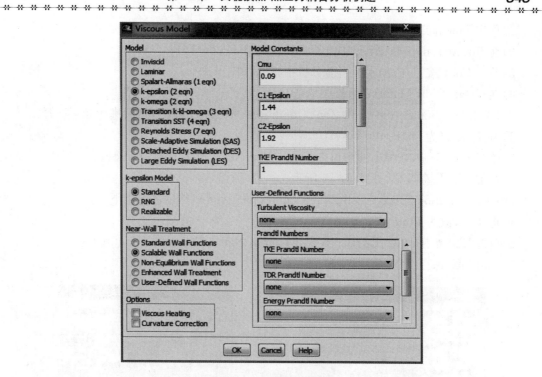

图 14-14　设置黏度模型

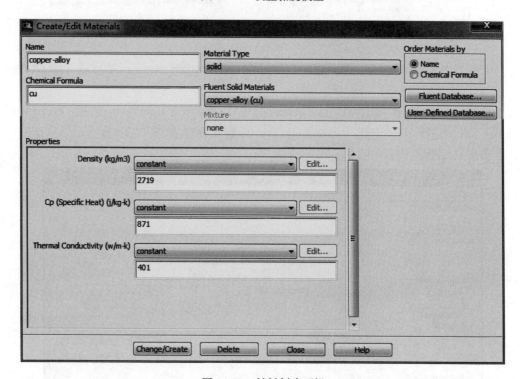

图 14-15　材料创建面板

(7)单击 Solution Setup→Material→Fluid，单击 Create/Edit 按钮，在弹出的 Create/Edit Material 面板中进行如下操作：

1)单击 Fluent Database 按钮；
2)在 Fluent Fluid Materials 中选择 Water-liquid(h2o<1>)；
3)单击 Copy 按钮，添加水至当前分析中，然后单击 Close；
4)在 Create/Edit Material 面板中单击 Change/Create 和 Close 按钮。
(8)单击 Solution Setup→Cell Zone Conditions→copper_alloy，然后进行如下设置：
1)将 Type 改为 Solid；
2)单击 Edit 按钮，在弹出的窗口中将 Material Name 改为 copper-alloy；
3)单击 OK，保存设置，如图 14-16 所示。
(9)单击 Solution Setup→Cell Zone Conditions→water，然后进行如下设置：
1)将 Type 改为 Fluid；
2)单击 Edit 按钮，在弹出的窗口中将 Material Name 改为 water-liquid；
3)单击 OK，保存设置，如图 14-17 所示。

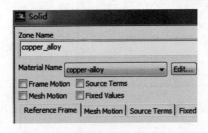

图 14-16　指派实体材料

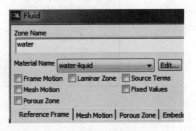

图 14-17　指派流体材料

(10)单击 Solution Setup→Boundary Conditions→bottom_surface，然后进行如下设置：
1)将 Type 改为 Wall；
2)单击 Edit 按钮，在弹出窗口的 Thermal 标签下，Thermal Conditions 选择 Temperature，Material Name 选择 copper-alloy，Temperature(K)输入 600，如图 14-18 所示；
3)单击 OK，保存设置。

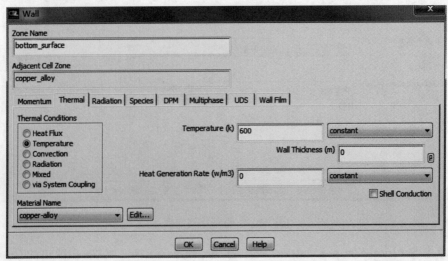

图 14-18　bottom_surface 边界条件设置

(11) 单击 Solution Setup→Boundary Conditions→heat_transfer_surface_fluid,然后进行如下设置：

1) 将 Type 改为 Wall；

2) 单击 Edit 按钮,在弹出窗口的 Thermal 标签下,Thermal Conditions 选择 Coupled,Material Name 选择 copper-alloy,如图 14-19 所示；

3) 单击 OK,保存设置。

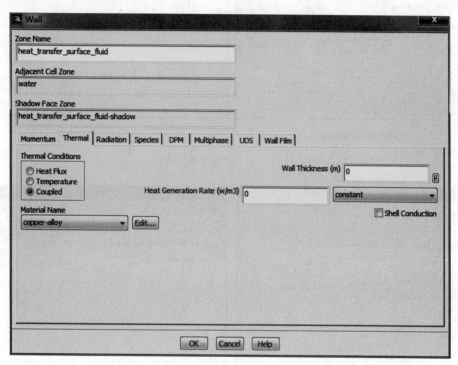

图 14-19　heat_transfer_surface_fluid 边界条件设置

(12) 单击 Solution Setup→Boundary Conditions→inflow,然后进行如下设置：

1) 将 Type 改为 Velocity-inlet；

2) 单击 Edit 按钮,在弹出窗口的 Momentum 标签下,在 Velocity Magnitude(m/s)中输入 0.5,如图 14-20(a)所示；

3) 在 Thermal 标签下,输入 Temperature(K)为 300,如图 14-20(b)所示；

4) 单击 OK,保存设置。

(13) 单击 Solution Setup→Boundary Conditions→outflow,然后进行如下设置：

1) 将 Type 改为 Pressure-outlet；

2) 单击 Edit 按钮,在弹出窗口的 Momentum 标签下,在 Gauge Pressure(pascal)中输入 0,如图 14-21(a)所示；

3) 在 Thermal 标签下,输入 Temperature(K)为 300,如图 14-21(b)所示；

4) 单击 OK,保存设置。

(14) 单击 Solution→Solution Methods 并进行如下设置：

1) Pressure-Velocity Coupling Scheme 选择 Coupled；

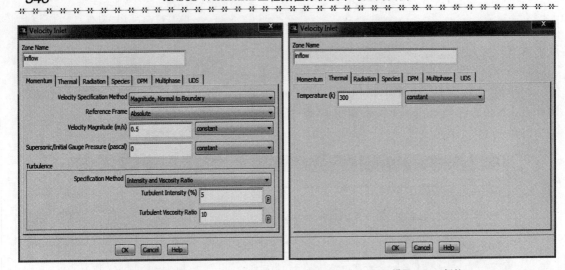

图 14-20　Inflow 边界条件设置

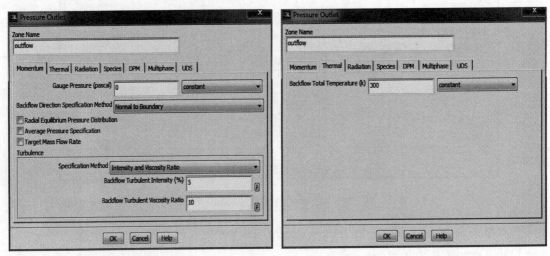

图 14-21　Outflow 边界条件设置

2)在 Spatial Discretization 中,Gradient 选择 Least Squares Cell Based,Pressure 选择 Standard,Momentum、Turbulent Kinetic Energy 及 Turbulent Dissipation Rate 均选择 Second Order Upwind,如图 14-22 所示。

(15)单击 Solution→Monitors→Residuals,然后单击 Edit 按钮,在弹出的窗口中确保 Print to Console 和 Plot 处于选中状态,Equations 中的 energy 值为 1e-06,其他项均为 0.001,如图 14-23 所示。

(16)单击 Solution→Solution Initialization,初始化方法选择 Hybrid Initialization。

(17)单击 Solution→Run Calculation,在 Number of Iterations 中输入 1 000,单击 Calculate 开始计算,在迭代 37 步后计算收敛,迭代过程中的残差收敛曲线如图 14-24 所示。

(18)单击 File→Save Project,保存分析项目,然后关闭 Fluent 程序。

第 14 章 共轭换热-热应力耦合分析例题

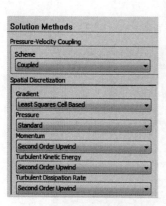

图 14-22 求解方法设置

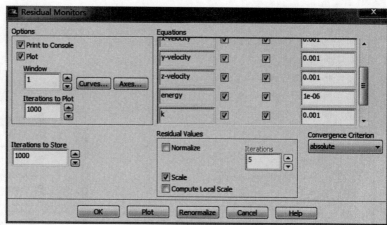

图 14-23 残差监控设置

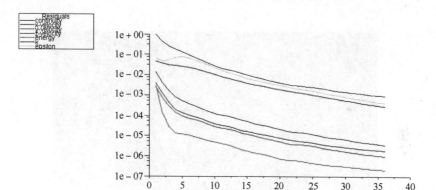

图 14-24 残差收敛曲线

14.5 结果查看

基于后处理器 CFD-Post 进行计算结果的后处理,具体操作步骤如下:

(1)在项目图解窗口中,鼠标左键双击 Fluid Flow(Fluent)的 Results 单元格(A6)进入 CFD-Post 应用程序。

(2)在菜单栏中,单击 Insert→Contour,然后在 Contour 明细栏中进行如图 14-25 所示的设置:

1)单击 Locations 下拉菜单右侧的 ■ 按钮,在弹出的 Location Selector 窗口中利用 Ctrl 键选中 bottom_surface 和 heat_transfer_surface_solid,然后单击 OK,如图 14-26 所示;

2)单击 Variable 右侧下拉菜单并选择 Temperature 作为绘制变量;

3)单击 Range 右侧下拉菜单选择 Local;

4)在 # of Contours 右侧输入 10;

5)单击 Apply 完成设置,此时图形显示窗口中绘制出的换热片温度分布云图如图 14-27 所示。

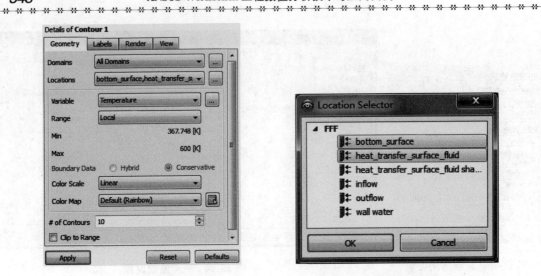

图 14-25　Contour 明细栏面板　　　　图 14-26　Location Selector 窗口

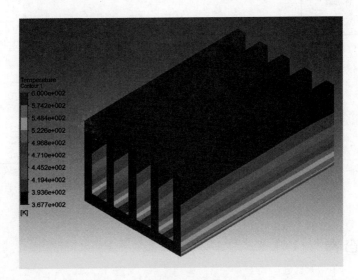

图 14-27　换热片温度分布云图

(3) 单击 File→Save Project，保存分析项目，然后关闭 CFD-Post。

从图 14-27 中可以看出，换热片的温度范围为 367.7～600 K，与上一章耦合法分析的结果一致。

14.6　热应力分析

在上述温度场计算的基础上，按照如下步骤进行热-固耦合分析：

(1) 鼠标右键单击 A6 Solution 单元格，选择 Transfer Data To New→Static Structural 创建新的静态结构分析系统，此时的项目分析流程如图 14-28 所示。

(2) 双击 B4 Mesh 单元格进入 Mechanical 应用程序。

(3) 展开结构树中的 Geometry 分支，右键单击代表流体域的实体，选择 Suppress Body，仅保留换热片模型。

第 14 章　共轭换热-热应力耦合分析例题

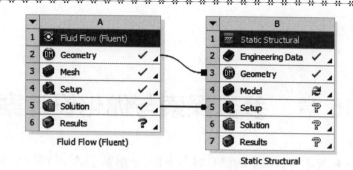

图 14-28　项目分析流程

（4）选中结构树中的 Mesh，保留总体网格控制的默认设置，在上下文工具栏中单击 Mesh Control→Sizing，在明细栏的 Scope→Geometry 项中选择换热片实体，在 Definition→Element Size 中输入 2 mm。

（5）选中结构树中的 Static Structural（B5），在上下文工具栏中选择 Supports→Frictionless Support，选择换热片底面作为 Scope→Geometry 项的内容。

（6）选中结构树中的 Static Structural（B5），在上下文工具栏中选择 Supports→Displacement，选择换热片底面宽度方向的任意一条边作为 Scope→Geometry 项的内容，更改 Definition→Z Component 值为 0 mm。

（7）选中结构树中的 Static Structural（B5），在上下文工具栏中选择 Supports→Displacement，选择换热片底面长度方向的任意一条边作为 Scope→Geometry 项的内容，更改 Definition→X Component 值为 0 mm。

（8）鼠标右键单击结构树中的 Solution(B6)，选择 Solve，执行求解。

（9）选中结构树中的 Solution(H6)，在上下文工具栏中选择 Stress→Equivalent(Von-Mises)，右键单击 Solution(B6)，选择 Evaluate All Results，此时图形窗口中绘制出换热片的等效应力分布云图，如图 14-29 所示。

（10）更改选择模式为 Select Mesh，切换选择方式为 Box Volume Select，选择换热片中间叶片节点，绘制其上应力云图，如图 14-30 所示。

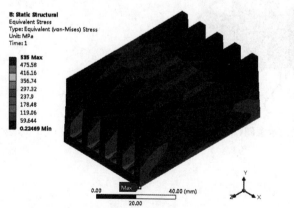

图 14-29　换热片等效应力分布云图

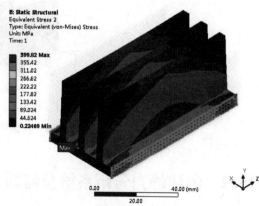

图 14-30　中间换热片上的等效应力云图

第 15 章　参数探索与优化设计案例

本章以一个底板带环向加劲肋的塑料容器为例,介绍基于 ANSYS Workbench 的 DX 模块的优化设计方法,内容包括基于 DM 的参数化建模、参数化分析、基于 DX 的响应面优化及直接优化实现过程。

15.1　概　　述

塑料水桶基本结构如图 15-1 所示,其中总高 1 000 mm,底座高 300 mm、桶径 ϕ1 000 mm。底座加强结构由一个 ϕ300 mm 的加强圆筒和若干块均布筋板组成,初始设计高度均为 250 mm,筋板数量 12 块。水桶壁、底厚度为 3.5 mm,加强圆筒厚度为 3 mm,筋板厚度为 2.5 mm。求在满足水桶强度及变形的前提下达到减重目的,具体优化方案如下:

设计变量 A:加强圆筒及筋板高度范围 150~250 mm;
设计变量 B:筋板数量 6 块、8 块、10 块、12 块;
约束条件:最大应力≤10 MPa,最大位移≤20 mm;
优化目标:重量最轻。

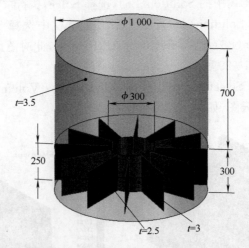

图 15-1　水桶结构示意图(单位:mm)

15.2　创建静力分析系统及材料

在 Workbench 中建立一个 Static Structural 分析系统并在 Engineering Data 中定义材料,具体操作步骤如下:

第 15 章 参数探索与优化设计案例

(1) 通过开始菜单启动 ANSYS Workbench。

(2) 在 Workbench 窗口左侧的工具箱中拖动 Static Structural 分析系统至右侧的项目图解，如图 15-2 所示。

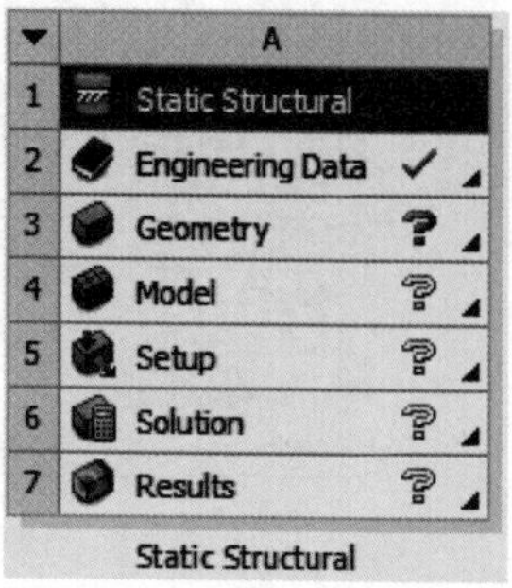

(3) 双击 B2 Engineering Data 单元格，进入 Engineering Data 应用，然后进行如下设置：

1) 单击 Engineering Data Sources 按钮，进入材料库；

2) 单击 General Material 材料库中 Polyethylene 材料右边的 + 将其添加至当前系统（出现图标）；

3) 再次单击 Engineering Data Sources 按钮，返回 Engineering Data 初始界面，此时可用材料包括 Polyethylene 和 Structural Steel 两种，如图 15-3 所示。

图 15-2 创建静力分析系统

(4) 单击 Return To Project，返回项目图解窗口。

(5) 单击 File→Save，输入 "Resopnse Surface Optimization" 作为项目名称。

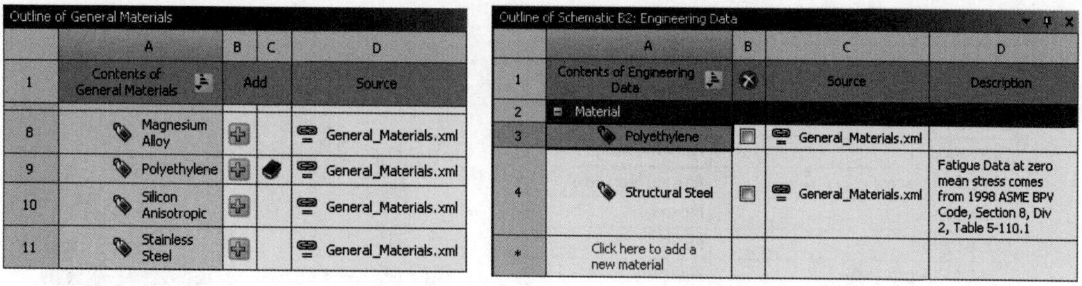

图 15-3 添加 Polyethylene 材料至当前系统

15.3 建立参数化的几何模型

在 DM 中创建参数化的几何模型，具体步骤如下：

(1) 双击 A2 Geometry 单元格启动 DM，在弹出的对话框中选择 "mm" 作为基本单位。

(2) 在 DM 窗口左侧的结构树中选中 XY Plane，然后单击下方的 Sketching 标签，在 XY Plane 上绘制桶体草图，具体操作如下：

1) 单击 Draw→Circle，以 XY 平面原点为圆心绘制一个圆（鼠标放在原点位置时会出现 "P" 字符）；

2) 单击 Dimensions→General，在图形窗口中单击上步所绘圆环，对其标注尺寸；

3) 在窗口左下方的明细栏中更改直径值为 1 000 mm，如图 15-4 所示。

(3) 单击工具栏中的拉伸图标 Extrude，拉伸桶体草图创建上桶体，在拉伸明细栏中的具体设置如下：

1) 在 Geometry 下选择先前创建的桶体草图 Sketch1；

2) 更改 Operation 为 Add Frozen；

3) 确保 Extent Type 为 Fixed，输入 FD1, Depth(>0) 为 700 mm；

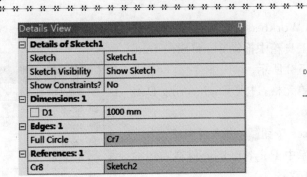
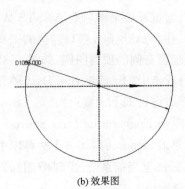

(a) 明细设置　　　　　　　　　　　　(b) 效果图

图 15-4　绘制桶体草图

4）确保 As Thin/Surfaces? 为 Yes，将 FD2,Inward Thickness(>=0)和 FD3,Outward Thickness(>=0)值改为 0 mm；

5）单击工具栏中的 Generate 图标生成上桶体模型，如图 15-5 所示。

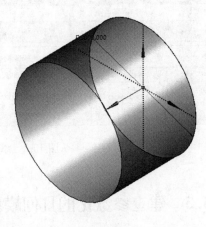

(a) 明细设置　　　　　　　　　　　　(b) 效果图

图 15-5　创建上桶体模型

(4) 单击工具栏中的拉伸图标 Extrude，拉伸桶体草图创建下桶体，在拉伸明细栏中的具体设置如下：

1）在 Geometry 下选择先前创建的桶体草图 Sketch1；

2）更改 Operation 为 Add Frozen；

3）确保 Extent Type 为 Fixed,输入 FD1,Depth(>0)为 300 mm；

4）确保 As Thin/Surfaces? 为 Yes,将 FD2,Inward Thickness(>=0)和 FD3,Outward Thickness(>=0)值改为 0 mm；

5）单击工具栏中的 Generate 图标生成下桶体模型，如图 15-6 所示。

(5) 单击主菜单中的 Concept→Surface From Sketches 创建桶底模型，具体明细设置如下：

1）在 Geometry 下选择先前创建的桶体草图 Sketch1；

第15章 参数探索与优化设计案例

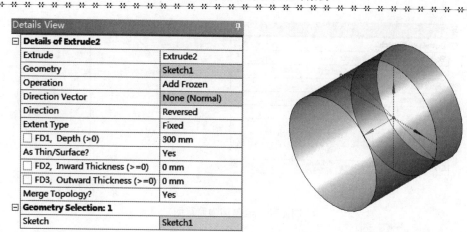

(a) 明细设置 (b) 效果图

图 15-6 创建下桶体模型

2) 更改 Operation 为 Add Frozen；
3) 输入 Thickness(>=0)值为 3.5 mm；
4) 单击工具栏中的 ≯Generate 图标生成桶底模型，如图 15-7 所示。

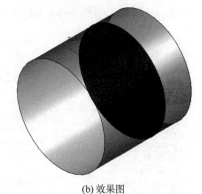

(a) 明细设置 (b) 效果图

图 15-7 创建桶底模型

(6) 在 DM 窗口左侧的结构树中选中 XY Plane，在工具栏中单击创建新草图图标 ，然后选中新生成的 Sketch2 后单击下方的 Sketching 标签，在 XY Plane 上绘制加强筒草图，具体操作如下：

1) 单击 Draw→Circle，以 XY 平面原点为圆心绘制一个圆（鼠标放在原点位置时会出现"P"字符）；
2) 单击 Dimensions→General，在图形窗口中单击上步所绘圆环，对其标注尺寸；
3) 在窗口左下方的明细栏中更改直径值为 300 mm，如图 15-8 所示。

(7) 单击工具栏中的拉伸图标 Extrude，拉伸加强筒草图创建加强筒，在拉伸明细栏中的具体设置如下：

1) 在 Geometry 下选择上一步创建的加强筒草图 Sketch2；
2) 更改 Operation 为 Add Frozen；

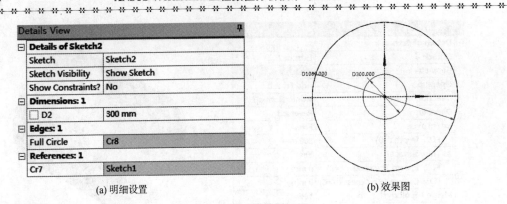

(a) 明细设置　　　　　　　　　(b) 效果图

图 15-8　绘制加强筒草图

3）更改 Direction 为 Reversed（参照图形显示窗口中的拉伸方向选择），确保 Extent Type 为 Fixed，输入 FD1，Depth（>0）为 200 mm；

4）单击 FD1，Depth（>0）前的方框，在弹出的对话框中输入"Height"作为参数名称，然后单击 OK，此时 FD1，Depth（>0）前的方框中出现"D"字符，如图 15-9（a）所示；

5）确保 As Thin/Surfaces? 为 Yes，将 FD2，Inward Thickness（>=0）和 FD3，Outward Thickness（>=0）值改为 0 mm；

6）单击工具栏中的 Generate 图标生成加强筒模型。

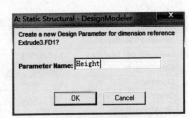

(b) 设置高度参数

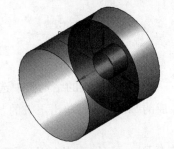

(a) 明细设置

(c) 效果图

图 15-9　创建加强筒模型及加强筒的高度参数

（8）在 DM 窗口左侧的结构树中选中 ZX Plane，单击下方的 Sketching 标签，在 ZX Plane 上绘制筋板草图，具体操作如下：

1）在图形显示窗口中选中下桶体，右键选择 Hide Body 将其隐藏；

2）单击 Draw→Rectangle，以 XY 平面原点为角点绘制一个矩形（鼠标放在原点位置时会出现"P"字符）；

3) 单击 Dimensions→General,标注矩形的长和宽;

4) 单击 Dimensions→Vertical,标注矩形底边距坐标轴的距离;

5) 在窗口左下方的明细栏中更改矩形长度为 350 mm,宽度为 200 mm,底边距坐标轴距离为 150 mm,如图 15-10 所示;

6) 单击代表矩形宽度的尺寸 H2 前的方框,在弹出的对话框中输入"Height_Jinban"作为参数名称。

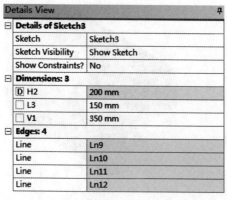
(a) 明细设置

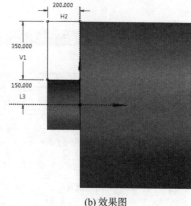
(b) 效果图

图 15-10　绘制筋板草图

(9) 单击主菜单中的 Concept→Surface From Sketches 创建筋板模型,具体明细设置如下:

1) 在 Geometry 下选择上一步创建的筋板草图 Sketch3;

2) 更改 Operation 为 Add Frozen;

3) 输入 Thickness(>=0)值为 2.5 mm;

4) 单击工具栏中的 Generate 图标生成筋板模型,如图 15-11 所示。

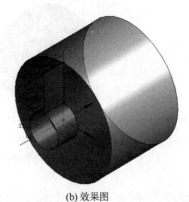
(a) 明细设置　　　　　　　　　　(b) 效果图

图 15-11　创建筋板模型

(10) 单击主菜单中的 Creat→Pattern 创建筋板阵列,具体明细设置如下:

1) 将 Pattern Type 改为 Circular;

2) 在 Geometry 下选择筋板模型;

3) Axis 一项选择 Z 坐标轴；

4) FD2,Angle 改为 Evenly Spaced,输入 FD3,Copies(＞0)为 11(包括初始筋板共计 12 块)；

5) 单击 FD3,Copies(＞0)前的方框,在弹出的对话框中输入"Number"作为参数名称；

6) 单击工具栏中的 Generate 图标生成所有筋板模型,在图形显示窗口中单击鼠标右键选择 Show All Bodies 显示所有对象,如图 15-12 所示。

（a）明细设置　　　　　　　　　　（b）效果图

图 15-12　创建筋板阵列

（11）单击主菜单中的 View→WireFrame,在图形显示窗口中按住 Ctrl 键选中上、下桶体及桶底,如图 15-13 所示。从图 15-13 中可以看出,桶体外侧及桶底内侧高亮显示,这表明桶体法向朝向桶外,而桶底法向朝向桶内,故需更改桶体法向使其指向桶内。

（12）单击主菜单中的 Tool→Surface Flip,在明细栏中选择上、下桶体两个表面作为 Bodies 选项内容,单击 Generate 工具完成法向更改,此时选中上、下桶体及桶底后如图 15-14 所示。

　　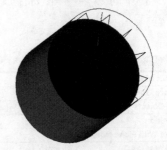

图 15-13　桶体法向更改前　　　　图 15-14　桶体法向更改后

（13）在图形显示窗口中按 Ctrl 键选中上桶体及桶底,单击鼠标右键选择 Named Selection,在明细栏中将 Named Selection 一栏的名称改为"Pressure_Surface",然后单击 Generate 工具创建加载面的命名选择。

（14）在结构树中依次选中上、下桶体,在其明细栏中输入 Thickness(＞=0)为 3.5 mm,选中加强筒并输入其厚度为 3 mm,核实桶底厚度为 3.5 mm,筋板厚度为 2.5 mm,如图 15-15 所示。

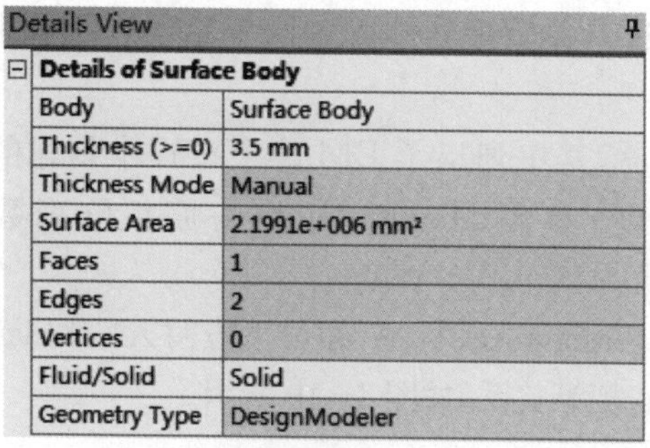

(a) 上桶体

(b) 下桶体

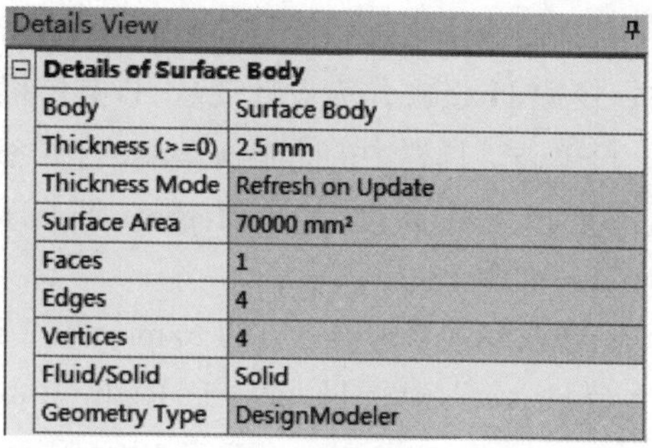

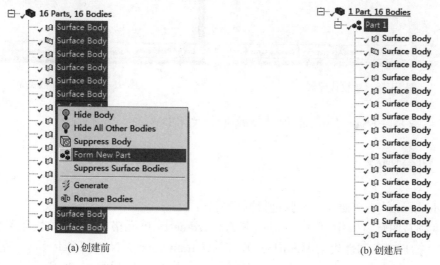

图 15-15　输入、核实厚度

(15)在结构树中按住 Ctrl 键选中所有模型对象，单击鼠标右键选择 Form New Part 创建多体部件，保证后续模型离散时网格连续，如图 15-16 所示。

(a) 创建前

(b) 创建后

图 15-16　多体部件创建前后的结构树

(16)将工具栏中的显示方式改为 By Thickness，图形显示窗口中的对象将以不同颜色区分出桶体壁厚，如图 15-17 所示。

(a) 明细设置

(b) 效果图

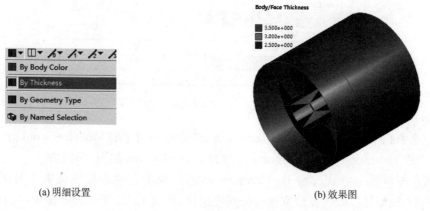

图 15-17　以厚度显示模型

(17)因本例中加强筒与筋板高度一致,需要通过参数管理器建立这两个参数之间的相等关系,仅取 Height 作为设计变量 A,具体操作如下:

1)单击工具栏中的 ⚙Parameters 打开参数管理器,其中列出了 DM 建模过程中创建的参数,包括加强筒高度参数 Height、筋板宽度(高度)参数 Height_Jinban、筋板阵列数目 Number,如图 15-18 所示;

2)单击参数管理器下方的 Parameter/Dimension Assignment 标签,在最下方写入"ZXPlane.H2=@Height",建立 Height 与 Height_Jinban 之间的相等关系,如图 15-19 所示。

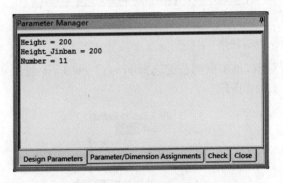
图 15-18 参数管理器

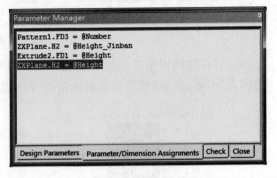
图 15-19 定义参数关系

(18)单击 File→Save Project,保存分析项目,关闭 DM。

15.4 划分网格

在 Mechanical 中按照如下步骤进行网格划分:

(1)在项目图解窗口中,鼠标右键单击 A3 Geometry 单元格,在弹出的快捷菜单中选择 Properties,然后确保属性表格中 Surface Bodies、Parameters 及 Named Selections 后的复选框被勾选,且删除 Parameter Key 及 Named Selections 中的内容,如图 15-20 所示。

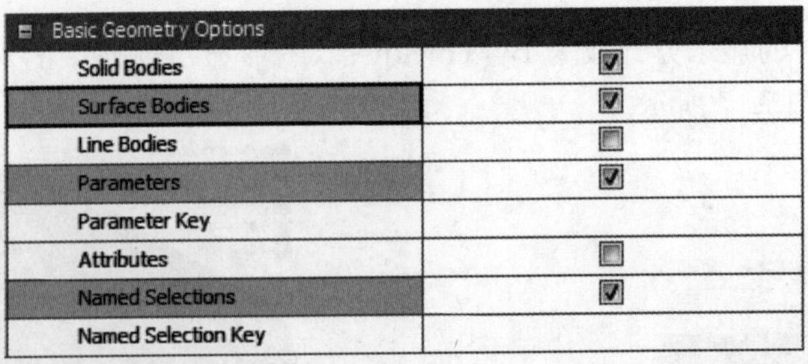

图 15-20 定义几何导入信息

(2)双击 A4 Model 单元格进入 Mechanical,选中结构树中的 Model→Geometry→Part,在其明细栏中将 Definition 下的 Assignment 改为 Polyethylene,如图 15-21 所示。

(3)将边颜色显示方式改为 By Connection,然后单击右侧的控制线宽工具 并选择 Thick Triple,模型将以颜色及线宽来区分其连接性,如图 15-22 所示。从图中可以看出,筋板与桶体、加强筒之间的交线加粗显示,表明这些边线同属于 3 个面。

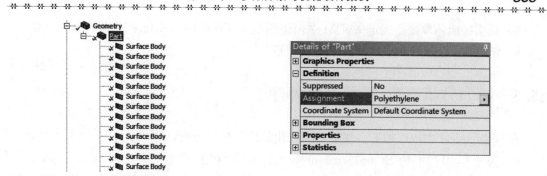

(a) 结构树　　　　　　　　　　　　(b) 明细设置

图 15-21　指派材料

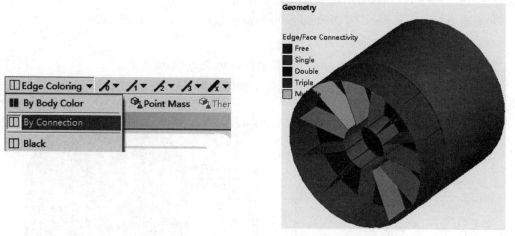

图 15-22　查看边连接关系

(4) 选中结构树中的 Mesh 分支,在其明细栏中将 Defaults 下的 Relevance 改为 30,确保 Sizing 下的 Used Advanced Size Function 为 On:Curvature,Relevance Center 为 Coarse,如图 15-23 所示。

(5) 鼠标右键单击 Mesh 选择 Generate Mesh,对桶体模型进行离散,生成的网格如图 15-24 所示。

图 15-23　总体网格控制　　　　　　　　图 15-24　水桶有限元模型

(6)核实各面体厚度正确定义,DM 中创建的名为"Pressure_Surface"的命名选择已导入。
(7)单击 File→Save Projiect,保存分析项目。

15.5 静力分析设置、求解及后处理

在 Mechanical 中按照如下步骤进行参数化的结构静力分析:
(1)选中结构树中的 Static Structural(A5)分支,在上下文工具栏中选择 Supports→Simply Supported,在明细栏中选中水桶底部的圆边作为 Scope→Geometry 的选项内容。
(2)选中结构树中的 Static Structural(A5)分支,在上下文工具栏中选择 Loads→Hydrostatic Pressure,在其明细栏中进行如下设置:
1)更改 Scoping Method 为 Named Selection 并指定为 Press_Surface;
2)输入 Fluid Density 为 1 000 kg/m³;
3)更改 Hydrostatic Acceleration→Y Component 为 9.8 m/s²;
4)Free Surface Location→Location 选择上桶体顶部圆环边线,如图 15-25 所示。

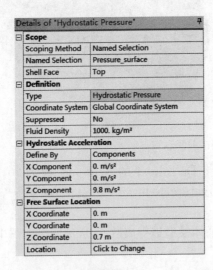
(a)明细设置

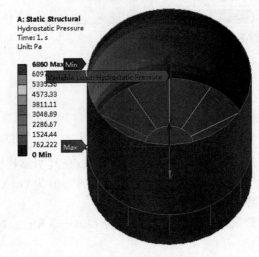
(b)效果图

图 15-25 定义静水压力

(3)在结构树中选中 Solution(A6)分支,在上下文工具栏中依次选择 Stress→Equivalent(Von-Mises)和 Deformation→Total,插入应力及位移结果。
(4)单击 Solve,执行求解。图形显示区绘制出的水桶等效应力分布云图及位移分布云图,如图 15-26 及图 15-27 所示。图中结果表明,最大应力点位于桶底中心处,其值为 7.518 7 MPa,最大位移位于桶底中心处,其值为 13.471 mm。
(5)选中结构树中的 Model→Geometry,在其明细栏中单击 Properties→Mass 前的方框,将质量提升为参数,初始设计下的质量为 16.195 kg,如图 15-28 所示。

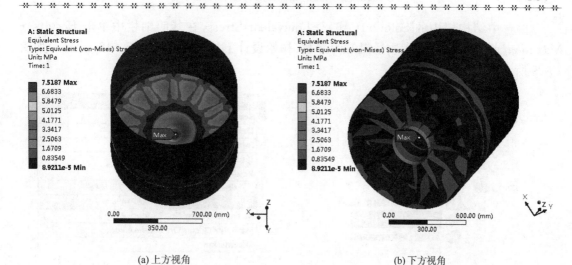

(a) 上方视角   (b) 下方视角

图 15-26 水桶等效应力云图

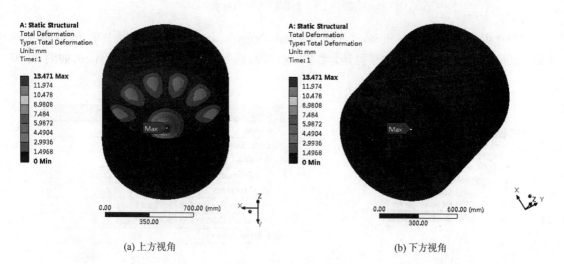

(a) 上方视角   (b) 下方视角

图 15-27 水桶位移云图

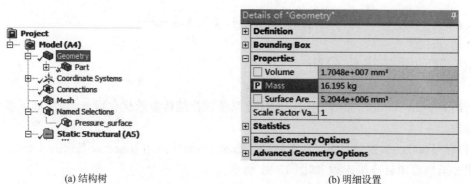

(a) 结构树   (b) 明细设置

图 15-28 创建质量参数

(6) 选中结构树中的 Solution(A6)→Equivalent Stress，在其明细栏中单击 Results→Maximum 前的方框，将最大质量提升为参数，初始设计下的最大应力为 7.518 7 MPa，如图 15-29 所示。

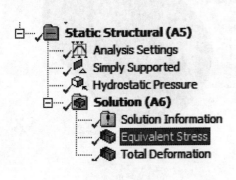
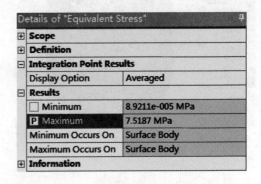

(a) 结构树　　　　　　　　　　　　　　(b) 明细设置

图 15-29　创建最大应力参数

(7) 选中结构树中的 Solution(A6)→Total Deformation，在其明细栏中单击 Results→Maximum 前的方框，将最大位移提升为参数，初始设计下的最大位移为 13.471 mm，如图 15-30 所示。

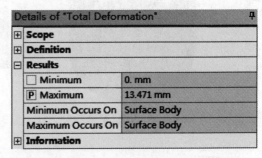

(a) 结构树　　　　　　　　　　　　　　(b) 明细设置

图 15-30　创建最大位移参数

(8) 单击 File→Save Project，保存分析项目，关闭 Mechanical。

15.6　响应面法优化分析

利用 Design Explorationg 的响应面优化系统进行结构参数优化设计，按照如下步骤进行具体操作：

(1) 在 Workbench 窗口左侧工具箱 Design Exploration 中双击 Response Surface Optimization，将其添加至当前项目分析流程，如图 15-31 所示。

(2) 双击 Parameter Set 可进入参数管理窗口，其中列出了当前系统中的所有参数，如图 15-32 所示。

图 15-31　项目分析流程(一)

Outline: No data

	A	B	C
1	ID	Parameter Name	Value
2	Input Parameters		
3	Static Structural (A1)		
4	P1	Height	250
5	P2	Height_Jinban	250
6	P3	Number	11
*	New input parameter	New name	New expression
8	Output Parameters		
9	Static Structural (A1)		
10	P4	Geometry Mass	15.562
11	P5	Equivalent Stress Maximum	7.7085
12	P6	Total Deformation Maximum	14.507
*	New output parameter		New expression

图 15-32　参数管理窗口

(3)双击 B2 Design of Experiments 单元格进入试验点设计窗口,在其中进行如下设置:

1)选中 Design of Experiments,在下方的属性表格中确保 Design of Experiments Type 为 Central Composite Design,Design Type 选中 Face-Centered,Template Type 选中 Enhanced,如图 15-33 所示;

Outline of Schematic B2: Design of Experiments

	A	B
1		Enabled
2	✓ Design of Experiments	
3	Input Parameters	
4	Static Structural (A1)	
5	P1 - Height	☑
6	P2 - Height_Jinban	☐
7	P3 - Number	☑
8	Output Parameters	
9	Static Structural (A1)	
10	P4 - Geometry Mass	
11	P5 - Equivalent Stress Maximum	
12	P6 - Total Deformation Maximum	
13	Charts	
14	✓ Parameters Parallel	
15	✓ Design Points vs Parameter	

(a) 设计窗口

Properties of Schematic B2: Design of Experiments

	A	B
1	Property	Value
2	Design Points	
3	Preserve Design Points After DX Run	☐
4	Failed Design Points Management	
5	Number of Retries	0
6	Design of Experiments	
7	Design of Experiments Type	Central Composite Design
8	Design Type	Face-Centered
9	Template Type	Enhanced

(b) 设置明细

图 15-33　试验点设置

2)确保 P1-Height 后的复选框已被勾选,在其属性表格中将 General 下的 Classification 改为 Continuous,输入 Lower Bound 为 150,Upper Bound 为 250,如图 15-34 所示;

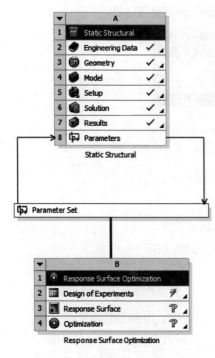

Properties of Schematic B2: Design of Experiments

	A	B
1	Property	Value
2	⊟ General	
3	Units	
4	Type	Design Variable
5	Classification	Continuous
6	⊟ Values	
7	Value	200
8	Lower Bound	150
9	Upper Bound	250
10	Use Manufacturable Values	☐

图 15-34　设计变量 *A* Height 参数设置(一)

3)清空 P2-Height_Jinban 后复选框；

4)确保 P3-Number 后的复选框已被勾选，在其属性表格中将 General 下的 Classification 改为 Discrete，并在窗口右上方的表格中定义 11、9、7、5 四个等级，如图 15-35 所示；

Properties of Schematic B2: Design of Experiments

	A	B
1	Property	Value
2	⊟ General	
3	Units	
4	Type	Design Variable
5	Classification	Discrete
6	⊟ Values	
7	Value	11
8	Number Of Levels	4

(a) 更改变量类型

Table of Outline A7: P3 - Number

	A	B
1	Name	Discrete Value
2	Level 1	11
3	Level 2	9
4	Level 3	7
5	Level 4	5
*	New Level	New Level

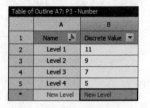

(b) 输入变量等级

图 15-35　设计变量 *B* Number 参数设置(一)

5)单击 Preview 工具，此时窗口右上方的表格中列出了累计共计 36 个试验点；

6)单击 Update 工具，更新试验点数据；

7)试验点更新完毕后，选中 Chart 下的 Parameters Parallel，保持其属性表格中的缺省设置，窗口右下方绘出了所有参数平行图，其中每一条线代表一组试验点，如图 15-36 所示；

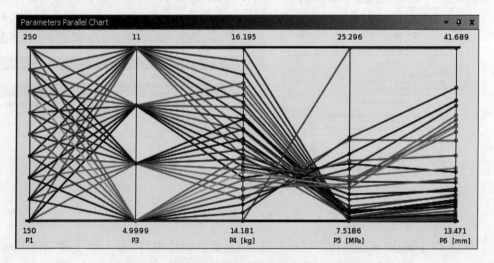

图 15-36　Paramets Parallel 图

第 15 章 参数探索与优化设计案例

8)选中 Chart 下的 Design Points vs Parameter,可查看设计点、输入参数、输出参数彼此之间的对应关系图像,如图 15-37 所示;

(a)明细设置 (b)效果图

图 15-37 各设计点下的最大应力与最大位移

9)单击 Return to Project 返回项目图解窗口,单击 File→Save,保存分析项目。

(4)双击 B3 Response Surface 单元格进入响应面控制界面,然后进行如下设置:

1)选中 Response Surface,在其属性表格中将 Meta Modal 下的 Response Surface Type 改为 Kriging,Kernel Variation Type 改为 Variable,如图 15-38 所示;

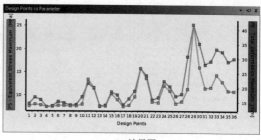

(a)控制界面 (b)明细设置

图 15-38 响应面控制界面及设置明细

2)单击 Update,更新响应面;

3)选中 Min-Max Search,窗口右上方列出了程序搜寻到的各参数的最小-最大值,其中质量的最小值为 14.181 kg、最大值为 16.195 kg,最大等效应力的最小值为 7.518 7 MPa、最大值为 25.296 MPa,最大位移的最小值为 13.471 mm、最大值为 41.688 mm,如图 15-39 所示;

	Name	P1 - Height	P3 - Number	P4 - Geometry Mass (kg)	P5 - Equivalent Stress Maximum (MPa)	P6 - Total Deformation Maximum (mm)
2	Output Parameter Minimums					
3	P4 - Geometry Mass Minimum Design Point	150	5	14.181	25.296	41.688
4	P5 - Equivalent Stress Maximum Minimum Design Point	250	11	16.195	7.5187	13.471
5	P6 - Total Deformation Maximum Minimum Design Point	250	11	16.195	7.5187	13.471
6	Output Parameter Maximums					
7	P4 - Geometry Mass Maximum Design Point	250	11	16.195	7.5187	13.471
8	P5 - Equivalent Stress Maximum Maximum Design Point	150	5	14.181	25.296	41.688
9	P6 - Total Deformation Maximum Maximum Design Point	150	5	14.181	25.296	41.688

图 15-39 最小-最大搜索

4)选中 Goodness Of Fit 可查看响应面的拟合度总体质量信息报告,更改 Number 参数取值可以查看不同筋板数目时的拟合度一致性曲线,如图 15-40 所示,从图中可以看出,由于所选择算法的原因,响应面经过各样本点;

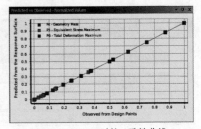

(a) 拟合度总体质量信息报告　　　　　　　　(b) Number=11时的一致性曲线

图 15-40　拟合度总体质量信息报告及 Number＝11 时的一致性曲线

5) 选中 Response Point 下的 Response 可以查看响应面,在其属性表格中可以设定响应面类型为 2D 或 3D,自定义响应面坐标轴变量,从而绘制响应面,图 15-41 给出了 Total Deformation 随 Height 变化的 2D 响应曲线以及 Equivalent Stress 随 Height、Number 变化的 3D 响应面,从中可以看出,随着 Number 和 Height 的增加,Total Deformation 逐渐降低、Equivalent Stress 逐渐增加;

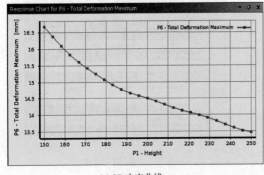 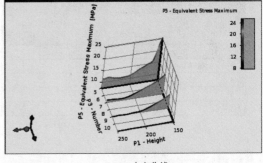

(a) 2D响应曲线　　　　　　　　　　　　(b) 3D响应曲线

图 15-41　响应线与响应面

6) 选择 Response Point 下的 Local Sensitivity 可以查看各设计变量对目标的敏感度,如图 15-42 所示;

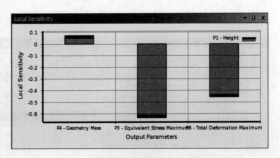

(a) 更改输入参数取值　　　　　　　　　(b) 查看相关变量间的敏感度

图 15-42　更改输入参数取值及查看相关变量间的敏感度

第 15 章　参数探索与优化设计案例

7)单击 Return to Project 返回项目图解窗口,单击 File→Save,保存分析项目。

(5)双击 B4 Optimization 单元格进入优化程序控制界面,如图 15-43 所示,然后进行如下设置:

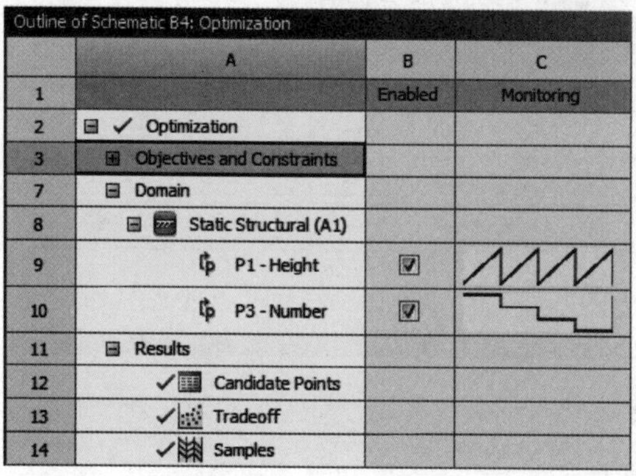

图 15-43　优化控制界面

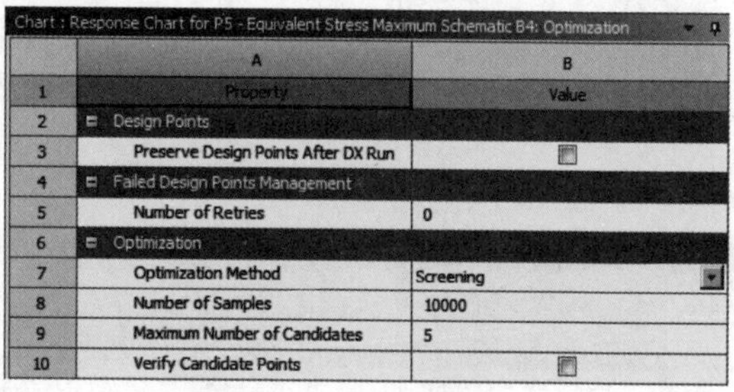

图 15-44　优化方法设置(一)

1)选择 Optimization,在其属性表格中将 Optimization Method 改为 Screening,输入 Number of Samples 值为 10 000,输入 Maximum Number of Candidates 为 5,如图 15-44 所示;

2)选中 Objectives and Constraints,在窗口右上方的表格中的 B3 单元格中选择 P4-Geometry Mass,更改 C3 单元格为 Minimize;

3)B4 单元格选择 P5-Equivalent Stress Maximun,E4 单元格选择 Values<=Upper Bound,G4 单元格输入 10;

4)B5 单元格选择 P6-Total Deformation Maximun,E5 单元格选择 Values<=Upper Bound,G4 单元格输入 20,设定完成的目标及约束条件如图 15-45 所示;

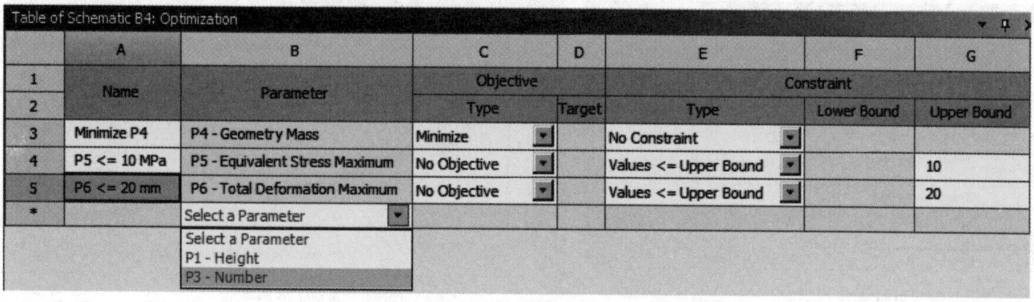

图 15-45　优化目标及约束条件设置(一)

5)单击 Update,执行优化;

6)选中 Results 下的 Candidate Points,窗口右上方给出了优化后的 5 个候选设计,如图 15-46 所示,从图中可以看出,Candidate Point 1 最符合题意;

7)在候选设计表格中,鼠标右键单击 Candidate Point 1 然后选择 Insert As Design Point;

8)选中 Results 下的 Tradeoff,在其属性表格中将 X Axis 改为 P5-Equivalent Stress Maximum,Y Axis 改为 P4-Geometry Mass,其右侧将给出最大等效应力与质量之间的权衡图,如图 15-47 所示;

	A	B	C	D	E	F	G	H	I	J
1	Reference	Name	P1 - Height	P3 - Number	P4 - Geometry Mass (kg)		P5 - Equivalent Stress Maximum (MPa)		P6 - Total Deformation Maximum (mm)	
2					Parameter Value	Variation from Reference	Parameter Value	Variation from Reference	Parameter Value	Variation from Reference
3	●	Candidate Point 1	197.34	7	14.874	0.00%	9.998	0.00%	19.192	0.00%
4	○	Candidate Point 2	202.66	7	14.924	0.33%	9.481	-5.17%	18.643	-2.86%
5	○	Candidate Point 3	150.02	11	14.93	0.37%	8.0303	-19.68%	16.669	-13.15%
6	○	Candidate Point 4	203.3	7	14.93	0.37%	9.4213	-5.77%	18.586	-3.16%
7	○	Candidate Point 5	150.06	11	14.93	0.38%	8.03	-19.68%	16.666	-13.16%

图 15-46　候选设计(一)

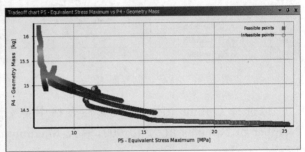

(a) 属性设置　　(b) 权衡图

图 15-47　最大等效应力与质量的权衡图(一)

9) 在 Tradeoff 属性表格中将 X Axis 改为 P6-Total Deformation Maximum, Y Axis 改为 P4-Geometry Mass, 其右侧将给出最大位移与质量之间的权衡图, 如图 15-48 所示, 图 15-47 及图 15-48 的结果表明, 等效应力及位移约束条件越宽松, 减重幅度越大, 约束条件越严格, 减重幅度越小;

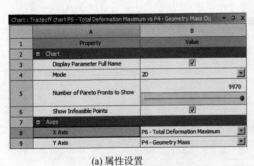 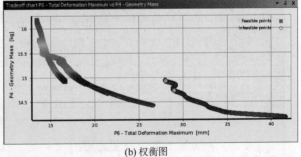

(a) 属性设置　　(b) 权衡图

图 15-48　最大位移与质量的权衡图(一)

10) 单击 Return to Project 返回项目图解窗口, 单击 File→Save, 保存分析项目。

(6) 在项目图解窗口中, 双击 Parameter Set 进入参数管理窗口, 窗口右侧的设计点表格中新增了一个名为 DP1 的设计点, 该设计点即优化所得的 Candidate Point1。

(7) 选择 Update All Design Points 工具更新 DP1, 更新完成后的设计点表格如图 15-49 所示。从设计点表格可以看出, 优化后的水桶重量为 14.874 kg, 较之初始设计减重比例为 (16.195－14.874)/16.195×100%＝8.16%, 此时加强筒及筋板高度为 197.34 mm, 筋板数量为 8 块。

第 15 章 参数探索与优化设计案例

	A	B	C	D	E	F	G	H	I	J
1	Name	Update Order	P1 - Height	P2 - Height_Jinban	P3 - Number	P4 - Geometry Mass	P5 - Equivalent Stress Maximum	P6 - Total Deformation Maximum	Exported	Note
2	Units					kg	MPa	mm		
3	DP 1	2	197.34	200	7	14.874	9.9341	19.363		Created from Optimization / Candidate Point 1
4	Current	1	250	250	11	16.195	7.5187	13.471		
*										

图 15-49 设计点表格

(8)右键单击 DP1,选择 Copy Input Into Current,单击 Return To Project,返回项目图解窗口,单击 Update Project。

(9)双击 A4 Model 单元格再次进入 Mechanical 应用程序,此时图形显示窗口中绘出了优化设计后模型的等效应力云图及位移云图,如图 15-50 及图 15-51 所示。从图 15-50、图 15-51 可以看出,优化后的模型最大等效应力出现在筋板与加强筒连接端部,其值为 9.937 1 MPa,最大位移依旧在桶底中心,其值为 19.348 mm。

(10)关闭 Mechanical,单击 File→Save,保存分析项目。

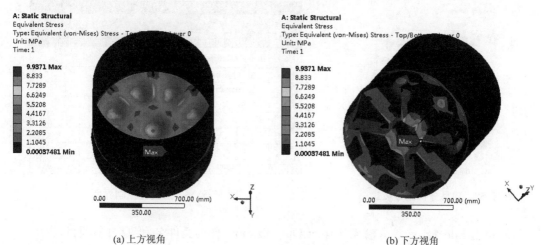

(a) 上方视角　　　　　　　　　　　　(b) 下方视角

图 15-50 优化后的水桶等效应力云图

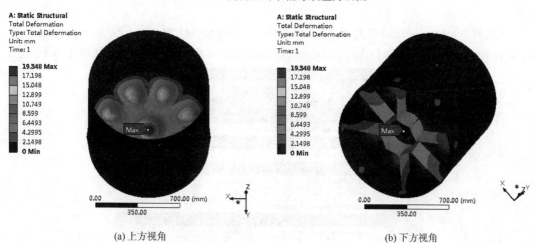

(a) 上方视角　　　　　　　　　　　　(b) 下方视角

图 15-51 优化后的水桶位移云图

15.7 直接优化法优化分析

利用 Design Explorationg 的直接优化系统进行结构参数优化设计，按照如下步骤进行具体操作：

(1)在项目图解窗口中，鼠标右键单击 B1 Response Surface Optimization 单元格，选择 Delete 将其删除。

(2)双击窗口左侧工具箱 Design Exploration 中的 Direct Optimization，将其添加至当前分析流程，如图 15-52 所示。

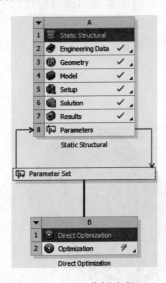

图 15-52 项目分析流程(二)

Outline of Schematic B2: Optimization

	A	B	C
1		Enabled	Monitoring
2	⊟ Optimization		
3	⊞ Objectives and Constraints		
7	⊟ Domain		
8	⊟ Static Structural (A1)		
9	P1 - Height	☑	
10	P2 - Height_Jinban	☑	
11	P3 - Number	☑	
12	Results		

图 15-53 直接优化控制界面

(3)单击 File→Save As，输入“Direct Optimization”作为文件名，保存分析项目。

(4)双击 B2 Optimization 单元格进入直接优化控制界面，如图 15-53 所示，然后进行如下设置：

1)选择 Optimization，在其属性表格中将 Optimization Method 改为 Screening，输入 Number of Samples 值为 200，输入 Maximum Number of Candidates 为 5，如图 15-54 所示；

Chart : Tradeoff chart P6 - Total Deformation Maximum vs P4 - Geometry Mass Schematic

	A	B
1	Property	Value
2	⊟ Design Points	
3	Preserve Design Points After DX Run	☐
4	⊟ Failed Design Points Management	
5	Number of Retries	0
6	⊟ Optimization	
7	Optimization Method	Screening
8	Number of Samples	200
9	Maximum Number of Candidates	5
10	⊟ Optimization Status	
11	Number of Evaluations	200

图 15-54 优化方法设置(二)

2)选中 Objectives and Constraints,在窗口右上方的表格中的 B3 单元格中选择 P4-Geometry Mass,更改 C3 单元格为 Minimize;

3)B4 单元格选择 P5-Equivalent Stress Maximun,E4 单元格选择 Values＜＝Upper Bound,G4 单元格输入 10;

4)B5 单元格选择 P6-Total Deformation Maximun,E5 单元格选择 Values＜＝Upper Bound,G4 单元格输入 20,设定完成的目标及约束条件如图 15-55 所示;

Table of Schematic B4: Optimization

	A	B	C	D	E	F	G
1	Name	Parameter	Objective		Constraint		
2			Type	Target	Type	Lower Bound	Upper Bound
3	Minimize P4	P4 - Geometry Mass	Minimize		No Constraint		
4	P5 <= 10 MPa	P5 - Equivalent Stress Maximum	No Objective		Values <= Upper Bound		10
5	P6 <= 20 mm	P6 - Total Deformation Maximum	No Objective		Values <= Upper Bound		20
*		Select a Parameter					

Select a Parameter
P1 - Height
P3 - Number

图 15-55　优化目标及约束条件设置(二)

5)确保 P1-Height 后的复选框已被勾选,在其属性表格中将 General 下的 Classification 改为 Continuous,输入 Lower Bound 为 150,Upper Bound 为 250,如图 15-56 所示;

Properties of Schematic B2: Design of Experiments

	A	B
1	Property	Value
2	General	
3	Units	
4	Type	Design Variable
5	Classification	Continuous
6	Values	
7	Value	200
8	Lower Bound	150
9	Upper Bound	250
10	Use Manufacturable Values	☐

图 15-56　设计变量 *A* Height 参数设置(二)

6)清空 P2-Height_Jinban 后复选框;

7)确保 P3-Number 后的复选框已被勾选,在其属性表格中将 General 下的 Classification 改为 Discrete,并在窗口右上方的表格中定义 11、9、7、5 四个等级,如图 15-57 所示;

Properties of Schematic B2: Design of Experiments

	A	B
1	Property	Value
2	General	
3	Units	
4	Type	Design Variable
5	Classification	Discrete
6	Values	
7	Value	11
8	Number Of Levels	4

Table of Outline A7: P3 - Number

	A	B
1	Name	Discrete Value
2	Level 1	11
3	Level 2	9
4	Level 3	7
5	Level 4	5
*	New Level	New Level

图 15-57　设计变量 *B* Number 参数设置(二)

8)单击 Update,执行优化;

9)选中 Results 下的 Candidate Points,窗口右上方给出了优化后的 5 个候选设计,如图 15-58 所示,从图中可以看出,这 5 个候选设计与采用响应面法所得数据基本一致,Candidate Point 1 最符合题意;

	A	B	C	D	E	F	G	H	I	J
1	Reference	Name	P1 - Height	P3 - Number	P4 - Geometry Mass (kg)		P5 - Equivalent Stress Maximum (MPa)		P6 - Total Deformation Maximum (mm)	
2					Parameter Value	Variation from Reference	Parameter Value	Variation from Reference	Parameter Value	Variation from Reference
3	●	Candidate Point 1	197	7	14.871	0.00%	9.9826	0.00%	19.534	0.00%
4	○	Candidate Point 2	203	7	14.927	0.38%	9.4263	-5.57%	18.645	-4.55%
5	○	Candidate Point 3	151	11	14.942	0.48%	7.9841	-20.02%	16.573	-15.16%
6	○	Candidate Point 4	205	7	14.946	0.50%	9.265	-7.19%	18.671	-4.42%
7	○	Candidate Point 5	153	11	14.967	0.65%	8.0012	-19.85%	16.406	-16.01%

图 15-58 候选设计(二)

10)单击 Tradeoff 设置坐标轴参数后,可绘出质量与最大等效应力、最大位移之间的权衡图,如图 15-59 及图 15-60 所示;

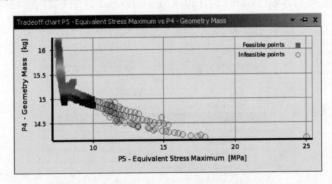

图 15-59 最大等效应力与质量的权衡图(二)

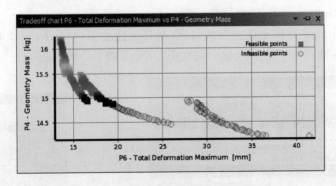

图 15-60 最大位移与质量的权衡图(二)

11)单击 Return To Project 返回项目图解窗口,单击 File→Save,保存分析项目。